地理信息科学系列

GCESS

激光雷达数据处理方法
LiDAR360 教程

LiDAR Data Processing
LiDAR360 Tutorial

郭庆华 陈琳海 著

高等教育出版社·北京

内容简介

激光雷达作为一种新兴遥感技术，为森林资源调查、地形勘测、电力巡检、地质灾害勘查等多个领域提供了一个全新的三维视角。本书简要介绍激光雷达数据处理与应用的技术原理和方法，并基于 LiDAR360 软件系统讲解激光雷达数据的标准处理流程。主要内容包括激光雷达技术原理、发展历程和趋势；LiDAR360 软件的数据输入与输出、数据显示、点云和栅格数据预处理、航带拼接、点云分类、地形产品生产与分析、矢量编辑、点云与影像融合处理、森林结构参数提取等，并通过典型的应用实例，使读者了解和熟悉激光雷达技术在植被相关研究以及综合减灾中的具体应用。

本书既可以作为高等院校激光雷达技术应用实验课程的教材，也可以作为测绘科学与技术、地理学、地质学、生态学、林学、农学及相关应用领域科研人员和技术人员的参考书。本书附有相关实例数据的数字资源，读者可以通过实践操作来熟悉激光雷达这一主动遥感技术的概念和原理。

图书在版编目（ＣＩＰ）数据

激光雷达数据处理方法：LiDAR360 教程 / 郭庆华，陈琳海著. -- 北京：高等教育出版社，2020.11（2023.8 重印）
ISBN 978-7-04-055175-4

Ⅰ. ①激… Ⅱ. ①郭… ②陈… Ⅲ. ①激光雷达-数据处理 Ⅳ. ①TN958.98

中国版本图书馆 CIP 数据核字（2020）第 203073 号

策划编辑	关　焱	责任编辑　关　焱	封面设计　王　洋	版式设计　王艳红
插图绘制	黄云燕	责任校对　陈　杨	责任印制　田　甜	

出版发行　高等教育出版社
社　　址　北京市西城区德外大街 4 号
邮政编码　100120
印　　刷　涿州市京南印刷厂
开　　本　787mm×1092mm　1/16
印　　张　22.5
字　　数　540 千字
购书热线　010-58581118
咨询电话　400-810-0598

网　　址　http://www.hep.edu.cn
　　　　　　http://www.hep.com.cn
网上订购　http://www.hepmall.com.cn
　　　　　　http://www.hepmall.com
　　　　　　http://www.hepmall.cn

版　　次　2022 年 11 月第 1 版
印　　次　2023 年 8 月第 3 次印刷
定　　价　89.00 元

JIGUANG LEIDA SHUJU CHULI FANGFA

前　言

　　2005 年，我于美国加利福尼亚大学默塞德分校开始了我的教职生涯，主要从事激光雷达遥感技术的研发及其在生态环境领域中的应用研究。当时，激光雷达作为一种新兴的主动遥感技术，具有植被穿透能力强和精准获取三维结构信息等特点，广泛应用于地形测绘、林业调查、考古建筑、地质灾害以及无人驾驶等领域。在美国期间，我主持过多项美国林业局、美国国家科学基金会、美国地质调查局等机构的项目。在这些项目的实施过程中，我深切感受到激光雷达点云数据处理面临诸多困难，如数据量大、算法缺乏及市面上相关软件功能缺乏和操作不友好等，这些问题成为激光雷达技术进一步应用和推广的瓶颈。由此，我萌生了开发一套算法高效、功能全面、操作友好的激光雷达数据处理平台的想法。

　　2012 年，我回国组建团队正式开始了 LiDAR360 平台的系统开发。2013 年，首先推出了林业模块，然后相继推出了地形模块、影像模块、航带拼接和电力应用等模块。LiDAR360 软件平台解决了大数据存储、处理和应用的问题，从数据的加载显示、预处理、滤波分类到各类产品的生成都有涉及，其高效精准的算法体系、功能全面的处理系统、友好的用户使用体验及面向多行业的应用模块，基本实现了当初我对该平台的设想。目前，LiDAR360 平台已经被原国家测绘地理信息局、国家电网、中国地质调查局以及日本、欧美国家等的 400 余家机构及科研院所使用，成为国际激光雷达点云处理主流软件之一。

　　这些年，我和我的团队在中国科学院、原国家测绘地理信息局等单位多次举办了激光雷达应用培训班，系统讲解激光雷达技术在各领域的前沿应用发展和 LiDAR360 软件平台操作流程等内容。在培训班讲义的基础上，我们进一步整理和凝练，撰写了这本关于 LiDAR360 软件平台操作和应用的教程，希望向读者全面、系统地讲解激光雷达点云数据的基本操作及其在不同领域的应用，为激光雷达应用领域的从业者提供一本有价值的工具书。

　　全书分为 13 章：第 1 章概述了激光雷达技术原理、发展历程与趋势，点云数据结构特征以及国内外激光雷达数据处理相关软件；第 2 章介绍 LiDAR360 软件的功能结构和特点、软件安装与环境配置、数据输入与输出；第 3 章介绍数据显示相关操作，包含图层与窗口管理、数据量测功能、选择工具、窗口联动、相机漫游等；第 4 章介绍点云和栅格数据的预处理操作，包括点云去噪、归一化、分块、合并、重采样、裁剪、提取及影像分幅等工具；第 5 章介绍从航带裁切、数据质量检查、航带拼接到投影和坐标转换的数据预处理操作；第 6 章对点云分类进行了详述，包括地面点分类、机器学习分类、交互式编辑分类等十余种不同分类方法；第 7 章介绍 DEM、DSM、等高线等地形产品的生产；第 8 章介绍地形分析相关操作，包括坡度与坡向分析、断面分析、变化检测、偏差分析等；第 9 章介绍矢量编辑；第 10 章介绍点云与影像融合处理；第 11 章针对林业领域详细介绍森林结构参数的提取方法，包含覆盖度、郁闭度、间隙率等群落水平参数的提取以及树高、胸径等单木水平参数的提取；第 12 章以基于机载点云数据的森林材积反演以及基于背包点云数据的树木三维结构参数提取和园林管理应用为例，介绍如何利用三维点云数据开展植被相关研究和应用；第 13 章通过典型应用实例使读者了解和熟悉激光雷达技术在综合减灾中的具体应用。本书相关实例数据可以从网站 http://academic.hep.com.cn 的下载中心获取。

本书中提到的多种算法均已发表在遥感、地理、测绘等领域的国际主流期刊上，借此，对数字生态研究组全体成员多年来的辛勤付出表示感谢。同时，感谢参与本书撰写的人员，他们是：吴芳芳、苏艳军、杨秋丽和徐可心。最后，特别感谢北京数字绿土科技有限公司的研发工程师同事，他们从 2012 年开始着手开发平台，七年来不断地迭代更新，是他们默默无闻的辛勤努力成就了今天全面成熟的 LiDAR360 软件平台。

本书在出版过程中得到高等教育出版社关焱编辑的大力支持，我代表本书作者深表感谢！

由于作者水平有限，书中难免有不足之处，敬请读者批评指正。

郭庆华

2020 年 1 月 1 日

目　录

第1章

概　　述

1.1　激光雷达技术原理、发展历程与趋势

激光雷达是激光探测与测距系统的简称,它通过测定传感器发出的激光在传感器与目标物之间的传播距离,分析目标地物的反射能量大小、反射波谱的幅度、频率和相位等信息,进而实现对目标物体的精确定位。

激光雷达技术最早搭载于机载平台,应用于近海岸线水深测量研究。1968年,美国锡拉丘兹大学的Hickman和Hogg(1969)建造了世界上第一个激光海水深度测量系统,基于机载激光雷达不同回波之间的时间差进行海洋深度测算,首次验证了激光水深测量技术的可行性。20世纪70年代末,美国国家航空航天局成功研制出一种具有扫描和高速数据记录能力的机载海洋激光雷达,Hoge等(1980)利用该设备进行大西洋和切萨皮克湾水深测定,绘制出水深小于10 m的海底地貌。此后,机载激光雷达扫描系统的巨大应用潜力开始受到关注,并很快应用于陆地地形勘测研究。20世纪80年代初,以Arp和Griesbach(1982)以及Krabill等(1984)的研究为代表。20世纪90年代后期,全球定位系统和惯性导航系统的发展使得激光扫描过程中的精确即时定位成为可能。1990年,德国斯图加特大学Ackermann教授领衔研制出世界上第一个激光断面测量系统,该系统成功将激光扫描技术与即时定位定姿系统结合。1993年,德国出现首个商用机载激光雷达扫描系统。1995年,机载激光雷达设备实现商业化生产。此后,机载激光雷达相关应用研究迅速增多。

随着激光雷达技术的发展,激光雷达种类不断增加。根据测距原理,激光雷达扫描仪主要分为脉冲式和相位式两类:脉冲式是指激光器向目标发射一束很窄的光脉冲,系统通过测量从信号发出到信号返回的时间间隔来确定激光器到目标物的距离;相位式是对激光束进行幅度调制并测定调制光往返测线一次所产生的相位延迟,利用调制光的波长,换算此相位延迟所代表的距离。

根据载荷平台的不同,激光雷达可以分为地基激光雷达、机载激光雷达和星载激光雷

达。地基激光雷达常用于单一目标或小尺度精细三维数据采集,可用于样方尺度森林参数研究,根据工作方式的不同可分为固定式激光雷达和移动式激光雷达(以背负式和车载激光雷达系统为代表)。机载激光雷达通常搭载于飞机、飞艇、动力三角翼等不同飞行器,用于区域尺度三维信息数据的快速获取,为大面积地形测绘、森林资源清查提供了一种全新的技术手段。星载激光雷达依托卫星平台进行大尺度三维信息数据获取。各种平台在不同生态系统中各具优势,例如,背负式平台在森林生态系统数据采集中具有优势,而车载平台更适用于城市生态系统。

激光雷达技术在测量精度、时空分辨率和抗干扰性等方面具有优势,自面世以来,在林业、测绘和电力等领域得到广泛应用。随着技术的不断发展,激光雷达相应地更新换代,下面将从传感器的研发和创新、多源异构数据融合、大数据开放与共享三个方面介绍激光雷达技术的发展趋势。

1.1.1　传感器的研发和创新

激光雷达自投产以来,其居高不下的价格在一定程度上阻碍了技术的应用与推广,低成本、高效率的激光雷达传感器是各行业的共同诉求。未来激光发射源趋向于小型化和高效化,二极管泵浦的固体激光器技术和光参量振荡器技术将是新型激光源的关键技术(赵一鸣等,2014)。

1)固态激光雷达

固态激光雷达也称为光学相控阵列激光雷达(图 1.1),利用相控阵列技术控制阵列中不同单元发射激光的相位差,从而实现调节激光发射角度和方向,取代传统激光雷达的机械式旋转扫描。与传统方式相比,其优势在于:① 结构简单、尺寸小。由于不

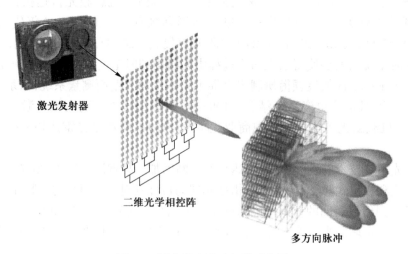

激光发射器

二维光学相控阵

多方向脉冲

图 1.1　固态激光雷达扫描示意图

资料来源:http://quanergy.com

需要旋转部件,固态激光雷达可做到轻量化、小型化,使用寿命大大提高,而价格大幅降低。② 扫描速度快,可达到兆赫兹量级。③ 扫描精度高,可以达到千分之一量级以上。

美国 Quanergy 公司在 2016 年国际消费类电子产品展览会展出了一款固态激光雷达 S3,用于无人驾驶。美国 Advanced Scientific Concepts 公司也推出了固态激光雷达产品 3D Flash LiDAR,可实时 3D 输出扫描范围内的视频和点云。

2）单光子激光雷达

单光子激光雷达通过同时发射多个小能量、较短波长的光子实现测距,可获得比传统激光雷达系统多上百倍的地物信息(倍数受同时发射的光子数影响)(图 1.2)。美国地质调查局相关研究发现,单光子激光雷达每平方米可获得 23.2 个激光雷达点(飞行高度为 2 286 m),获取效率远高于传统激光雷达,精度可满足相关测量标准。

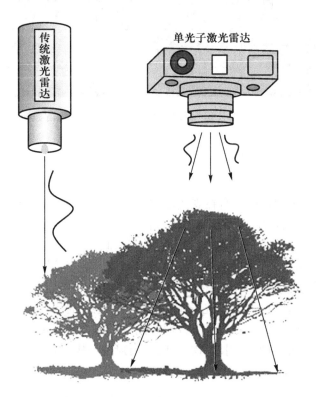

图 1.2　单光子激光雷达和传统激光雷达扫描对比示意图

目前,已有很多公司开发出商业化的单光子激光雷达,包括 SigmaSpace 公司开发的 High Resolution Quantum LiDAR System 和 Leica 公司开发的 SPL100 Single Photon LiDAR Sensor。美国国家航空航天局采用单光子激光雷达作为 ICESat-2 卫星的传感器用于获取全球激光雷达数据。

3）多光谱激光雷达

多光谱激光雷达的设计原理是将不同波长的激光发射器整合,扫描时可获取地物在不同波长的回波强度信息,基于这些丰富的光谱信息可进行地物判别或属性特征提取。

目前,国内外均已开展多光谱激光雷达的研发。2014 年,加拿大 Optech 公司推出了世界上第一台机载多光谱激光传感器"泰坦",搭载三个波长分别为 532 nm、1 064 nm 和 1 550 nm 的激光束,获取的数据(图 1.3)仅采用简单的分类算法即可实现房屋、道路、树木等城市地物分类。武汉大学则采用四个分别输出 556 nm、660 nm、705 nm 和 785 nm 波长的激光器进行地物探测。

图 1.3　Optech 公司"泰坦"多波段激光雷达获取的数据

1.1.2　多源异构数据融合

对实际应用而言,不同搭载平台在观测范围、提取参数的完整性及精细程度方面具有很好的互补性。因此,越来越多的学者开展了不同平台激光雷达数据融合研究(Doneus et al.,2010;Guan et al.,2019)。Jung 等(2011)对机载与地基计算得到的单木树高、树冠基底高、树冠体积及树冠投影面积进行回归分析,结果表明,地基与机载激光雷达数据在单木水平相互配准后可获得单木水平更详细、更完整的垂直结构信息。

除了不同扫描平台数据的融合,光学遥感、高光谱遥感、激光雷达等多源遥感数据的融合也可实现优势互补,充分发挥多源遥感数据的优势。相关研究表明,多源遥感数据融合可用于植被制图、树冠检测、树种识别、生物量估算、树冠模型构建及生物物理参数高精度反演等(Gerrling et al.,2007;Swatantran et al.,2011;Su et al.,2016a,b;Jin et al.,2018)。

1.1.3　激光雷达在大数据时代的发展和机遇

激光雷达传感器类型多样、搭载平台各异、数据格式丰富,这给大数据时代数据的融合和共享带来诸多挑战,因此,亟需一个国际化、公共的数据共享平台和框架,为全球范围的科学研究和行业应用提供全面的激光雷达数据产品。通过数据共享平台,用户可以将自己采集的数据自主上传,不断更新和完善数据库。

1.2　点云数据结构特征及国内外相关软件

　　目前,与激光雷达数据采集相关的硬件技术发展日益成熟,出现了很多成熟的商业激光雷达扫描系统,制造厂商非常多,如加拿大 Optech 公司,奥地利 Riegl 公司,美国 Trimble 公司、Velodyne 公司、FARO 公司等。国内商业激光雷达扫描设备的开发起步相对较晚,近年来,我国逐步在轻便型激光雷达设备的开发中取得进展,如上海禾赛光电科技有限公司、北醒(北京)光子科技有限公司等,其设备的主要参数已经可以与国外厂商媲美。硬件技术的快速发展是降低激光雷达技术使用门槛的重要因素之一。

1.2.1　点云数据结构特征

　　激光雷达扫描仪获取的点云数据格式主要分为离散点云和全波形两种。其中,点云数据是目前最常用的数据格式,下面将对目前主流的点云数据存储格式进行介绍。

　　点云数据格式分为通用格式和自定义格式。其中,自定义点云格式是扫描仪硬件厂商或数据处理软件厂商为了便于数据组织和存储自行设计的,如 Riegl 公司定义的 3DD 点云格式、FARO 公司定义的 FLS 格式、激光雷达点云数据处理软件 LiDAR360 采用的 LiData 格式等。

　　点云通用格式包括 LAS 格式和 ASCII 格式。

1) LAS 格式

　　2003 年 5 月,美国摄影测量与遥感学会(American Society for Photogrammetry and Remote Sensing, ASPRS)发布了 LiDAR 数据标准格式 LAS,用于规范激光雷达的数据格式。目前,LAS 文件已经从 1.0 版本发展到 1.4 版本。LAS 1.4 文件由公共数据块、可变长数据记录、点云数据记录和扩展的可变长数据记录四部分组成。关于各版本 LAS 数据格式的详细介绍可参考 LAS 白皮书[①]。

2) ASCII 格式

　　ASCII(American Standard Code for Information Interchange;美国信息交换标准编码)格式是一种常见的点云数据格式,包括 ASC、XYZ、TXT、PTC、PTS、PTX 等文件格式。ASCII文件一般包括两部分:第一部分是文件头,说明数据信息;第二部分记录点的坐标、强度、颜色等信息,一般每一行对应点云中的一个点。ASCII 数据格式记录方式灵活,读写较为方便,

---

① 　https://www.asprs.org[2020-09-20]

但是读写速度较慢,占用空间大,难以进行海量点云的存储和管理。

点云数据格式多样且包含的内容丰富,深入理解其数据特点能够帮助用户更好地处理和应用激光雷达点云数据,点云数据具有如下特点(梁欣廉等,2005):

(1)海量数据:激光雷达扫描仪可在几秒内获取成千上万的点,数据量大。

(2)三维数据:不同于传统二维影像,点云数据包含地物的三维坐标信息。

(3)数据分布不均匀:点云密度随着离扫描仪的距离增加而下降。

(4)离散分布:点云数据在空间中是离散分布的。

(5)强度信息:除了三维坐标信息,激光雷达扫描仪可记录激光脚点反射的回波强度信息。目前已有部分研究将点云强度信息用于点云分类(Lu et al., 2014),但由于缺乏必要的标定手段,强度信息未能得到大范围应用。

1.2.2 国内外相关软件

激光雷达点云数据的特点使其后续处理和应用面临挑战,目前市场上专业的激光雷达数据处理软件相对缺乏。

3D 显示是激光雷达数据处理软件最基本的功能,可根据不同属性对激光点云进行直观展示,随着激光雷达数据量激增,超大数据的承载力成为考验软件的指标之一。滤波功能是地形生产、林业参数提取等行业应用的基础步骤,目前只有少数软件具备该功能。林业参数提取功能也是对激光雷达数据处理软件很强的专业性需求。郭庆华等(2018)从 3D 显示、滤波、地形生产、林业参数提取、超大数据处理、批处理、易用程度等方面对近年来陆续出现的激光雷达数据处理软件进行了对比分析,这些软件包括开源软件 Cloud Compare、SAGA GIS、FUSION 和商业软件 Terrasolid、Quick Terrain Modeler、ENVI LiDAR、LP360、LiDAR360、LAStools,具体对比见表 1.1。

表 1.1 主流激光雷达数据专业处理软件功能比较

软件	3D 显示	滤波	地形生产	林业参数提取	超大数据处理	批处理	易用程度
Cloud Compare	√	×	×	×	×	×	一般
SAGA GIS	√(弱)	√	√	√	×	√	难
FUSION	×	×	×	√	×	×	易
LAStools	√(弱)	√	√	√	×	√	较易
Terrasolid	√	√(强)	√	×	×	√	一般
Quick Terrain Modeler	√	×	×	×	×	×	易
ENVI LiDAR	√	×	×	×	×	×	较易
LP360	√	√	√	×	×	√	易
LiDAR360	√(强)	√(强)	√	√	√	√	易

　　总体而言，目前很多软件对于超大数据显示都无能为力，LiDAR360 软件在这方面做得较为出色。滤波功能作为激光雷达数据处理的核心功能之一，目前 Terrasolid 软件在该领域应用最为广泛；LiDAR360 采用了一套全新的滤波算法，能够实现更高精度、更稳健的滤波效果；而 SAGA GIS、LP360、LAStools 这些软件滤波模块功能都相对较弱。FUSION、LAStools、SAGA GIS 能够提取一些林业应用中的简单参数，LiDAR360 软件的林业模块能够基于机载或地基点云数据自动快速提取林业参数，并且具备批处理功能。

第 2 章

LiDAR360 软件概述

本章主要介绍以下内容:

- 软件概述
- 软件安装与环境配置
- 菜单命令与功能
- 数据输入与输出

2.1 软 件 概 述

LiDAR360 是北京数字绿土科技有限公司自主研发的专业的点云数据处理软件,它包含丰富的点云数据处理工具集,拥有超过 10 种先进的点云数据处理算法,可同时处理超过 400 GB 点云数据。平台包含丰富的编辑工具和自动航带拼接功能,可用于地形生产、林业和电力行业(参见 LiPowerline 软件)。

地形模块包含用于标准地形产品生产的一系列工具,点云滤波算法可精确提取复杂环境下的地面点,从而提高地形测绘精度,该模块也可以通过点云与影像融合生成真正射影像等产品。

林业模块为森林资源调查和分析带来重要的技术创新,可通过单木分割算法获取树高、胸径和树冠直径等单木参数。同时,软件提供一系列回归分析模型用于预测生物量和蓄积量等功能参数。

LiDAR360 包含以下几个模块。

- 航带拼接:基于严密的几何模型自动匹配来自不同航带的数据,实时显示拼接结果,生成高精度点云。软件还提供一系列数据质量检查和分析工具,确保数据准确性。
- 数据管理:LiDAR360 为用户提供基本的点云和栅格数据管理工具,包括数据格式转换、点云去噪、归一化、栅格波段运算以及其他操作工具。
- 统计:基于点数、点密度、Z 值等对点云进行统计分析,评估数据质量。

- 分类：LiDAR360 提供多种分类功能，包括地面点分类、模型关键点分类、选择区域地面点分类、邻近点分类和机器学习分类（可高效地分离建筑、植被、路灯等通用类别）等。
- 地形：LiDAR360 通过生成数字高程模型、数字表面模型和冠层高度模型获取有用的地形和森林信息；通过断面分析工具，可以生成断面图产品；还可以生成等高线、山体阴影、坡度、坡向、粗糙度等多种产品；同时，提供模型数据编辑处理功能。
- 矢量编辑：矢量编辑功能完成数字线画图流程中的矢量化部分，依托点云优秀的显示效果提供高对比度的底图，可清晰分辨房屋、植被、道路、路灯、水域、桥梁等地物的轮廓以辅助地物矢量化。
- 机载林业：基于机载激光雷达点云数据提取一系列森林结构参数（如高度百分位数、叶面积指数、郁闭度等），分割单木并提取单木参数（包括树的位置、树高、冠幅等属性），利用软件的多种回归分析模型可以结合地面调查数据反演森林生物量、蓄积量等功能参数。
- 地基林业：基于地基或背包点云数据批量提取树木棵数和胸径，分割单木并提取单木参数（包括树的位置、树高、胸径、冠幅等），量测编辑单木属性（包括枝下高、直度等），以及对单木点云进行编辑，提高分割精度。
- 影像模块（参见 LiMapper 软件）：基于重叠的影像数据恢复出物体精细的三维几何结构，以及生成一系列标准的测绘成果。

2.2　软件安装与环境配置

开始安装前，请从软件官方网站下载最新的软件安装程序①。

1）操作环境

内存：不小于 8 GB。
中央处理器：Intel® Core™ i5/i7；双核处理器。
显示适配器：推荐 NVIDIA 独立显卡，显存不小于 2 GB。
操作系统：微软 Windows 7（64 位）、微软 Windows 8（64 位）、微软 Windows 10（64 位）或 Windows Server 2012 及以上。

2）安装步骤

（1）运行软件安装程序。

---

① 下载网址：https://www.lidar360.com/archives/9435.html。

（2）安装对话框出现，单击 "下一步" 按钮。

（3）如果接受许可证协议中的条款，单击 "我同意" 按钮以继续。

（4）选择安装路径（或者采用默认设置），然后单击 "安装" 按钮。

（5）安装完成后，单击 "完成" 按钮。

3）许可证管理器

LiDAR360 许可证有两种：硬锁许可证和授权码。硬锁许可证提供 U 盘，用户需妥善管理硬锁许可证 U 盘，不可对其进行格式化、删除、复制等操作。授权码根据用户所提供的激活信息生成。

4）调整高性能显示模式

按照以下步骤优化 LiDAR360（用于 NVIDIA 显卡）的图形模式。

（1）在计算机桌面上单击鼠标右键，在弹出来的右键菜单中选择 NVIDIA 控制面板。

（2）选择管理 3D 设置→程序设置→将 "LiDAR360.exe" 添加到高性能图形模式列表中，单击 "应用" 按钮。

2.3　菜单命令及其功能

本节主要介绍 LiDAR360 软件的图形用户界面、菜单命令与功能以及快捷键设置。

2.3.1　图形用户界面

LiDAR360 图形用户界面将图层管理、数据显示、工具箱、工具栏、菜单栏等集中在一个窗体中，如图 2.1 所示。

2.3.2　菜单命令与功能

LiDAR360 软件的菜单命令包括主界面下拉菜单（表 2.1）、工具箱中的功能菜单（表 2.2）和右键菜单等。工具箱和主界面下拉菜单相同，各个工具箱中的功能子菜单参见表 2.3 ~ 表 2.11。

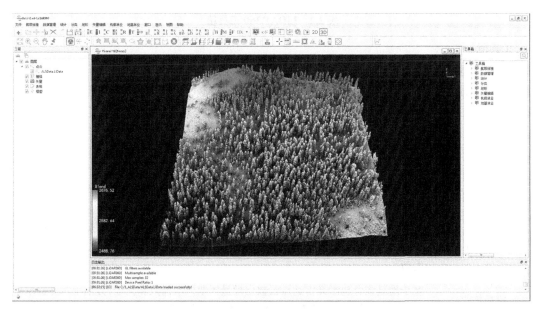

图 2.1 LiDAR360 图形用户界面

表 2.1 LiDAR360 软件主界面下拉菜单

菜单命令	功　　能
文件	新建、打开和保存工程,数据输入与输出
航带拼接	航带裁切、数据质量检查、航带拼接等
数据管理	点云和影像处理常用的基本工具,包括数据格式转换、点云去噪、归一化等
统计	基于点数、点密度、Z 值等对点云进行统计分析,评估数据质量
分类	对未分类的点云进行分类,或者对已经分类过的点云进行重新分类
地形	地形产品生产和地形分析
矢量编辑	依托点云优秀的显示效果提供高对比度的底图,可清晰分辨房屋、植被区域、道路、路灯、水域、桥梁等地物的轮廓以辅助地物矢量化
机载林业	基于机载激光雷达点云数据提取一系列森林结构参数,分割单木并提取单木参数,利用多种回归分析功能可结合地面调查数据反演森林生物量和蓄积量等功能参数
地基林业	基于地基或背包激光雷达点云数据批量提取树木棵数和胸径,分割单木并提取单木参数,量测编辑单木属性,以及对单木点云进行编辑,提高分割精度
窗口	对窗口进行创建、关闭和排列等操作
显示	与软件显示相关的设置与操作,包括语言设置、主题设置等
视图	控制各个模块是否显示
帮助	查看帮助文档、激活软件

表 2.2　LiDAR360 工具箱

工具箱名称	功　能
航带拼接	航带裁切、数据质量检查、航带拼接等
数据管理	点云和影像处理常用的基本工具,包括数据格式转换、点云去噪、归一化等
统计	基于点数、点密度、Z 值等对点云进行统计分析,评估数据质量
分类	对未分类的点云进行分类,或者对已经分类过的点云进行重新分类
地形	地形产品生产和地形分析
矢量编辑	依托点云优秀的显示效果提供高对比度的底图,可清晰分辨房屋、植被区域、道路、路灯、水域、桥梁等地物的轮廓以辅助地物矢量化
机载林业	基于机载激光雷达点云数据提取一系列森林结构参数,分割单木并提取单木参数,利用多种回归分析功能可结合地面调查数据反演森林生物量、蓄积量等功能参数
地基林业	基于地基或背包激光雷达点云数据批量提取树木棵数和胸径,分割单木并提取单木参数,量测编辑单木属性,以及对单木点云进行编辑,提高分割精度

表 2.3　航带拼接工具箱及其功能

工具箱名称	功　能
航带拼接	对机载激光雷达点云数据采集航迹线进行加载、删除、裁切,根据航迹线裁切点云,航迹线与点云匹配,依据航带安置误差信息对点云进行变换(误差修正)、去冗余等
控制点报告	创建激光点云和地面控制点的高程差报告,可以用来检查激光点云的高程精度以及使用计算的校正值提高激光点云的高程精度
航线质量检查	对飞行中的航线质量进行检查分析,包括航高分析、速度分析和飞行姿态分析
高差质量检查	分析点云数据之间的高程差异
航带重叠分析	分析点云数据之间的重叠率
密度质量检查	分析点云数据的密度

表 2.4　数据管理工具箱及其功能

菜单命令	功　能
点云工具	包含去噪、归一化、分块、合并、边界提取、重采样、PCV、投影、纹理映射、点云分幅、坐标转换等
去噪	对点云进行去噪
噪声滤波	对点云进行去噪
归一化	根据 DEM 对点云进行归一化,去除地形起伏对点云数据高程值的影响
根据地面点归一化	根据地面点对点云进行归一化,去除地形起伏对点云数据高程值的影响

菜单命令	功　　能
反归一化	将已归一化数据的 Z 值还原
按范围分块	根据设置的宽度、长度及缓冲区大小将点云数据划分为一定大小的数据
按点数分块	根据设置的点数将点云数据划分为一定点数的数据
合并	将多个点云文件合并到一个点云文件里
边界提取	提取点云在 XY 平面上的边界,目前支持三种形式的边界:六边形边界、凸包和凹包
重采样	将点云进行重采样,即减少点云数量,LiDAR360 提供了三种重采样方法:最小点间距、采样率和八叉树
PCV(Portion of Visible Sky)	提高点云强度可视化效果
纹理映射	将多波段影像数据颜色值 RGB 映射到对应点云数据颜色值属性中
点云分幅	支持矩形分幅和经纬度分幅
转换 GPS 时间	将点云数据的 GPS 时间转换为 GPS 协调时或 GPS 周秒
栅格工具	包含波段运算、影像镶嵌、影像分幅
影像镶嵌	将两幅或多幅影像拼在一起,构成一幅整体影像
影像分幅	影像镶嵌的逆操作
栅格计算器	创建和执行“地图代数”表达式
投影与坐标转换	对点云数据进行各种不同的坐标转换,如重投影,高程调整等。同时提供坐标转换所需要的求解转换参数功能,如计算七参数,四参数等
定义投影	对点云数据定义投影信息,包括地理坐标和投影坐标
重投影	可对点云进行投影转换,包括地理坐标系和投影坐标系之间的互相转换
坐标转换	支持多种坐标转换方法,用户可根据需要选择一种转换类型进行点云数据转换
高程调整	利用控制点报告对点云数据进行高程调整
四参数解算	根据输入对应的两个及以上控制点对,计算坐标系之间转换的四参数
七参数解算	根据输入对应的三个及以上控制点对,利用布尔莎模型计算坐标系之间转换的七参数
迭代最近点配准	通过设置基准点云与待配准点云,利用迭代最近点算法对点云进行配准
转换 ASCII 为 BLH	将 ASCII 数据中的 X、Y、Z 经过坐标转换为大地坐标系 B(纬度)、L(经度)、H(大地高),ASCII 数据中的其他信息保持不变
手动配准	可用于点云与点云、点云与影像、影像与影像之间的数据校正
手动旋转和平移	对单个点云数据进行旋转和平移
裁剪	包含按圆裁剪、按矩形裁剪、按多边形裁剪

续表

菜单命令	功　　能
按圆裁剪	根据用户输入的多个平面坐标和半径,提取每一个 2D 圆内的所有点云数据保存在一个文件或多个文件中
按矩形裁剪	根据用户输入的多个矩形范围,提取每一个矩形范围内的所有点云数据并保存在一个文件或多个文件中
按多边形裁剪	根据用户输入的多边形矢量文件,提取每一个多边形范围内的所有点云数据并保存在一个或多个文件中
格式转换	包括转换为 LiData、转换为 LAS、转换为 ASCII、转换为 TIFF、转换为 Shape、转换为 DXF、图像转换为 LiModel、转换为带纹理的 LiModel、LiModel 转换为图像、转换栅格为 ASCII
LAS 转换为 LiData	将 LAS 和 LAZ 格式的点云转换为 LiDAR360 自定义点云格式(LiData 格式),后续点云工具操作均基于 LiData 格式进行
转换为 LAS	将 LiData 格式的点云转为 LAS 格式,即标准的激光雷达点云数据格式
转换 LiData 为 LiData	对 1.9 版本和 2.0 版本的 LiData 进行相互转换
转换为 ASCII	将 LiData 点云转换为 ASCII 格式,是一种可在文本编辑器中轻松查看的文本格式
转换为 E57	将 LiData 点云转换为 E57 格式
转换为 TIFF	将 LiData 点云数据根据点的属性按照栅格值方法转换为栅格图像
转换为 Shape	将 LiData 格式的点云文件转换为矢量格式的点文件
转换为 DXF	将 LiData 格式的点云文件转换为 DXF 格式的点矢量数据
TIFF 转换为 LiModel	将单波段栅格数据转换为 LiModel 格式
转换为带纹理的 LiModel	将 DOM 数据颜色值映射到 LiModel 模型上进行显示
LiModel 转换为 TIFF	将 LiModel 格式文件转换为 TIFF 格式的栅格图像
TIFF 转换为 ASCII	将 TIFF 格式的栅格图像转换为 ASCII 格式
TIFF 转换为 LiData	将单波段栅格数据转换为 LiData 格式
LiTin 转换为 DXF	将 LiTin 格式的 TIN 数据转换为 DXF 文件
提取	包括按类别提取、按高程提取、按强度提取、按回波次数提取、按 GPS 时间提取
按类别提取	根据用户选择提取的类别,提取该类别的所有点云数据并保存在一个文件中
按高程提取	根据用户输入提取的高程范围,提取该范围内的所有点云数据并保存在一个文件中

菜单命令	功　能
按强度提取	根据用户输入提取的强度范围,提取该范围内的所有点云数据并保存在一个文件中
按回波次数提取	根据用户选择的回波次数,提取该回波的所有点云数据并保存在一个文件中
按 GPS 时间提取	根据用户输入提取的 GPS 时间范围,提取该范围内的所有点云数据并保存在一个文件中

表 2.5　统计工具箱及其功能

工具名称	功　能
格网统计	对点云数据进行快速格网统计分析操作
体积统计	使用两个空间范围内有交集的表面模型数据,通过将上表面减去下表面,统计填方量、挖方量以及总填挖方量
栅格统计	对 *.tif 格式的栅格数据进行邻域运算

表 2.6　分类工具箱及其功能

工具箱名称	功　能
地面点分类	从点云数据中提取地面点
提取中位地面点	获取较厚地面点中间一层较薄且更平滑的地面点
按属性分类	对点云中的某类别按照属性特征分类成另外一个类别
分离低点	分离低于实际地形的粗差噪声点
低于地表分类	对起始类别中低于周围邻近区域高程的点进行分类
噪声点分类	对点云进行去噪
空中噪点分类	将明显高于周围点的点云分类为空中噪点
高于地面分类	对地形表面一定高度的点进行分类
按高差分类	计算任意一个点与其周围指定搜索半径范围内最低点的高差,若高差在阈值范围内,则该点被标记为目标类别
邻近点分类	对于源类别中的每一个点,寻找指定邻域范围的点云,并判断这些点是否满足一定条件,如果满足,则将该点分至目标类别
建筑物分类	对点云数据中的建筑物进行分类
电力线分类	对点云数据中的电力线进行分类
模型关键点分类	对分类后的点进行一定程度的抽稀,保留地表模型关键点
机器学习分类	采用随机森林对点云数据进行分类
按机器学习模型分类	导入 *.vcm 机器学习模型进行机器学习分类
选择区域地面点分类	对局部分类效果不理想区域重新进行地面点分类
交互式编辑分类	使用剖面工具检查分类结果并修改

表 2.7　地形工具箱及其功能

工具箱名称	功　能
数字高程模型	通过地形高程数据实现对地面地形的数字化模拟
数字表面模型	生成包含地表建筑物、桥梁和树木等的地表高程模型
冠层高度模型	从数字表面模型中减去数字高程模型即可得到冠层高度模型
山体阴影	通过为栅格中的每个像元确定照明度,来获取表面的假定照明度
坡度	地形表面陡缓的程度
粗糙度	反映地表起伏变化和侵蚀程度的指标。一般定义为地表单元的曲面面积与其在水平面上的投影面积之比
坡向	地形坡面的朝向,定义为坡面法线在水平面上的投影的方向
栅格生成等高线	将栅格数据中相同高程值所在的位置点按顺次连接
点云生成等高线	通过点云数据提取地形上的等高线
生成 TIN	基于点云生成不规则三角网模型
TIN 生成等高线	利用 *.LiTin 格式的三角网 TIN 生成等高线
TIN 生成 DEM	通过三角网 LiTin 文件生成 DEM
断面分析	主要包括沿断面线提取点云和生成横纵断面图两大功能
LiModel 编辑	对规则格网模型 LiModel 进行编辑
LiTin 编辑	对非规则格网模型 LiTin 进行编辑操作
偏差分析	计算两个点云之间的距离,被比较点云的每一个点相对基准点云的距离将作为附加属性输出
变化检测	计算两期点云在高度上的相对变化量,并输出为 *.tif 格式影像和 *.html 格式的报告。影像中,红色代表增加,绿色代表减少,其他部分以高程值按灰度显示。两期点云的相对变化量将作为附加属性添加到相应 LiData 文件中

表 2.8　矢量编辑工具箱及其功能

工具名称	功　能
矢量编辑	完成数字线划图流程中矢量化部分,以点云和影像数据为背景,基于点云优秀显示效果提供高对比,能够清晰分辨房屋、植被区域、道路、路灯、水域、桥梁等地物。生成 *.shp 和 *.dxf 格式的矢量化成果,支持与 ArcGIS、AutoCAD 等第三方软件对接

表 2.9　机载林业工具箱及其功能

工具箱名称	功　能
森林参数	包含由归一化的点云数据生成高度变量、强度变量、郁闭度、叶面积指数和间隙率
高度变量	从激光雷达点云数据计算 46 个与高度相关的统计变量以及 10 个点云密度相关的统计变量

工具箱名称	功　　能
基于多边形计算 高度变量	计算给定多边形（封闭的多边形）范围内点云数据的高度变量
强度变量	从激光雷达点云数据计算 42 个与强度相关的统计变量
基于多边形计算 强度变量	计算给定多边形（封闭的多边形）范围内点云数据的强度变量
覆盖度	基于归一化的点云计算覆盖度
基于多边形 计算覆盖度	计算给定多边形（封闭的多边形）范围内点云数据的冠层覆盖度
叶面积指数	由归一化后的点云数据中的植被点计算得到
基于多边形计算 叶面积指数	计算给定多边形（封闭的多边形）范围内点云数据的叶面积指数
间隙率	基于归一化的点云计算间隙率
基于多边形计算 间隙率	计算给定多边形（封闭的多边形）范围内点云数据的间隙率
回归分析	包含线性回归、支持向量机、快速人工神经网络和随机森林四种回归分析模型，以及回归预测功能
线性回归	使用 Python 语言包 scikit-learn 和 NumPy 建立线性回归模型
支持向量机	使用 Python 语言包 scikit-learn 和 NumPy 建立支持向量机回归模型
快速人工神经网络	使用 Python 语言包 scikit-learn 和 NumPy 建立快速人工神经网络回归模型
随机森林	使用 Python 语言包 scikit-learn 和 NumPy 建立随机森林回归模型
回归预测	利用已有回归模型对森林参数进行回归预测
单木分割	基于 CHM 或者点云数据获取单木信息
CHM 分割	使用分水岭分割算法识别和分割单棵树，获取单木位置、树高、冠幅直径、冠幅面积和树木边界
点云分割	通过分析点的高程值以及与其他点间的距离，以确定待分割的单木，获取单木位置、树高、冠幅直径、冠幅面积和冠幅体积等属性信息
CHM 生成种子点	基于 CHM 获取单棵树的位置信息，以这些信息作为种子点，对点云进行单木分割
层堆叠生成种子点	采用层堆叠算法从归一化的点云数据中提取单木位置，以这些信息作为种子点，对点云进行单木分割
基于种子点的 单木分割	该功能支持多个文件批处理，输入数据为归一化的点云数据和对应的种子点文件

续表

工具箱名称	功　能
批处理	批处理模块包含提取森林参数的自动化工作流程,包括森林参数批处理、点云分割批处理和 CHM 分割批处理
森林参数批处理	实现机载林业→森林参数菜单下所有参数的自动化、流程化提取
点云分割批处理	用于机载激光雷达点云数据自动化分割处理
CHM 分割批处理	用于冠层高度模型自动化分割处理
清除树 ID	点云分割之后,树木 ID 信息将保存在 LiData 文件中,如果需要再次对点云进行分割,须先清除树 ID 信息
按树 ID 提取点云	该功能用于从已分割过的点云中提取部分或所有点云,以供其他软件使用
统计单木属性	当单木点云被编辑后,重新统计树高、冠幅等属性
ALS 种子点编辑	用于对单木分割的结果进行检查,同时,可对种子点进行增加、删除等人工交互编辑,并基于编辑后的种子点再次对点云进行分割,提高单木分割的准确性

表 2.10　地基林业工具箱及其功能

工具箱名称	功　能
叶面积指数	基于地基或背包点云数据计算叶面积指数
地面点滤波	从地基或背包激光雷达点云数据中分离地面点
点云分割	从地基或背包激光雷达点云数据中提取单木信息,包括胸径、树高、冠幅直径、冠幅面积和冠幅体积
基于种子点的单木分割	该功能支持多个文件批处理,输入数据为归一化的点云数据和对应的种子点文件
清除树 ID	点云分割之后,树木 ID 信息将保存在 LiData 文件中,如果需要再次对点云进行分割,需要先清除树 ID 信息
按树 ID 提取点云	该功能用于从已分割过的点云中提取部分或所有点云,以供其他软件使用
统计单木属性	当单木点云被编辑后,重新统计树高、冠幅等属性
TLS 种子点编辑	可对地基单木分割结果进行查看,同时包含提取单个树木胸径、批量提取树木胸径,对种子点进行增加、删除等编辑操作、基于编辑后的种子点对点云进行分割及量测单木属性信息等功能
单木点云编辑	对点云中的单木进行编辑,包括创建树、合并树、删除树等功能

表 2.11　LiDAR360 工具栏及其功能

工具栏图标	工具名称	功　能
	新建工程	开始处理新数据时,最好新建一个工程。如果没有创建,LiDAR360 软件会默认新建一个未命名工程,用户只需要在关闭软件时保存工程即可
	打开工程	打开一个工程文件(*.LiPrj),迅速恢复原来的设置

续表

工具栏图标	工具名称	功　　能
＋	添加数据	打开 LiDAR360 软件能识别的数据,包括点云、栅格、矢量、表格和模型五大类
＋M	加载并合并点云数据	该功能可用于向工程中添加多个 LAS 或者 LiData,并将它们合并为一个数据
✕	删除数据	在当前工程中移除选中的数据
▣	导出数据	将 LiData 格式的点云导出为 *.las、*.ply 等格式
▣	保存工程	保存当前工程
▣	工程另存为	另存工程文件
E	按高程显示	将点云数据的高程属性映射到若干均匀变化的颜色区间,更直观地展示点云数据高程值变化
I	按强度显示	将点云数据的强度属性映射到均匀变化的颜色区间,更直观地展示点云数据强度值变化
C	按类别显示	将点云数据的类别属性映射到不同的颜色值,更直观地区分不同类别的点云数据
RGB	按 RGB 显示	以点云数据本身的 RGB 颜色属性绘制点云数据
R	按回波数显示	将点云数据的回波数属性映射到不同的颜色值,更直观地区分不同回波数的点云数据
T	按 GPS 时间显示	将点云数据的 GPS 时间属性映射到均匀变化的颜色值,更直观地展示点云数据 GPS 时间属性的变化
ID	按树 ID 显示	可用于进行单木分割的点云数据的显示,将点云数据的树 ID 属性映射到不同的颜色值,以不同的颜色更直观地区分出不同树木
FE	按航线边缘显示	将点云数据的航线边缘属性映射到不同的颜色值,更直观地区分不同航线边缘的点云数据
NR	按回波次数显示	将点云数据的回波次数属性映射到不同的颜色值,更直观地区分不同回波次数的点云数据
SD	按点源 ID 显示	将点云数据的点源 ID 属性映射到若干均匀变化的颜色区间,更直观地展示点云数据点源 ID 变化
SA	按扫描角度显示	将点云数据的扫描角属性映射到若干均匀变化的颜色区间,更直观地展示点云数据扫描角变化
SD	按扫描方向显示	将点云数据的扫描方向属性映射到不同的颜色值,更直观地区分不同扫描方向的点云数据

续表

工具栏图标	工具名称	功　　能
U D	按用户数据显示	将点云数据的用户数据属性映射到若干均匀变化的颜色区间,更直观地展示点云数据用户数据值变化
S C	按扫描通道显示	将点云数据的扫描通道属性映射到不同的颜色值,更直观地区分不同扫描通道的点云数据
N R	按近红外显示	将点云数据的近红外属性映射到若干均匀变化的颜色区间,更直观地展示点云数据近红外值变化
B	混合显示	综合点云数据的高程属性和强度属性,映射到均匀变化的颜色区间,更直观地展示点云数据高程和强度的综合变化,同时更清晰地展示地物类别和边界
M	按组合显示	将点云数据的不同属性映射到均匀变化的颜色区间,并提供按属性值过滤的方式,更直观地展示经过筛选的点云数据在某个属性值上的变化
F	按文件显示	将点云数据文件映射到不同的颜色值,更直观地区分不同文件的点云数据
EDL	EDL 显示	与其他显示方式配合使用,以增强显示点云地物的轮廓特征信息
	顶视图	设置相机位置为顶视图,即从 +z 到 −z 方向查看三维数据,平面为 x−y 平面
	底视图	设置相机位置为底视图,即从 −z 到 +z 方向查看三维数据,平面为 x−y 平面
	左视图	设置相机位置为左视图,即从 −x 到 +x 方向查看三维数据,平面为 y−z 平面
	右视图	设置相机位置为右视图,即从 +x 到 −x 方向查看三维数据,平面为 y−z 平面
	前视图	设置相机位置为前视图,即从 −y 到 +y 方向查看三维数据,平面为 x−z 平面
	后视图	设置相机位置为后视图,即从 +y 到 −y 方向查看三维数据,平面为 x−z 平面
FRONT	前等距视图	设置相机位置为 x−y 面前倾 45°
BACK	后等距视图	设置相机位置为 x−y 面后倾 45°
	透视投影	改变视图投影方式,支持透视投影方式
	正交投影	改变视图投影方式,支持正交投影方式
	全局显示	适用于所有 LiDAR360 支持的数据类型,用来使所有的数据以顶视图的方式铺满整个窗口,以达到对数据进行全局浏览的目的

续表

工具栏图标	工具名称	功　　能
	放大	可作用于 LiDAR360 所支持的所有数据类型,用来对指定范围内的数据进行放大显示
	缩小	可作用于 LiDAR360 所支持的所有数据类型,用来对指定范围内的数据进行缩小显示
	平移	可作用于 LiDAR360 所支持的所有数据类型,用来对数据进行平移浏览
	转到	可作用于点云、栅格、模型等数据类型,用来将窗口聚焦到被选中的点处显示
	屏幕截图	将当前激活窗体中视图保存为 *.jpg 格式的文件
	交叉选择	可查看和定义点云数据的边界框,包括包围盒厚度,以及 X、Y、Z 三个方向的移动距离,可用于水淹分析等操作
	窗口联动	实现多个窗口的联动显示
	卷帘	实现单个窗口的卷帘,交互式显示卷帘数据图层下面的数据
	设置点大小与类型	设置整个软件系统中三维点云的点的大小和类型
	显示设置	设置软件系统中所有视图的背景颜色、标签属性和光照
	相机设置	可查看和改变当前激活 3D 视图的相机设置
2D	2D 视图	当前激活窗体以 2D 模式显示
3D	3D 视图	当前激活窗体以 3D 模式显示
	单点选择	对点云、栅格、模型数据进行单点选择,可交互式查询数据中单点的属性信息
	多点选择	可用于点云、栅格和模型数据,使用鼠标单击的方式交互式查询多个点的属性信息,并支持选择点集以多种格式的文件导出
	长度量测	可用于点云、栅格和模型数据。长度量测工具使用鼠标单击的方式交互式查询多个点之间的距离信息
	面积量测	可用于 LiDAR360 软件支持的所有数据类型。面积量测工具使用鼠标单击的方式交互式绘制多边形,查询多边形区域内的投影面积
	角度量测	可作用于点云、栅格和模型数据。角度量测工具使用鼠标单击交互式选择量测点,3D 视图下查询两点之间的俯仰角,即起点到终点连线与水平面之间的角度,2D 视图下查询三点连线在水平面上的投影角度
	高度量测	可作用于点云和模型数据。高度量测工具通过鼠标单击交互式选择量测点,查询两点之间的相对高度

续表

工具栏图标	工具名称	功　　能
	体积量测	可作用于点云和模型数据,通过鼠标单击的方式交互式选择量测参考平面,计算相对于某个高度的填方、挖方和填挖方的量,一般应用于煤堆体积量测和船体体积量测等
	点密度量测	可用于点云密度的量测,测量每平方米内点的平均数量
	显示模型	当前激活窗体中的模型以模型方式显示
	显示三角网	当前激活窗体中的模型以三角网方式显示
	显示点	当前激活窗体中的模型以点的方式显示
	剖面编辑	支持用户在主窗口中将划定的任意一块矩形区域点云数据展示在剖面窗口中,方便用户查看、量测、类别修改等操作
	多边形选择	按多边形对点云进行选择
	矩形选择	按矩形对点云进行选择
	球形选择	按球形对点云进行选择
	圆形选择	按圆形对点云进行选择
	套索选择	按套索的方式对点云进行选择
	减选	对当前选择工具起作用,表示当前的选择状态,用以控制被选择的区域是加选还是反选(减选),该功能配合多边形选择、矩形选择、球形选择等选择工具起作用
	内裁切	按当前选择的区域,对窗口中所有点云数据进行裁切,选取在选择区域中的点云,选择区域外的点云被隐藏
	外裁切	按当前选择的区域,对窗口中所有点云数据进行裁切,选取不在选择区域中的点云,选择区域内的点云被隐藏
	保存裁切内容	将裁切后得到的结果点云保存成新的点云文件
	取消裁切	取消所有的选择和裁切操作
	批处理	针对点云数据实现多数据、多功能、多线程、流程化批处理操作,支持 LAS 及 LiData 类型数据,并提供两种调用方式,分别为对话框及命令行调用

2.3.3 快捷键

LiDAR360 软件鼠标和键盘快捷键操作说明参见表 2.12。

表 2.12 LiDAR360 软件鼠标和键盘快捷键操作说明

鼠标 / 键盘快捷键	功　能
Ctrl+N	新建 LiDAR360 工程（*.LiPrj 格式）
Ctrl+O	打开 LiDAR360 工程（*.LiPrj 格式）
Ctrl+Shift+O	打开 LiDAR360 支持的数据
Ctrl+S	保存 LiDAR360 工程（*.LiPrj 格式）
Alt+F4	退出 LiDAR360
Ctrl+F3	新建窗口
Ctrl+F4	关闭当前窗口
F11	全屏显示
F3	切换正交 / 透视投影
F1	查看帮助文档
A	逆时针旋转
G	顺时针旋转
C	向前旋转
E	向后旋转
T	显示提示信息
W	显示模型 / 三角网 / 点之间切换
P	调整光照（改善 *.LiModel、*.LiTin、*.osgb 等模型文件的显示效果）
↑	向上平移
↓	向下平移
←	向左平移
→	向右平移
+	放大
−	缩小
鼠标左键	旋转
鼠标右键	平移
鼠标滚轮	缩放
空格键	全局视图
删除键	删除标签 / 删除种子点
剖面编辑快捷键	从 4.0 版本开始，支持自定义剖面编辑快捷键

2.4　数据输入与输出

LiDAR360 软件可输入的数据类型分为点云、栅格、矢量、表格和模型五大类,具体格式如下。

- 点云:LiData 文件(*.LiData 自定义点云格式,文件格式说明请参考附录 B)、LAS 文件(*.las、*.laz)、ASCII 文件(*.txt、*.asc、*.neu、*.xyz、*.pts、*.csv)、PLY 文件(*.ply)、E57 文件(*.e57)。
- 栅格:影像数据(*.tif、*.jpg)。
- 矢量:矢量数据(*.shp)。
- 表格:表格数据(*.csv)。
- 模型:自定义模型文件(*.LiModel 自定义模型文件,*.LiTin 自定义三角网文件,文件格式说明请参考附录 B)、OSG 模型(*.osgb、*.ive、*.desc、*.obj)。

LiDAR360 软件可导出的数据格式如下:

- 点云:LiData 文件(*.LiData)、LAS 文件(*.las、*.laz)、ASCII 文件(*.txt、*.asc、*.neu、*.xyz、*.pts、*.csv)、PLY 文件(*.ply)、E57 文件(*.e57)。
- 栅格:影像数据(*.tif、*.jpg、*.bmp)。
- 矢量:矢量数据(*.shp、*.dxf)。
- 表格:表格数据(*.csv)。
- 模型:自定义模型文件(*.LiModel、*.LiTin)。

2.4.1　数据输入

1）添加 *.las 数据

从 4.0 版本开始,LiDAR360 软件支持 LAS 1.4 格式的数据输入与输出。

（1）选择要加载的 LAS 文件,首次加载将弹出图 2.2 所示的界面,界面最上方显示了 LAS 数据所在的路径,头信息标签页中描述了 LAS 头文件信息,包含 LAS 数据的版本号、源 ID、系统标识符、生成软件、文件创建日期、文件头大小、从文件起始处到第一个点数据记录首个字段的字节数、变长记录数、点数据格式 ID、点数据记录数、是否压缩、各个回波次数的点数、$X/Y/Z$ 比例因子、$X/Y/Z$ 偏移量、最小 $X/Y/Z$ 坐标、最大 $X/Y/Z$ 坐标等信息。

图 2.2　打开 LAS 数据头信息标签页

（2）在属性选项标签页（图 2.3）中可以选择打开点云时对其进行隔点抽稀，默认打开所有点，也可以选择 LAS 数据的属性以及附加属性，默认导入 LAS 数据的所有属性信息。

图 2.3　打开 LAS 数据属性选项标签页

（3）在坐标系选项标签页（图 2.4）中可以设置点云数据的坐标系，输入坐标系的关键词可快速找到对应的坐标系，也可以单击添加坐标系按钮的下拉菜单，选择从 WKT 中导入或者从 PRJ 中导入坐标系。

图 2.4　打开 LAS 数据坐标系选项标签页

（4）单击应用按钮表示对当前选择的 LAS 数据采用当前设置导入软件中，并开始加载点云。如果单击全部应用按钮，则在关闭软件之前，再导入其他 LAS 数据，均采用此次设置，不会再弹出打开 LAS 数据的对话框。

2）添加 *.ASCII 数据

（1）选择要加载的 *.ASCII 文件，将弹出图 2.5 所示的界面。

文件名：显示数据所在的路径。

如果数据有文件头，文件头所在的行将以红色高亮显示。一般而言，软件可以自动识别文件的分隔符，用户也可以在"分隔符"处选择相应的分隔符。

跳行数：通过设置跳行数可忽略文件头以及其他不想要的数据（图 2.6）。

（2）软件将默认选择 *X*/*Y*/*Z* 所在的列，用户可单击每一列上方的下拉按钮，自主选择每一列数据对应的属性，选择"Ignore"表示忽略该列数据。

图 2.5　打开 ASCII 文件对话框

图 2.6　设置跳行数对话框

3）添加 *.csv 数据

（1）选择要加载的 *.csv 数据，将弹出图 2.7 所示的界面。

（2）*.csv 数据可以选择打开为表格或者打开为点云。

一般而言，如果是单木分割生成的 *.csv 文件，建议打开为表格，数据类型可以选择点或者圆，如果选择以点的方式显示，需要指定 X、Y、Z 对应的列（图 2.8）。

如果选择以圆的方式显示，除 X、Y、Z 之外，还需要指定圆的直径对应的列（图 2.9）。

显示标签复选框用于决定是否要在软件中显示每个点或圆的标签，如果选择显示标签，需指定标签对应的列，如：单木分割后树木的 ID。

如果选择打开为点云，将会弹出与打开 *.txt 数据相同的界面，具体设置可以参考添加 *.ASCII 数据。

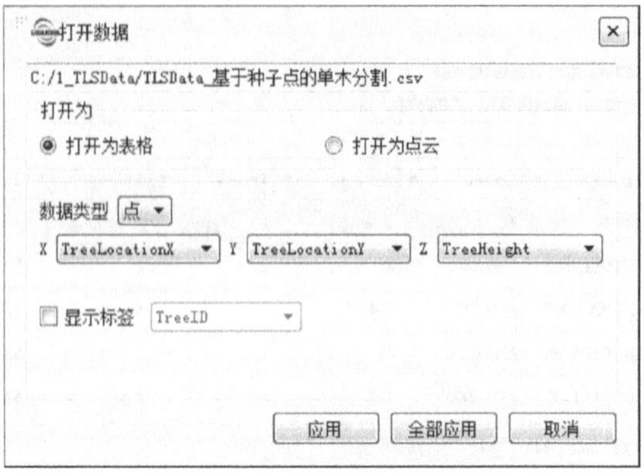

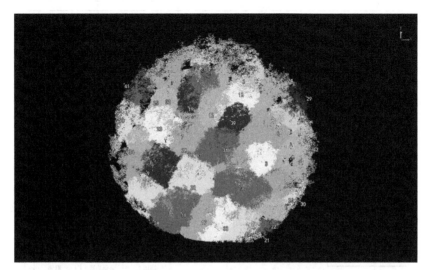

图 2.7   打开 *.csv 数据

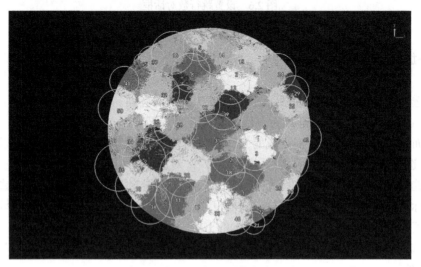

图 2.8   *.csv 文件以点的方式显示

图 2.9   *.csv 文件以圆的方式显示

4）添加 *.ply 数据

（1）选择要加载到软件中的 *.ply 数据，弹出图 2.10 所示的界面。

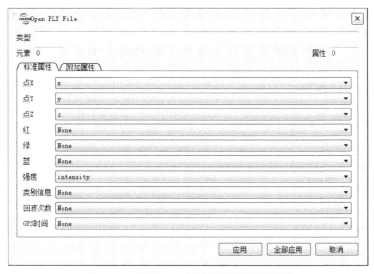

图 2.10　打开 PLY 文件标准属性标签页

（2）分别指定 X、Y、Z 坐标对应的属性。

（3）如果有 RGB、强度、类别、回波次数、GPS 时间等标准属性，分别选择对应的属性，如果没有，则选择 None 选项。

（4）单击附加属性标签页，若 PLY 文件有法线或其他附加属性，可以勾选相应的信息生成相关附加属性（图 2.11）。

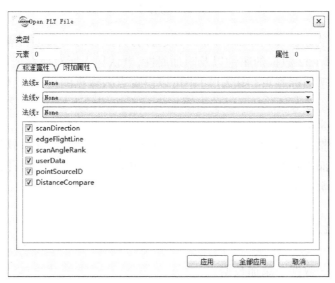

图 2.11　打开 PLY 文件附加属性标签页

（5）设置完成后，单击应用按钮。

5）添加 *.e57 数据

（1）选择要加载的 *.e57 文件，首次加载将会弹出图 2.12 所示的界面，界面最上方显示了 E57 数据所在的路径，文件头标签页中描述了 E57 头文件信息，包含 E57 数据的扫描数据节点名称、版本号、X/Y/Z 的缩放因子、偏移量以及包围盒信息。

图 2.12 打开 E57 数据文件头标签页

（2）在属性选项标签页（图 2.13）中可以选择打开点云时对其进行隔点抽稀，默认打开所有点，也可以选择 E57 数据的属性以及附加属性，默认导入所有属性信息。

（3）在坐标系选项标签页（图 2.14）中可以设置点云数据的坐标系，输入坐标系的关键词可快速找到对应的坐标系，也可以单击添加坐标系按钮的下拉菜单，选择从 WKT 中导入或者从 PRJ 中导入坐标系。

（4）单击应用按钮表示对当前选择的 E57 数据采用当前设置导入软件中，并开始加载点云。如果单击全部应用按钮，此次所打开的数据均采用此设置，直到再次打开 E57 数据才会再弹出打开 E57 数据的对话框。

6）添加栅格数据

（1）单击文件→数据→添加数据。
（2）选择需加载的栅格数据，单击打开按钮。

图 2.13 打开 E57 数据属性选项标签页

图 2.14 打开 E57 数据坐标系选项标签页

7）添加矢量数据

（1）单击文件→数据→添加数据。
（2）选择需加载的矢量数据，单击打开按钮。

8）添加模型数据

LiModel 文件是根据 DEM 或 DSM 生成的规则三角网模型，根据四叉树对规则三角网模型进行分块组织与存储，也可以对其叠加 DOM 纹理信息。LiTin 文件是根据点云生成的非规则 2.5D 三角网模型，按照高程加以着色，利用光照阴影特效提高显示效果。可以对其进行置平、删除、增加顶点、增加断裂线等各种编辑，提高根据其生成等高线的质量。

（1）单击文件→数据→添加数据。
（2）选择需加载的模型数据，单击打开按钮。

9）加载并合并点云数据

该功能可用于向工程中添加多个 LAS 或者 LiData，并将它们合并为一个数据。将需要处理的多个小文件加载并合并为一个数据后，可提升在软件中的交互体验和处理效率。

（1）单击文件→数据→加载并合并点云数据，或者单击 按钮打开加载并合并点云数据界面（图 2.15）。

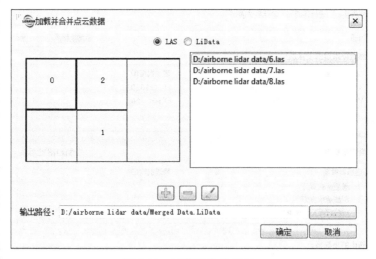

图 2.15　加载并合并点云

界面左边显示的是数据的外接包围盒，选中相应的数据，其外接包围盒将以红色高亮显示。

（2）该功能支持的数据格式包括 *.las、*.laz 和 *.LiData，无论选择的数据为 *.las 或者

*.LiData，合并后的数据均为 *.LiData 格式。

（3）单击 按钮选择要合并的数据，单击 按钮移除选中的数据，单击 按钮清除所有数据。

2.4.2 数据输出

LiDAR360 支持多种点云数据的导入，并统一转换成 *.LiData 点云格式。同时，也支持将 LiData 数据导出为多种格式，如 LAS（*.las，las 1.2、1.3、1.4；.laz）、ASCII（*.txt，*.asc，*.neu，*.xyz，*.pts，*.csv）、PLY（*.ply）、E57（*.e57）等。

（1）在数据目录树上选中需要导出的数据，单击鼠标右键，在弹出菜单中选择"导出"，或者直接在工具栏单击 图标，弹出导出点云数据界面。

（2）设置导出文件类型、导出路径和文件名。

（3）单击保存按钮，完成操作。

第 3 章

数据显示操作

数据显示是激光雷达数据处理软件的重要功能之一。LiDAR360 数据显示采用图层管理和窗口管理机制,支持多图层叠加显示、多窗口显示、窗口联动显示和卷帘显示等。

本章主要介绍以下内容:
- 文件列表管理
- 渲染显示
- 数据量测
- 选择工具
- 窗口联动
- 卷帘
- 相机漫游
- 录屏

3.1 文件列表管理

图层管理对软件中所包含的数据进行分组管理,分组类型包括点云、栅格、矢量、表格和模型。功能包括整个软件系统中(所有窗口)数据的移除和显隐控制等。通过勾选树节点的复选框可以控制整个软件中数据的显示与隐藏,通过鼠标将目录树中的数据拖到不同窗口进行显示。

窗口管理对软件中所包含的窗口列表以及窗口中所包含数据的列表进行管理。功能主要包括窗口中数据的移除、显示顺序和显隐控制。通过勾选树节点的复选框可以控制某个窗口中各个数据的显示与隐藏,通过鼠标拖动树节点可以控制不同数据在同一窗口的显示顺序。节点的右键菜单主要负责管理单个窗口中的数据移除,以及单个窗口中单个数据的查询、显示、统计和导出等操作。

3.1.1 图层管理

单击  按钮显示图层列表,如图 3.1 所示。

图 3.1 图层列表

数据节点的右键菜单主要负责数据的查询、显示、统计、导出和移除等操作,不同类型的数据对应的右键菜单各不相同。

1)点云图层管理

图层管理树中点云数据的右键菜单主要负责管理点云数据的导入和移除,以及针对单个点云数据的查询、显示、统计和导出等操作。

(1)数据类型右键菜单,有以下功能:

① 导入数据:LiDAR360 软件支持的点云数据格式包括 LiData、LAS、ASCII、PLY 和 E57,其中,LiData 为软件自定义点云数据格式,与点云相关的分析处理操作均基于该格式。LAS、ASCII、PLY 和 E57 等格式的数据导入软件之后将自动生成对应的 LiData 文件来进行后续处理。导入数据的流程参见第 2.4.1 节。

② 移除所有:将工程中添加的所有点云数据从所有的窗口中移除。

(2)数据右键菜单,有以下功能:

① 信息:查看点云基本信息,包括数据所在路径,坐标信息,$X/Y/Z$ 坐标的最小值、最大值,Z 平均值和标准差,最小和最大 GPS 时间,强度的最小值、最大值、平均值和标准差,点云包围盒,总点数、点云类别统计和回波次数统计。单击界面上的导出按钮可以将点云基本信息导出为 *.txt 文件(图 3.2)。

② 显示:设置单个点云文件的显示模式,包括按高程显示、按强度显示、按类别显示、按 RGB 显示、按回波数显示、按 GPS 时间显示、按树木 ID 显示、按航线边缘显示、按回波次数显示、按点源 ID 显示、按扫描角度显示、按扫描方向显示、按用户数据显示、按扫描通道显示、按近红外显示、按选择的颜色显示、混合显示、按组合显示模式、按附加属性显示。其中,单个点云按高程或按强度显示时,可以通过最小值/最大值或者标准差拉伸,以改善显示效果。

图 3.2　点云基本信息

③ 缩放到图层：计算当前点云数据的包围盒，并将所有打开该数据的窗口以此包围盒范围进行全局显示。

④ 重新统计：重新统计点云数据的 Z 平均值和标准差、强度平均值和标准差。此功能用于修复 LiData 数据统计信息不全的问题。

⑤ 导出：将单个点云数据导出为 LAS、ASCII、PLY 或者 E57 格式，具体可参见第 2.4.2 节。

⑥ PCV：对单个点云数据进行 PCV 处理，以改善其显示效果，关于点云的 PCV 处理参见本书第 4.7 节。

⑦ 点大小：单个点云数据的显示点大小可以单独设置，也可以使用全局设置，点的形状分为圆形和方形两种（图 3.3）。对于全局的点大小设置，可以使用工具栏上的。

⑧ 点亮度：单个点云数据的显示点亮度可以单独设置，也可以使用全局的点亮度设置。对于全局的点亮度设置，可以使用工具栏上的。

⑨ 移除：从工程中移除选中的点云数据。

图 3.3　设置点大小

2）栅格图层管理

图层管理树中栅格数据的右键菜单主要负责管理栅格数据的导入和移除，以及针对单个栅格数据的查询、显示、统计等操作。

（1）数据类型右键菜单，有以下功能：

① 导入数据：LiDAR360 软件支持的栅格数据格式包括 *.tif 和 *.jpg，导入数据的流程参见第 2.4.1 节。

② 移除所有：将工程中添加的所有栅格数据从所有的窗口中移除。

（2）数据右键菜单，有以下功能：

① 信息：查看栅格基本信息，包括数据所在路径、行列数、波段数、分辨率、投影信息、各个波段的统计信息等。

② 直方图：查看栅格数据的直方图信息，可以对各个波段进行拉伸显示。栅格数据默认以黑白颜色条显示，通过下拉菜单选择一个颜色条，可以更改显示效果。

③ 缩放到图层：计算当前栅格数据的包围盒，并将所有打开该数据的窗口以此包围盒范围进行全局显示。

④ 缩放到原始比例：根据当前选中栅格数据的分辨率，按照 1∶1 的比例显示该栅格数据。

⑤ 移除：从工程中移除选中的栅格数据。

3）矢量图层管理

图层管理树中矢量数据的右键菜单主要包括矢量数据的导入和移除，以及针对单个矢量数据的信息显示、打开属性表、缩放到图层、按高程显示、按选择的颜色显示和移除。

（1）数据类型右键菜单，有以下功能：

① 导入数据：LiDAR360 软件支持的矢量数据格式为 *.shp，导入数据的流程参见第 2.4.1 节。

② 移除所有：将工程中添加的所有矢量数据从所有的窗口中移除。

（2）数据右键菜单，有以下功能：

① 信息：查看矢量数据基本信息，包括数据所在路径、要素个数、数据类型、图层范围和投影信息等。

② 属性表：显示矢量数据的属性表信息，单击属性表中的行或单元格，视图中对应的数据会以高亮显示；双击属性表中的行，视图会定位到双击的数据所在位置；单击每一列的表头可对各个属性升序或降序排列；可对属性表中的字段进行增加、删除、编辑和保存。

③ 缩放到图层：计算当前矢量数据的包围盒，并将所有打开该数据的窗口以此包围盒范围进行全局显示。

④ 按高程显示：将矢量数据的高程属性映射到均匀变化的颜色区间。

⑤ 按选择的颜色显示：使矢量数据按固定颜色显示。

⑥ 移除：从软件中将选择的矢量数据移除。

4）表格图层管理

图层管理树中表格数据的右键菜单主要包括表格数据的导入和移除，以及针对单个表格数据的信息显示、打开属性表、缩放到图层、按选择的颜色显示和移除。

（1）数据类型右键菜单，有以下功能：

① 导入数据：LiDAR360 软件支持的表格数据格式为 *.csv，导入数据的流程参见第 2.4.1 节。

② 移除所有：将工程中添加的所有表格数据从所有的窗口中移除。

（2）数据右键菜单，有以下功能：

① 信息：查看表格的基本信息，包括数据所在路径、要素个数、各个属性的最小和最大值。

② 属性表：显示表格的内容。单击属性表中的行或单元格，视图中对应的数据会高亮显示；双击属性表中的行，视图会定位到双击的数据所在位置；单击每一列的表头可对各个属性升序或降序排列。

③ 缩放到图层：计算当前表格数据的包围盒，并将所有打开该数据的窗口以此包围盒范围进行全局显示。

④ 按选择的颜色显示：使表格数据按固定颜色显示。

⑤ 按高程显示：将表格数据的高程属性映射到均匀变化的颜色区间。

⑥ 移除：从软件中将选择的表格数据移除。

5）模型图层管理

图层管理树中模型数据的右键菜单主要包括模型数据的导入和移除，以及针对单个模型数据的信息显示、显示设置、缩放到图层、重新统计、导出和移除。

（1）数据类型右键菜单，主要有以下功能：

① 导入数据：LiDAR360 软件支持的模型数据格式包括 *.LiModel、*.LiTin、*.osgb、*.ive、*.desc 和 *.obj。其中，LiModel 和 LiTin 为软件自定义模型数据格式，与模型相关的分析处理操作均基于这两种格式。导入数据的流程参见第 2.4.1 节。

② 移除所有：将工程中添加的所有模型数据从所有的窗口中移除。

（2）数据右键菜单，主要有以下功能：

① 信息：此功能只针对 LiModel 和 LiTin 文件，查看模型的基本信息，包括数据所在路径，$X/Y/Z$ 坐标的最小值、最大值、分辨率、投影信息。

② 显示：设置单个模型文件的显示模式，包括按高程显示、按纹理显示和按光照显示。

③ 缩放到图层：计算当前模型数据的包围盒，并将所有打开该数据的窗口以此包围盒范围进行全局显示。

④ 重新统计：针对 LiModel 和 LiTin 数据在完成编辑功能（如置平、平滑等）之后，会对模型数据的 $X/Y/Z$ 坐标范围等基本信息重新统计。

⑤ 导出：此功能只针对 LiModel 文件，一般而言，将 DEM 数据转换为 LiModel 进行三维可视化编辑之后，可以将编辑后的 LiModel 再导出为 *.tif 格式。

⑥ 移除：从软件中将选择的模型数据移除。

3.1.2 窗口管理

单击 🗗 按钮显示窗口列表，如图 3.4 所示。

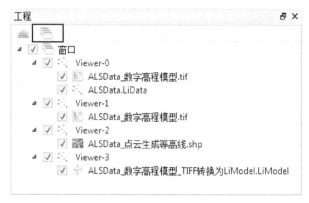

图 3.4　窗口列表

在窗口名称上单击鼠标右键,选择"移除所有",可以将工程中添加的所有数据从选中的窗口中移除。

注意:窗口管理中的右键菜单只对指定窗口中的数据起作用,而图层管理中的右键菜单对加载了指定数据的所有窗口起作用。

3.2　渲　染　显　示

颜色工具条为海量点云数据的可视化提供了若干颜色显示模式,针对不同的分析功能可选择最佳的显示方式(如按强度显示、按 GPS 时间显示和按回波次数显示等)。此外,系统提供 EDL、PCV、玻璃等工具对显示效果进行增强,更直观地反映数据特征,有助于对数据质量进行检查。LiDAR360 软件提供了 20 种显示模式。

(1)按高程显示:将点云数据的高程属性映射到若干均匀变化的颜色区间,更直观地展示点云数据高程值变化。

(2)按强度显示:将点云数据的强度属性映射到均匀变化的颜色区间,更直观地展示点云数据强度值变化。

(3)按类别显示:将点云数据的类别属性映射到不同的颜色值,更直观地区分不同类别的点云数据。

(4)按 RGB 显示:以点云数据本身的 RGB 颜色属性绘制点云数据。

(5)按回波数显示:将点云数据的回波数属性映射到不同的颜色值,更直观地区分不同回波数的点云数据。

(6)按 GPS 时间显示:将点云数据的 GPS 时间属性映射到均匀变化的颜色值,更直观地展示点云数据 GPS 时间属性的变化。

(7)按树 ID 显示:可用于进行单木分割的点云数据显示,将点云数据的树 ID 属性映射到不同的颜色值,以不同的颜色更直观地区分出不同树木。

(8)按航线边缘显示:将点云数据的航线边缘属性映射到均匀变化的颜色值,更直观地区分不同航线边缘的点云数据。

（9）按回波次数显示：将点云数据的回波次数属性映射到不同的颜色值，更直观地区分不同回波次数的点云数据。

（10）按点源 ID 显示：将点云数据的点源 ID 属性映射到若干均匀变化的颜色区间，更直观地展示点云数据点源 ID 变化。

（11）按扫描角度显示：将点云数据的扫描角属性映射到若干均匀变化的颜色区间，更直观地展示点云数据扫描角变化。

（12）按扫描方向显示：将点云数据的扫描方向属性映射到不同的颜色值，更直观地区分不同扫描方向的点云数据。

（13）按用户数据显示：将点云数据的用户数据属性映射到若干均匀变化的颜色区间，更直观地展示点云数据用户数据值变化。

（14）按扫描通道显示：将点云数据的扫描通道属性映射到不同的颜色值，更直观地区分不同扫描通道的点云数据。

（15）按近红外显示：将点云数据的近红外属性映射到若干均匀变化的颜色区间，更直观地展示点云数据近红外值变化。

（16）混合显示：综合点云数据的高程属性和强度属性，映射到均匀变化的颜色区间，更直观地展示点云数据高程和强度的综合变化，同时更清晰地展示地物类别和边界。

（17）按组合显示：将点云数据的不同属性映射到均匀变化的颜色区间，并提供按属性值过滤的方式，更直观地展示经过筛选的点云数据在某个属性值上的变化。

（18）按文件显示：将点云数据文件映射到不同的颜色值，更直观地区分不同文件的点云数据。

（19）EDL 显示：可用于点云数据的显示，与其他显示方式配合使用，以增强显示点云地物的轮廓特征信息。不同显示方式下，使用 EDL 前后的点云显示效果对比如图 3.5 所示。

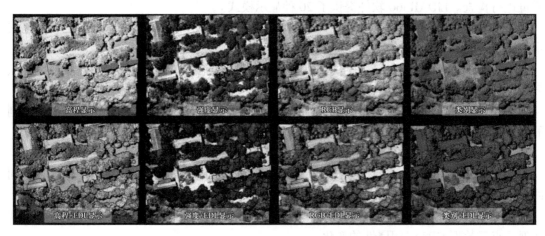

图 3.5　不同显示方式使用 EDL 前后的显示效果

（20）玻璃特效：对窗口内的点云数据启用玻璃效果，如同隔着玻璃看点云显示，视觉出现半透明效果（图 3.6），玻璃特效可与其他显示效果叠加。

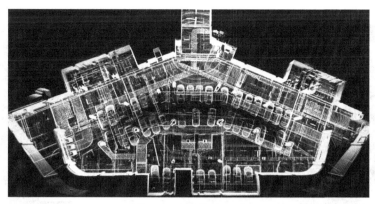

图 3.6 玻璃特效显示

3.3 数 据 量 测

量测工具用来测量点云数据的几何信息, LiDAR360 软件提供的量测工具包括单点选择、多点选择、长度量测、面积量测、角度量测、高度量测、体积量测和点密度量测。

3.3.1 单点选择

单点选择工具可用于点云、栅格和模型数据。对点云数据进行单点选择,可交互式查询点云数据中单点的属性信息,包括点的位置、强度、回波次数、类别、GPS 时间和附加属性等(图 3.7)。对栅格数据进行单点选择,可交互式查询栅格数据中单点的属性信息,包括点的位置、拉伸的 RGB 值和像元值等(图 3.8)。

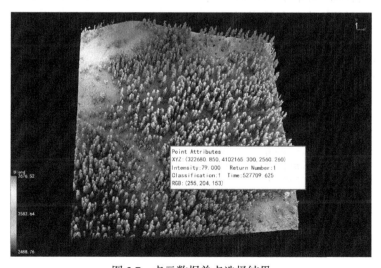

图 3.7 点云数据单点选择结果

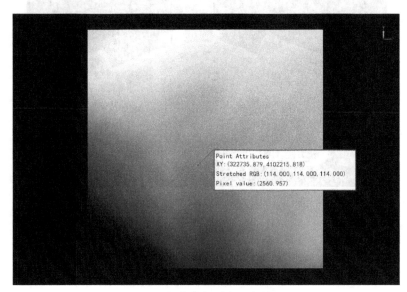

图 3.8　栅格数据单点选择结果

3.3.2　多点选择

多点选择工具可用于点云、栅格和模型数据。多点选择工具使用鼠标单击的方式交互式查询多个点的属性信息,并支持选择点集以 *.txt, *.asc, *.neu, *.xyz, *.pts, *.csv 等多种格式导出。

（1）使用鼠标左键依次单击场景中的单点,场景中以点号标签的形式标记出所选点,同时弹出界面列表显示点集的属性信息（图 3.9）。点云数据属性包括点的序号、位置、类别、回波次数、GPS 时间和强度等;栅格数据属性包括点的序号、位置和波段值等。

标记大小:设置场景中标记点的点号大小。

起始序号:设置标记点的起始索引号。

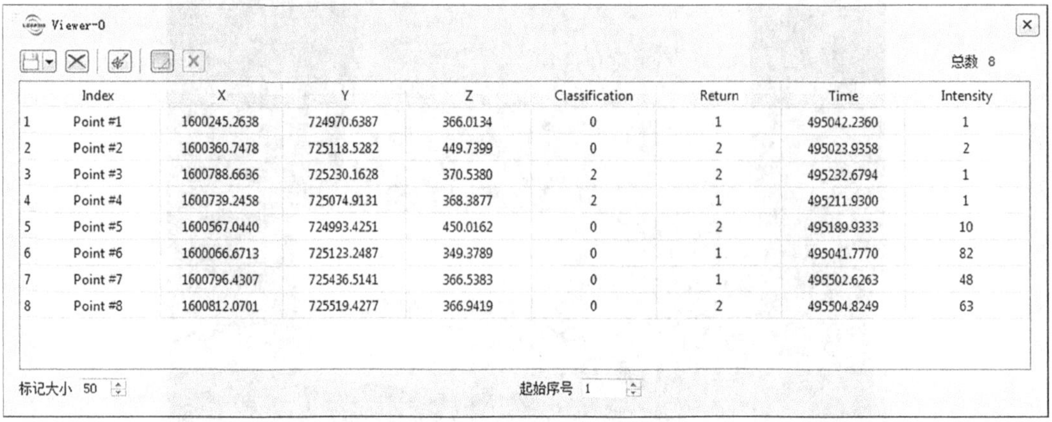

	Index	X	Y	Z	Classification	Return	Time	Intensity
1	Point #1	1600245.2638	724970.6387	366.0134	0	1	495042.2360	1
2	Point #2	1600360.7478	725118.5282	449.7399	0	2	495023.9358	2
3	Point #3	1600788.6636	725230.1628	370.5380	2	2	495232.6794	1
4	Point #4	1600739.2458	725074.9131	368.3877	2	1	495211.9300	1
5	Point #5	1600567.0440	724993.4251	450.0162	0	2	495189.9333	10
6	Point #6	1600066.6713	725123.2487	349.3789	0	2	495041.7770	82
7	Point #7	1600796.4307	725436.5141	366.5383	0	1	495502.6263	48
8	Point #8	1600812.0701	725519.4277	366.9419	0	2	495504.8249	63

总数 8

标记大小 50　　起始序号 1

图 3.9　多点选择列表

（2）单击选择列表中任意行，单击 ✕ 按钮可删除该点。

（3）单击添加字段按钮 ▨ 后，弹出添加字段对话框，目前支持以下几种类型的自定义字段：整数型、浮点型、文本、日期、枚举。单击确定按钮之后，新增的字段会在列表窗口中显示。

（4）单击开始编辑按钮 ▨，双击单元格可以对添加字段值进行编辑。

（5）移除字段按钮 ✕ 在未添加自定义字段之前不可用，添加字段后，单击此按钮，会弹出移除字段对话框，用户仅可选择移除自己添加的字段。

（6）所选点集支持以 *.txt, *.asc, *.neu, *.xyz, *.pts, *.csv 等多种格式导出。单击 ▯ 按钮下拉菜单：如果是在 2D 数据（如栅格图像）上选择点，"保存 2D 点"功能将变成可用状态，单击该按钮可以将所选择的点的索引、X/Y 坐标和波段值保存为 *.txt 文件；如果是在 3D 数据（如点云数据、模型数据）上选择多个点，可以单击保存 3D 点按钮，将坐标和其他属性信息保存为 *.txt 文件。如果同时在 2D 数据和 3D 数据上选择点，则"保存所有点"功能变成可用状态，用户可选择保存 2D 点、保存 3D 点或者保存所有点。

（7）如果用户未保存选择的点，退出该功能时，软件会弹出提示，在提示界面单击 Save 按钮可保存所有点，单击 No 按钮退出多点选择。

3.3.3　长度量测

长度量测工具可用于点云、栅格和模型数据。长度量测工具使用鼠标单击的方式交互式查询多个点之间的距离信息。对于 2D 数据，量测结果表示平面距离；对于 3D 数据（如点云数据和模型数据），量测结果表示点位在立体空间中的欧式距离（图 3.10）。

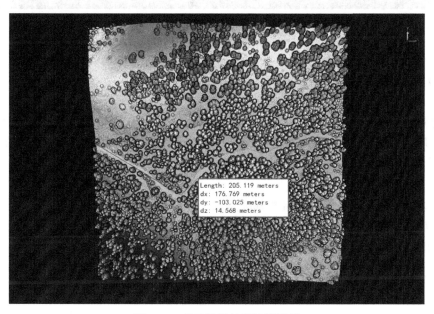

图 3.10　点云数据长度量测结果

3.3.4   面积量测

面积量测工具可用于 LiDAR360 软件支持的所有数据类型。面积量测工具使用鼠标单击的方式交互式绘制多边形,进而查询多边形区域内的投影面积。对于 3D 数据的面积量测,当前窗口会自动切换为正交投影模式(图 3.11)。

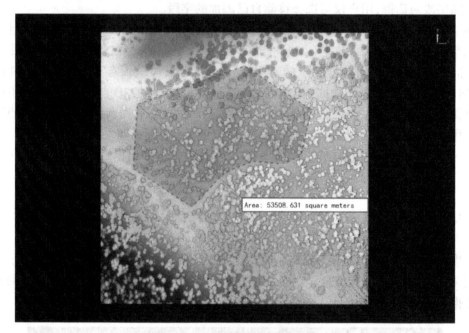

图 3.11   点云数据面积量测结果

3.3.5   角度量测

角度量测工具可用于点云、栅格和模型数据,可在 2D 窗口、3D 窗口及剖面窗口使用。角度量测工具使用鼠标单击交互式选择量测点:3D 窗口下查询两点之间的俯仰角,即起点到终点连线与水平面之间的角度;2D 窗口下查询三点连线在水平面上的投影角度。

(1)单击鼠标左键选择角度量测基准点。

(2)双击鼠标左键确定量测点,量测结束,场景中实时绘制量测角度,并以标签的形式实时显示出量测结果(图 3.12~ 图 3.14)。

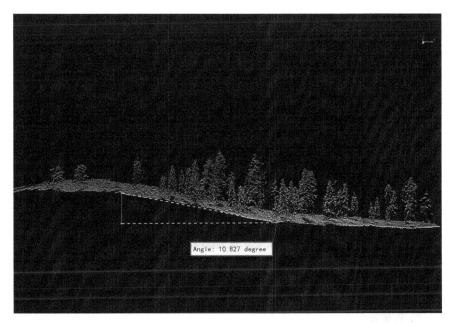

图 3.12 3D 窗口角度量测结果

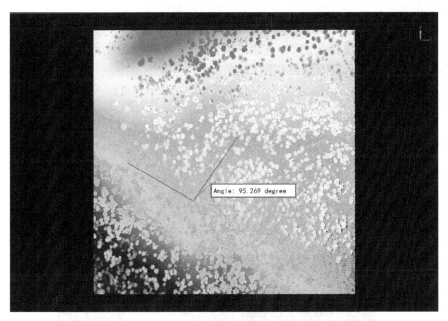

图 3.13 2D 窗口角度量测结果

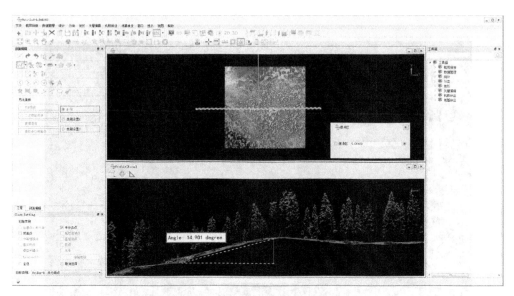

图 3.14 剖面窗口角度量测结果

3.3.6 高度量测

高度量测工具可用于点云和模型数据,可在 3D 窗口及剖面窗口使用。高度量测工具通过鼠标单击交互式选择量测点,查询两点之间的相对高度。

(1)单击鼠标左键选择高度量测基准点。

(2)双击鼠标左键选择量测点,量测结束,场景中实时绘制量测两点之间的相对高度,并以标签的形式实时显示量测结果(图 3.15)。

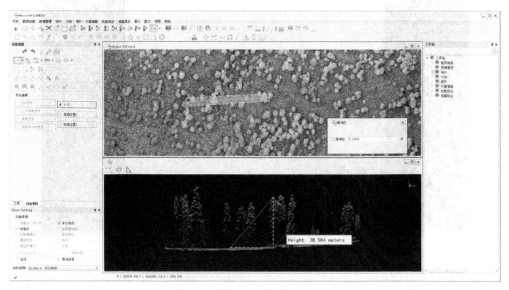

图 3.15 剖面窗口高度量测结果

3.3.7 体积量测

体积量测工具可用于点云和模型数据。体积量测工具通过鼠标单击的方式交互式选择量测参考平面,计算相对于某个高度的填方、挖方和填挖方的量,一般用于煤堆体积量测和船体体积量测等。

(1)体积量测之前一般调整窗口到顶视图,然后在加载了点云或模型数据的窗口中使用鼠标左键连续单击数据所在区域(用于生成体积量测的参考平面,至少选择三个点),双击鼠标结束选择,场景中以红色实线绘制所选区域,并弹出如图 3.16 所示的对话框。

图 3.16　体积量测对话框

(2)设置单元格大小。该参数定义了体积量测的最小计算单元大小,值越小,计算越精确。

(3)设置体积量测的基准面。基准面的计算方式包括最小值、拟合平面和自定义。

最小值(默认):以所选点范围内的最小 Z 值作为平面的高度值。

拟合平面:根据所选点拟合最佳平面。

自定义:由用户输入或点选指定高度作为体积量测的基准面高度值。

(4)设置体积量测的数据源。数据源类型包括已加载的点和所有点。

已加载的点(默认):使用指定范围内加载到场景中的点,速度快。

所有点:使用指定范围内点云文件中的点,速度慢,精度更高。

(5)单击计算按钮,生成投影面积、表面积、挖方、填方和填挖方结果,同时场景中绘制出当前量测数据占据的空间,如图 3.17 所示。

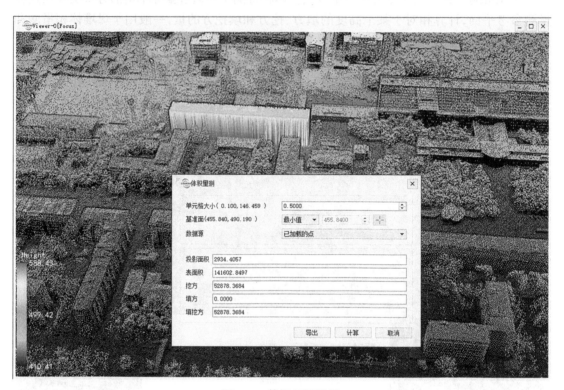

图 3.17　体积量测结果

(6)单击导出按钮,可将体积量测结果以 *.pdf 或 *.txt 格式导出。

3.3.8　点密度量测

点密度是衡量点云数据质量的指标之一。点密度量测工具可用于点云密度的量测,能够测量每平方米内点的平均数量。

(1)点密度量测工具开启后会自动调整窗口到正交投影,然后弹出点密度量测设置对话框。

(2)若勾选了"宽度",可以输入宽度值,高度值将自动设置为与宽度值相同,面积设置为宽度和高度的乘积,单击鼠标左键选择量测区域;若未勾选"宽度",高度值和宽度值将按照绘制矩形的尺寸来设置,面积设置为宽度和高度的乘积,连续单击两次鼠标左键可交互式绘制量测区域矩形。场景中以红色实线矩形绘制出所选范围,并以标签的形式显示出点密度和点数(图 3.18)。

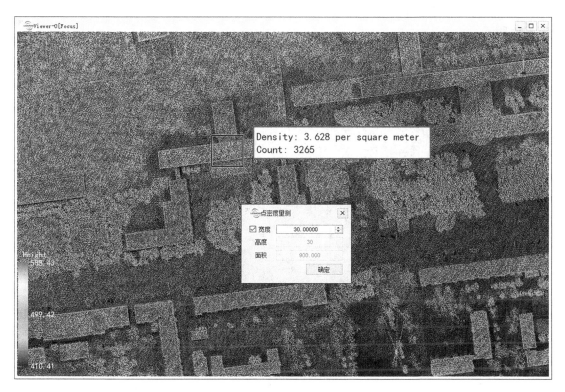

图 3.18 点密度量测

3.4 选 择 工 具

选择工具用于对当前窗口的点云进行选择并保存。可以通过工具栏的选择工具条（图 3.19）对点云进行选择，也可以通过交叉选择工具实现选择功能。

图 3.19 选择工具条

3.4.1 选择工具条

1）多边形选择

下面以多边形为例进行介绍，球形、矩形、圆形、套索选择的步骤类同。

（1）单击 功能按钮，按钮处于被选中状态，激活该功能。

（2）在窗口中依次单击鼠标左键，选择多边形顶点位置，程序自动形成封闭多边形，如图 3.20 所示。

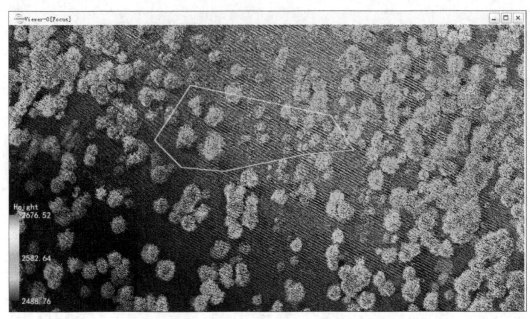

图 3.20　多边形选择操作界面

（3）如果出现多边形顶点位置错选时，单击鼠标右键取消上一次选取的顶点，可连续多次进行取消操作。

（4）双击鼠标左键结束顶点选择，被选中多边形区域内的点云将高亮显示，如图 3.21 所示。

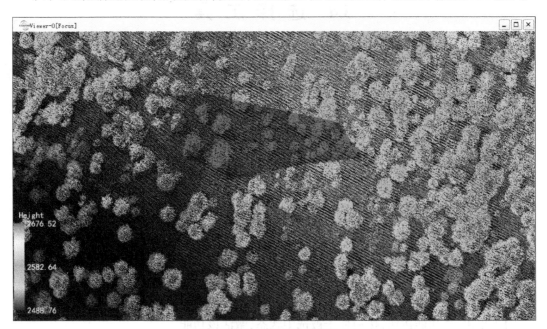

图 3.21　多边形选择结果

（5）一次选择结束后，可在第一次选择的基础上再次进行选择，如图 3.22 和图 3.23 所示。

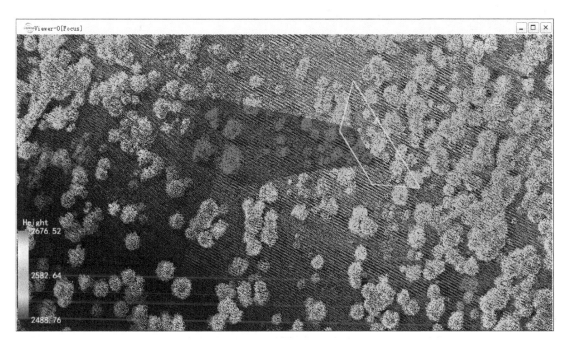

图 3.22　多边形多次选择界面

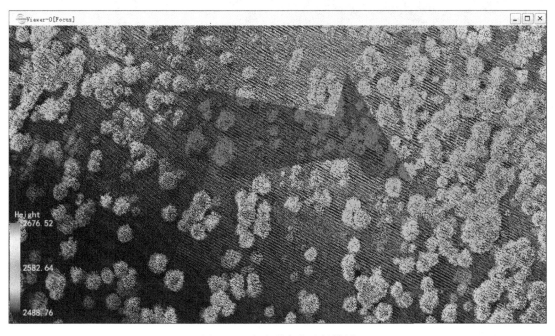

图 3.23　多边形多次选择结果

（6）在每次选择结果基础上可以进行加选或者减选操作，步骤（5）展示了加选效果，减选效果如图 3.24 和图 3.25 所示。

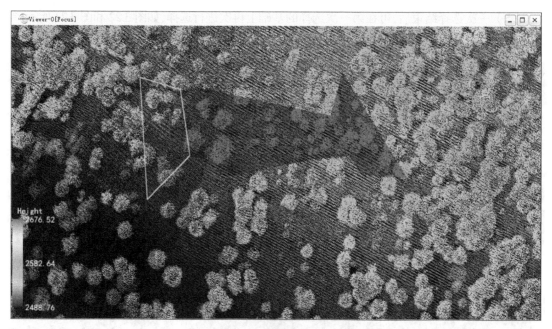

图 3.24　多边形减选操作界面

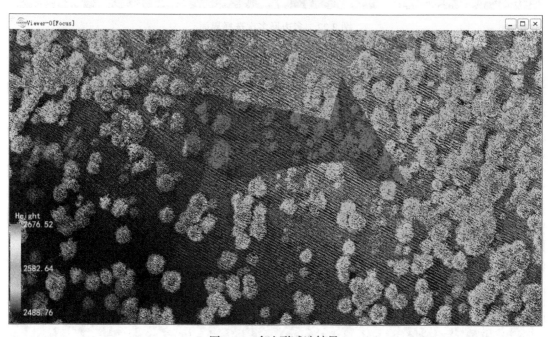

图 3.25　多边形减选结果

2）反选

（1）反选功能不能独自起作用，当某种选择工具（多边形选择、矩形选择、球形选择、圆形选择、套索选择）处于激活状态时，单击反选按钮 激活反选功能，表示当前选择结果处于减选状态,将已经选择区域减去与当前新选区域的公共部分作为最终选择结果。先选定一个初始选择区域(图 3.26),在减选模式下依次进行多边形和球形的选择,选择区域会从原区域减选掉(图 3.27)。

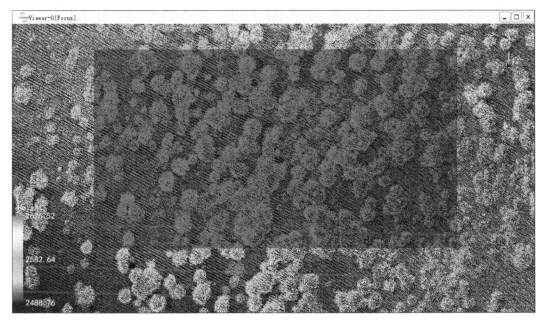

图 3.26 初始选择区域

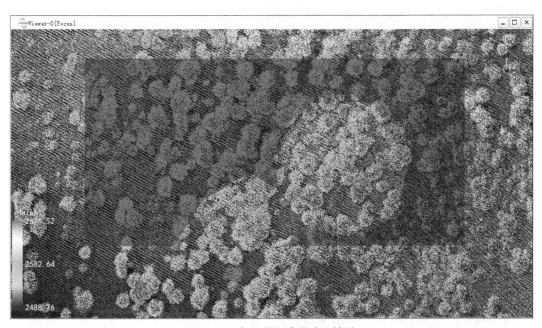

图 3.27 多边形和球形减选结果

(2)当该按钮处于非选中状态时,表示选择结果处于加选状态,将当前选择工具选择的区域新增为选择区域的一部分,如图 3.28 所示。

图 3.28 多边形选择、矩形选择和球形选择结果叠加显示

3）内裁切

利用内裁切功能可对当前选择区域的窗口中所有点云数据进行裁切,只显示选择区域范围内的点云,选择区域范围外的点云将被隐藏。

(1)先进行区域选择,参考多边形选择、矩形选择、球形选择、圆形选择、套索选择和反选,形成需要的选择区域,如图 3.29 所示。

(2)单击内裁切按钮 ,形成内裁切的效果,如图 3.30 所示。

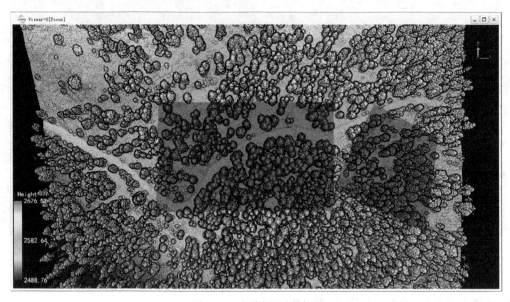

图 3.29 内裁切选择结果

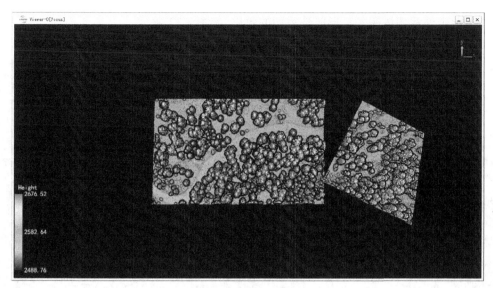

图 3.30　内裁切效果图

（3）在一次裁切后，可以对裁切的结果点云再进行多次选择（多边形选择、矩形选择、球形选择、圆形选择、套索选择）和裁切工作。

4）外裁切

利用外裁切功能可对当前选择区域的窗口中所有点云数据进行裁切，只显示选择区域范围外的点云，选择区域范围内的点云将被隐藏。

（1）先进行区域选择，参考多边形选择、矩形选择、球形选择和反选，形成需要的选择区域，如图 3.31 所示。

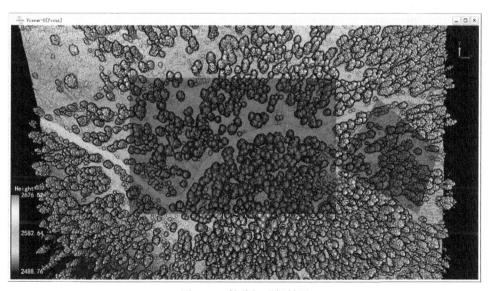

图 3.31　外裁切选择结果

（2）单击外裁切按钮 ，形成外裁切的效果，如图 3.32 所示。

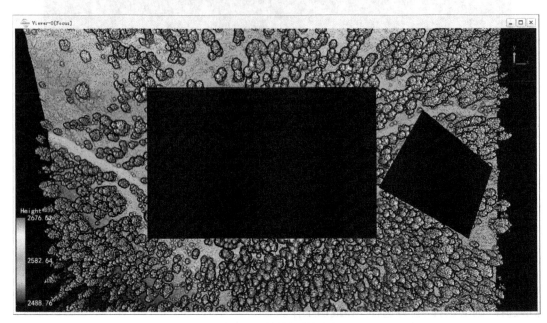

图 3.32 外裁切效果图

（3）在一次裁切后，可以对裁切的结果点云再进行多次选择（多边形选择、矩形选择、球形选择、圆形选择、套索选择）和裁切工作。

5）保存裁剪结果

利用该功能将裁切后得到的点云保存成新的文件。

（1）先进行裁切操作，形成裁切结果。

（2）在有裁切结果的情况下，该功能被激活，单击保存裁切结果功能按钮 ，弹出保存结果界面，如图 3.33 所示。

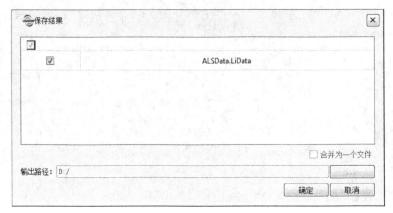

图 3.33 保存裁剪结果对话框

（3）选择要参与裁切保存的原始点云数据，根据需要勾选是否将所有被裁切的点云合并保存到一个点云文件。

（4）选择裁切文件保存目录。裁切文件命名规则为"原文件名 _CutResult_ 系统时间 .LiData"。

（5）保存后会自动取消原有的选择和裁切操作，并询问用户是否要将裁切后数据添加到当前工程。根据需要选择是或否，选择是的情况下会将裁切保存文件加载到工程中。

6）取消裁切

利用该功能 ✖ 按钮取消所有选择和裁切操作。

3.4.2 交叉选择工具

通过交叉选择功能查看指定包围盒范围内的点云数据，包围盒的范围可从界面输入或通过鼠标交互确定，该工具可用于水淹分析等功能。

单击 按钮可弹出图 3.34 所示的交叉选择界面，默认情况下包围盒处于可编辑状态。

平移、旋转、缩放：这三个复选框分别控制包围盒的平移、旋转和缩放。

❚❚：单击可暂停包围盒编辑操作，恢复正常的场景交互。

↖：单击可包围盒回到点云的初始状态。

⊟：单击可将包围盒内的数据导出为 *.LiData 文件。

✕：单击可退出交叉选择。

包围盒范围：可精确调整包围盒 $X/Y/Z$ 方向的最小值和最大值。

包围盒旋转：分别控制包围盒绕 $X/Y/Z$ 三轴的旋转角。

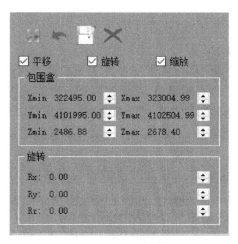

图 3.34　交叉选择界面

按住鼠标左键拖拽包围盒六个面可以实现包围盒的平移(图 3.35),被拖拽的面将高亮显示;按住鼠标左键拖拽红色、绿色、蓝色的轨迹圆可以分别实现包围盒绕 X 轴、Y 轴、Z 轴的旋转,被拖拽的轨迹圆将高亮显示;按住鼠标左键拖拽绿色矩形的关键点可以实现包围盒的缩放,被拖拽的关键点将高亮显示。

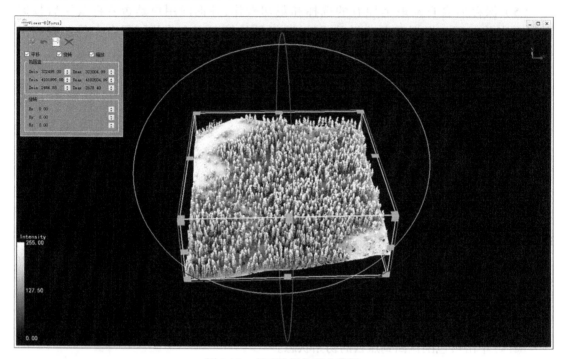

图 3.35 交互选择包围盒范围

3.5 窗口联动

可实现多个窗口联动显示。

(1)单击窗口联动按钮 🔲,弹出图 3.36 所示的窗口联动对话框。

(2)窗口列表中列出了所有的窗口,可通过以下三种方法将窗口添加到联动的窗口列表中:① 鼠标双击需要联动的窗口名称;② 单击鼠标选择窗口名称,单击 ⌊ >> ⌋ 按钮将所选窗口添加到联动的窗口列表中;③ 单击 ⌊ 所有 >> ⌋ 按钮将所有窗口添加到联动的窗口列表中。

可通过以下三种方法将窗口从联动的窗口列表中移除:① 双击鼠标移除选中的窗口;② 单击鼠标选择窗口名称,单击 ⌊ << ⌋ 按钮将所选窗口从联动的窗口列表中移除;③ 单击 ⌊ << 所有 ⌋ 按钮移除联动的窗口列表中所有的窗口。

(3)勾选十字线后会在联动的窗口中显示十字线,不勾选则不显示,图 3.37 为勾选十字线显示效果。

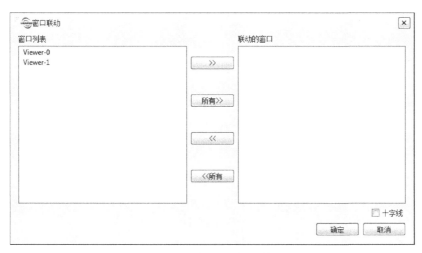

图 3.36　窗口联动对话框

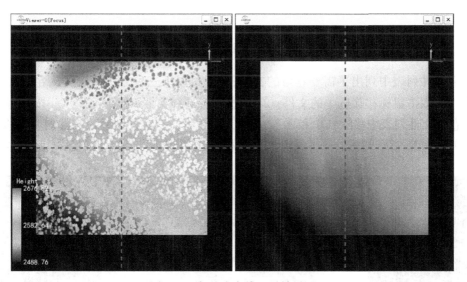

图 3.37　勾选十字线显示效果图

3.6　卷　　帘

　　利用卷帘功能可实现单个窗口的卷帘,交互式显示卷帘数据图层下面的数据。

　　(1)单击卷帘工具按钮 ,弹出如图 3.38 所示的界面。

　　(2)当前文件列表中列出了窗口中包含的所有文件,可通过以下三种方法将数据添加到卷帘文件列表中:① 鼠标双击需要卷帘的文件;② 单击鼠标选择文件,单击 >> 按钮将所选择的文件添加到卷帘文件列表中;③ 单击 所有 >> 按钮将所有文件添加到卷帘文件列表中。

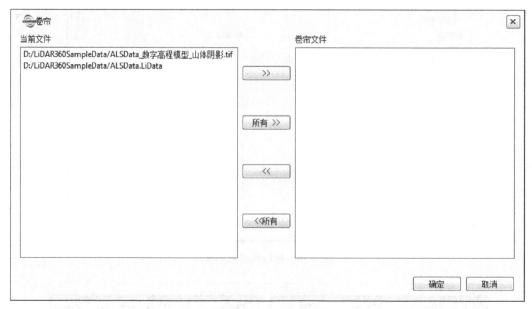

图 3.38　卷帘工具对话框

　　卷帘文件列表中列出了需要卷帘的文件,可通过以下三种方法将数据从卷帘文件列表中移除:① 双击鼠标移除选中的文件;② 单击鼠标选择文件,单击 ＜＜ 按钮将选择的文件从卷帘文件列表中移除;③ 单击 ＜＜所有 按钮将所有文件从卷帘文件列表中移除。
　　(3)单击确定按钮,窗口显示如图 3.39 所示,按住 Shift 同时按下鼠标左键进行拖动。

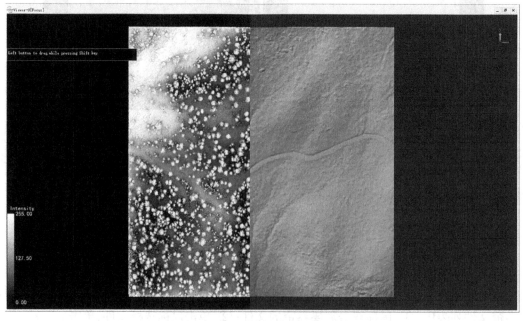

图 3.39　卷帘显示效果图

3.7 相机漫游

该功能支持基于视点或数据采集路径文件的漫游路径制作,控制场景相机按漫游路径进行运动,实现模仿人或飞行器等在真实场景中观测或采集数据的过程,增强了场景的沉浸感和展示度,配合录屏功能可获取在三维点云世界中漫游的精美视频。

（1）在菜单栏单击显示→相机漫游,弹出界面如图3.40所示。

图 3.40　相机漫游工具对话框

（2）根据需要选择漫游模式,包括按视点漫游和按路径漫游两种模式。

① 按视点漫游参数设置。

速度：设置按视点漫游的速度。

增加视点✚：调节三维场景获取合适的视点角度,单击增加视点按钮,将当前视点位置加入漫游路径,作为漫游的关键帧,新增视点会出现在视点列表框中。

删除视点━：将视点列表框中选中的视点从漫游路径关键帧中移除。

加载视点文件📂：通过视点列表文件加载关键帧信息,显示在视点列表框中。

保存视点文件💾：将视点列表框中的所有视点作为关键帧信息保存成视点列表文件。

删除所有视点✖：删除视点列表框中的所有视点。

选中列表框中某视点（单击或双击鼠标左键）,三维场景观测相机将设置成该视点对应的位置姿态,供用户预览视点对应的场景信息。

② 按路径漫游参数设置。

显示漫游路径：显示或隐藏漫游路径。

路径线宽：设置漫游路径线宽。

路径文件：选择漫游路径文件，弹出界面如图 3.41 所示。

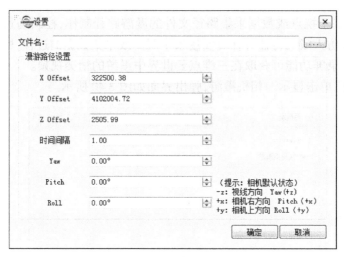

图 3.41 路径漫游参数设置对话框

文件名：支持 ∗.txt 文本格式，每一行前三列依次保存了路径轨迹每一个关键帧的 *X/Y/Z* 位置信息（支持 double 数据类型），路径文件各列支持以逗号、分号或空格作为分隔符。也支持文件每行超出 3 列，多出的列会被程序忽略而不参与路径设置。

漫游路径设置：调整路径的偏移量信息、关键帧之间的时间间隔、设置路径漫游时观测相机初始姿态信息。

单击确定按钮，结束漫游路径设置。

（3）单击开始漫游按钮，弹出图 3.42 所示的界面，单击 OK 按钮结束漫游。

（4）单击取消按钮结束相机漫游功能。

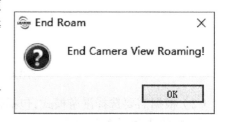

图 3.42 路径漫游对话框

3.8 录 屏

将当前激活窗口显示的场景内容（屏幕内容）录制为视频文件（支持 ∗.mp4 和 ∗.avi 格式）。

（1）在菜单栏单击显示→录屏，弹出录屏界面（图 3.43）。

（2）设置视频帧率（默认为 25 帧 / 秒）和比特率（kbps）。

（3）设置视频输出路径。

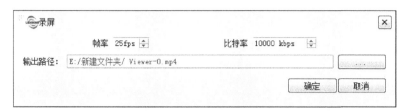

图 3.43　录屏工具对话框

（4）单击确定按钮开始录制视频,被录屏的窗口将显示正在录屏的信息,如图 3.44
所示。

图 3.44　录屏信息界面

（5）调节激活窗口,获取想要展示的录屏内容。

（6）根据需要单击暂停和开始按钮。单击暂停按钮将暂停当前录制,之前录制的内容
保留;单击开始按钮将重新激活录制,在之前录制内容的基础上增加后续录制的内容。

（7）单击结束按钮,完成录制,录制的内容会保存到对应的输出路径。

第 4 章

数据处理基础

本章主要介绍点云和影像数据处理常用的基本工具,包括以下内容:

- 噪点去除
- 点云归一化
- 点云分块
- 点云合并
- 边界提取
- 重采样
- PCV(Portion of Visible Sky)
- 纹理映射
- 点云裁剪
- 点云数据提取
- 点云格网统计
- 数据批处理
- 栅格工具

4.1 噪点去除

常见的噪声包括高位粗差和低位粗差(图4.1)。高位粗差通常是因为机载 LiDAR 系统在采集数据的过程中受到低飞的飞行物(如鸟类或飞机)的影响,误将这些物体反射回来的信号当作被测目标的反射信号记录下来。低位粗差则是由于测量过程中的多路径误差或者激光测距仪的误差导致产生的极低点。通过选择合适的参数,可以移除噪点,提高数据质量。

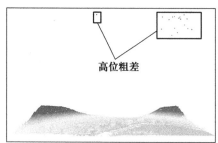
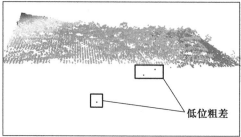

(a)   (b)

图 4.1 高位粗差(a)和低位粗差(b)示意图

4.1.1　统计去噪

LiDAR360 提供的统计去噪算法对每一个点搜索指定个数的邻域点,计算每个点到邻域点距离的平均值,计算这些距离平均值的中值和标准差,如果这个点的平均值距离大于最大距离(最大距离 = 中值 + 标准差倍数 * 标准差),则认为是噪点,将被去除。

(1)单击数据管理→点云工具→去噪,弹出界面如图 4.2 所示。

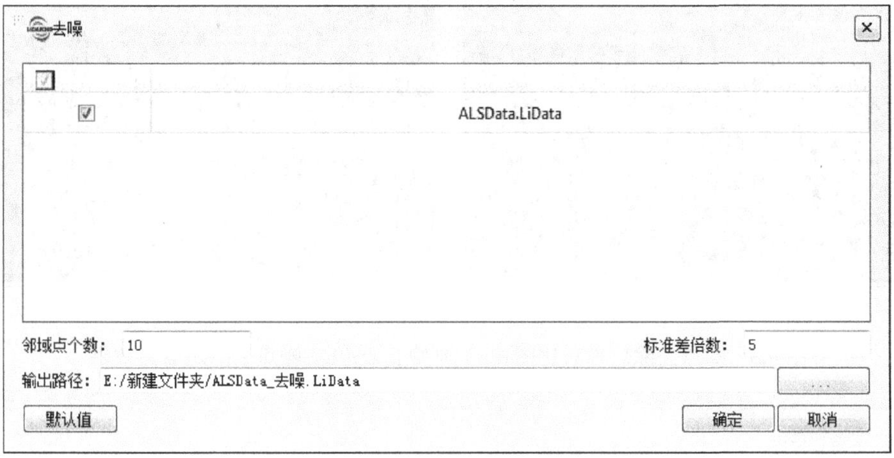

图 4.2　去噪工具对话框

(2)参数设置如下:

输入数据:输入文件可以是单个点云数据文件,也可以是多数据文件;待处理数据必须在 LiDAR360 软件中打开。文件格式:*.LiData。

邻域点个数:邻域内所需的点个数,用于计算与每个点的距离平均值。

标准差倍数:与标准偏差相乘的因子。

输出路径:给出输出文件路径,输入多个文件时,该路径设置为文件夹。

噪点去除效果对比如图 4.3 所示。

4.1.2　噪声滤波

(1)单击数据管理→点云工具→噪声滤波,弹出界面如图 4.4 所示。

(2)参数设置如下:

输入数据:输入文件可以是单个点云数据文件,也可以是多数据文件;待处理数据必须在 LiDAR360 软件中打开。文件格式:*.LiData。

半径搜索:设置拟合平面使用的半径,当用户已知点云的大致密度时可使用该方法。

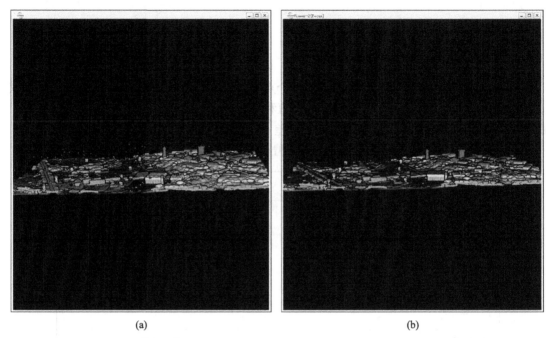

(a)   (b)

图 4.3 噪点去除效果对比图:(a) 原始点云;(b) 噪点去除之后的效果

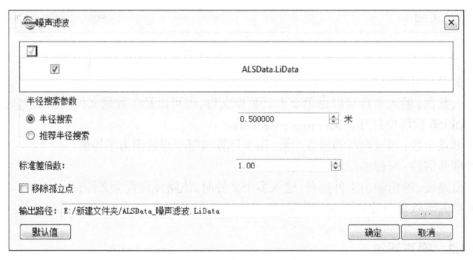

图 4.4 噪声滤波工具对话框

推荐半径搜索:根据输入点云自动计算合适的搜索半径。

标准差倍数:使用相对误差(sigma)作为去噪准则,程序自动计算每一点 P 的邻域点拟合平面的标准差(stddev)。当点到该平面的距离 d 小于 sigma*stddev 时,P 点予以保留。该值的减小将导致更多的点被剔除;反之,将保留更多的点。

移除孤立点:当搜索半径内的点数小于 4 个(不足以拟合平面)时,该点被判定为孤立点。用户可选择是否移除此类孤立点。

输出路径:给出输出文件路径,输入多个文件时,该路径设置为文件夹。

4.2 点云归一化

归一化工具可去除地形起伏对点云数据高程值的影响,效果图如图 4.5 所示。可根据数字高程模型(DEM)或直接基于点云进行归一化;对于归一化的点云数据,可通过反归一化工具将其高程值还原。

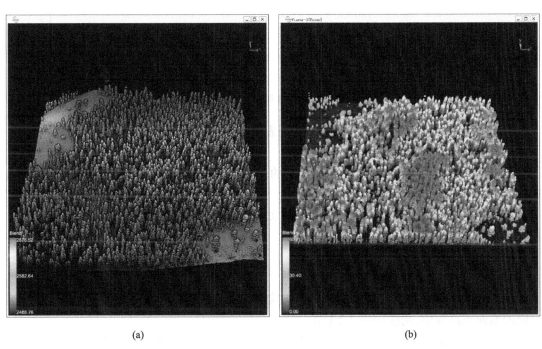

(a)   (b)

图 4.5　归一化效果对比图:(a)原始点云;(b)归一化的点云

4.2.1　根据 DEM 归一化

该功能要求 DEM 的范围与点云数据的范围有交集区域,处理过程为对于每一个点的高程值 Z 减去对应 DEM 的高程值。

(1)单击数据管理→点云工具→归一化,弹出界面如图 4.6 所示。

(2)参数设置如下:

输入点云数据:输入文件可以是单个点云数据文件,也可以是多数据文件;待处理数据必须在 LiDAR360 软件中打开。文件格式:*.LiData。

输入 DEM 文件:用户可以从下拉列表中输入单个或多个单波段 .tif 影像文件。文件格式:*.tif。

➕:单击该按钮从外部添加 DEM 文件。

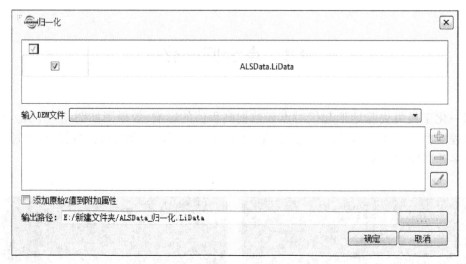

图 4.6 根据 DEM 归一化处理对话框

━：单击该按钮将选中的 DEM 文件从列表中移除。

✎：单击该按钮移除列表中的所有数据。

添加原始 Z 值到附加属性：将当前点云的高程值作为附加属性写出。若归一化时未勾选此项，则不能进行反归一化。

输出路径：给出输出文件路径，输入多个文件时，该路径设置为文件夹。

4.2.2 根据地面点归一化

该功能要求输入数据已经进行地面点分类，处理过程为对于每一个点的高程值 Z 减去对应的地面点高程值，功能同第 4.2.1 节。

（1）单击数据管理→点云工具→根据地面点归一化，弹出界面如图 4.7 所示。

（2）参数设置如下：

图 4.7 根据地面点归一化处理对话框

输入点云数据:输入文件可以是单个点云数据文件,也可以是多数据文件;待处理数据必须在 LiDAR360 软件中打开。文件格式:*.LiData。

添加原始 Z 值到附加属性:将当前点云的高程值作为附加属性写出。若归一化时未勾选此项,则不能进行反归一化。

输出路径:给出输出文件路径,输入多个文件时,该路径设置为文件夹。

4.2.3　反归一化

反归一化工具将已归一化数据的 Z 值还原,该功能要求用户进行归一化操作时,勾选"添加原始 Z 值到附加属性"。反归一化后,附加属性中的原始高程值将替换当前高程值。

（1）单击数据管理→点云工具→反归一化,弹出界面如图 4.8 所示。

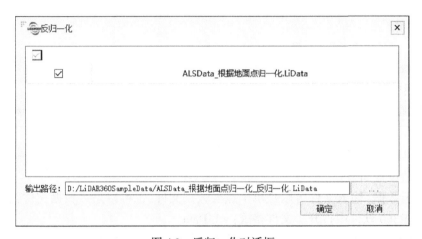

图 4.8　反归一化对话框

（2）参数设置如下:

输入点云数据:输入文件可以是单个点云数据文件,也可以是多数据文件;待处理数据必须在 LiDAR360 软件中打开。文件格式:*.LiData。

输出路径:给出输出文件路径,输入多个文件时,该路径设置为文件夹。

4.3　点　云　分　块

可根据指定的宽度和长度、点数或者比例尺对点云进行分块。

4.3.1 按范围分块

按范围分块是按照点云数据的包围盒,以左下角为起点根据设置的宽度、长度及缓冲区大小将点云数据划分为一定大小的数据,生成结果包括分块后的点云(包含缓冲区)及存储分块边界(不含缓冲区)的矢量文件(*.shp)。

(1)单击数据管理→点云工具→按范围分块,弹出界面如图 4.9 所示。

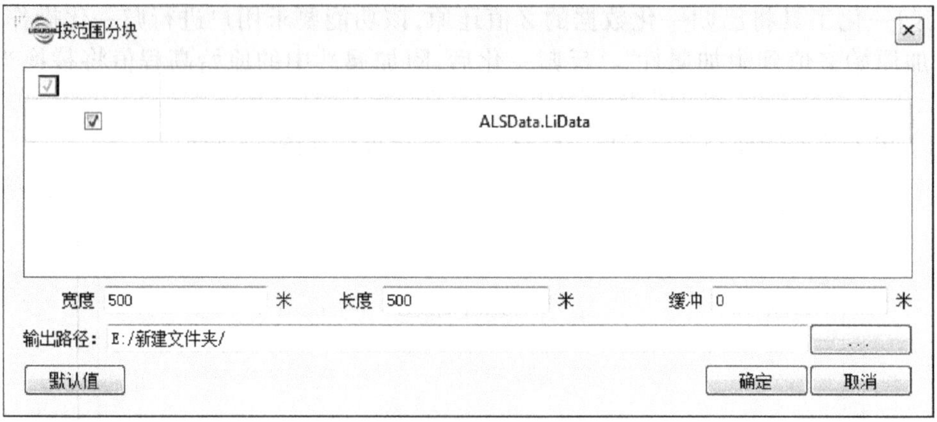

图 4.9 按范围分块工具对话框

(2)参数设置如下:

输入点云数据:输入文件可以是单个点云数据文件,也可以是多数据文件;待处理数据必须在 LiDAR360 软件中打开。文件格式: *.LiData。

宽度(单位为米):默认值为 500。数据分块大小的宽度,即 X 轴方向的长度。

长度(单位为米):默认值为 500。数据分块大小的长度,即 Y 轴方向的长度。

缓冲区(单位为米):默认值为 0。每个分块数据向四周延伸的大小。

输出路径:给出输出文件夹路径,功能执行后生成分块后的点云文件及分块边界文件。

4.3.2 按点数分块

按点数分块是按照点云数据的包围盒,以左下角为起点根据设置的点数将点云数据划分为一定点数的数据。该功能尝试将点云数据尽可能均匀地划分为点数相同的点云文件,用户输入的点数在实际分块过程中会按照实际分块数重新计算,计算公式如式(4.1)和式(4.2)所示。

$$N_{\text{block}} = \begin{cases} N_s/N_u, & N_s \% N_u = 0 \\ N_s/N_u + 1, & N_s \% N_u > 0 \end{cases} \quad (4.1)$$

$$N_{real} = \begin{cases} N_s / N_{block} \\ N_s / N_{block} + 1 \end{cases} \quad (4.2)$$

式中，N_{block} 为分块个数，N_{real} 为实际分块点数，N_s 为点云数据总点数，N_u 为用户输入的分块点数。

（1）单击数据管理→点云工具→按点数分块，弹出界面如图 4.10 所示。

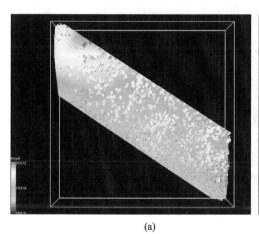

图 4.10　按点数分块工具对话框

（2）参数设置如下：

输入点云数据：输入文件可以是单个点云数据文件，也可以是多数据文件；待处理数据必须在 LiDAR360 软件中打开。文件格式：*.LiData。

点数：默认值为 50 000。设置分块大小的点数，实际分块点数参考公式（4.1）和公式（4.2）。

输出路径：给出输出文件夹路径，功能执行后生成分块后的新文件。

按点数分块效果图如图 4.11 所示。

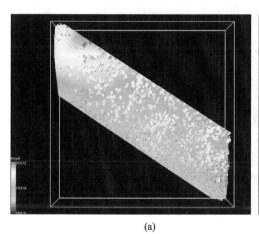
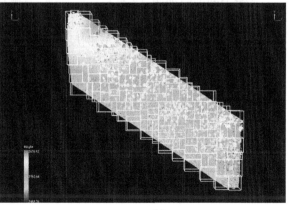

(a)　　　　　　　　　　　　(b)

图 4.11　分块效果图：(a) 原始点云数据；(b) 按点数分块后的点云数据，
不同颜色的包围盒表示不同的点云数据

4.3.3　按标准分幅

支持矩形分幅法和经纬度分幅法,矩形分幅法的图幅编号采用坐标编号,由图幅西南角的 Y 坐标 $+X$ 坐标组成,1∶5 000 坐标值取至 1 km,1∶2 000、1∶1 000 取至 0.1 km,1∶500 取至 0.01 km。运行完成后,将生成一个矢量文件(∗.shp),属性表中包含每个图幅的名称。

(1)单击数据管理→点云工具→点云分幅,弹出界面如图 4.12 所示。

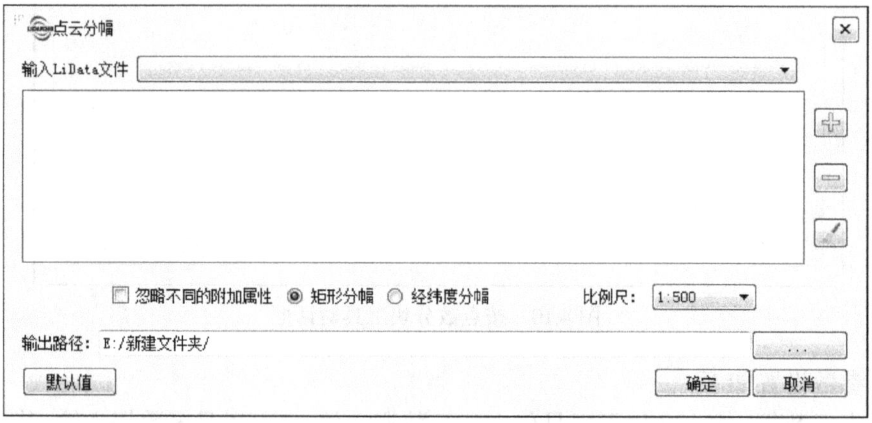

图 4.12　点云分幅工具对话框

(2)参数设置如下:

输入 LiData 文件:输入需要分幅的点云数据。如果点云数据已经在软件中打开,单击下拉按钮选择数据,也可以单击 ➕ 按钮打开外部点云数据,单击 ➖ 移除选中的数据,单击 ✎ 清空数据列表。文件格式:∗.LiData。

忽略不同的附加属性:若勾选此选项,当输入文件包含不同的附加属性时,在分幅过程中这些不同的附加属性将被忽略。

矩形分幅:采用矩形分幅,比例尺默认为 1∶500。

经纬度分幅:采用经纬度分幅,比例尺默认为 1∶500。

比例尺:对于矩形分幅共有 4 种分幅比例尺,分别为 1∶500、1∶1 000、1∶2 000 和 1∶5 000。对于经纬度分幅有 11 种分幅比例尺,分别为 1∶500、1∶1 000、1∶2 000、1∶5 000、1∶10 000、1∶25 000、1∶50 000、1∶100 000、1∶250 000、1∶500 000 和 1∶1 000 000。

输出路径:给出输出文件夹路径,功能执行后生成分幅后的新文件。

4.4　点　云　合　并

点云合并功能可以将多个点云合并为一个点云文件,该功能是按范围分块、按点数分块的逆操作。

（1）单击数据管理→点云工具→合并,弹出界面如图4.13所示。

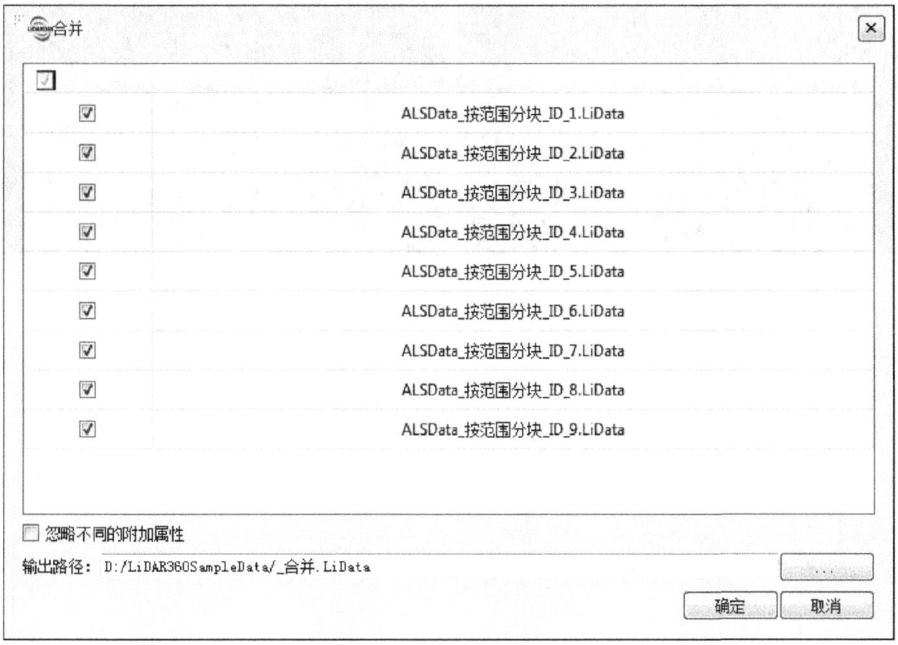

图4.13　点云合并工具对话框

（2）参数设置如下：

输入点云数据：输入多个点云数据文件。文件格式：*.LiData。

忽略不同的附加属性：若勾选此选项,则只有相同的附加属性会被合并,不同的附加属性在合并过程中将被忽略。

输出路径：给出输出文件路径,算法执行后生成合并的新文件。

4.5　边　界　提　取

该功能可提取点云在 XY 平面上的边界,目前支持提取六边形边界、凸包和凹包,输出结果为单个矢量文件(*.shp)。边界提取效果如图4.14所示。

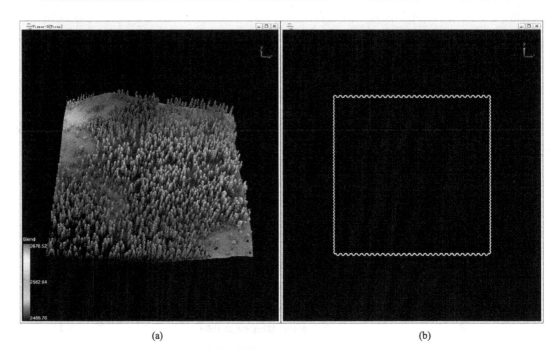

(a)   (b)

图 4.14 边界提取效果图:(a)原始点云;(b)六边形边界

(1)单击数据管理→点云工具→边界提取,弹出界面如图 4.15 所示。

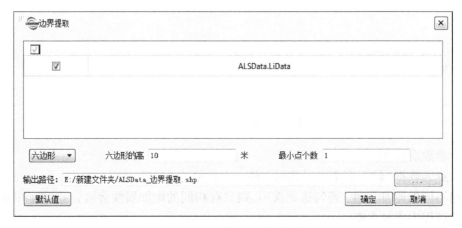

图 4.15 边界提取工具对话框

(2)输入点云数据:输入文件可以是单个点云数据文件,也可以是多数据文件;待处理数据必须在 LiDAR360 软件中打开。文件格式: *.LiData。

(3)选择边界提取方法:目前支持三种边界提取方法,分别为六边形、凸包和凹包。

- 六边形(默认):使用正六边形提取点云数据的边界,根据点云数据的包围盒,绘制每一个六边形,若六边形内的点数大于等于设置的最小点个数,则绘制该六边形,合并相连的正六边形,输出最终边界矢量文件。六边形的高(单位为米):默认值为 10,用来设置绘制正六边形的大小;最小点个数:默认值为 1,六边形内的点数阈值,少于该阈值,则不绘制边界。

- 凸包:提取点云在 XY 平面上的凸包(忽略 Z 值),输出结果为按顺序连接的凸包点形成的矢量文件。
- 凹包:提取点云在 XY 平面上的凹包(忽略 Z 值),输出结果为按顺序连接的凹包点形成的矢量文件。最大边长(单位为米):默认值为 2,凹包每一条边在 XY 平面上的最大距离,该值变大时,更多长边将被保留,所生成的边界将愈加近似于凸包;反之,更多的边界细节将被短边所保留,计算效率将会降低;该值设置为 0 时,程序将以平均点间距的两倍作为最大边长。

(4)输出路径:给出输出文件路径,功能执行后生成的新文件。文件格式:*.shp。

4.6　重　采　样

该功能可将点云进行重采样,即减少点云数量,LiDAR360 提供了三种重采样方法:最小点间距、采样率和八叉树(Octree)。

(1)单击数据管理→点云工具→重采样,弹出界面如图 4.16 所示。

图 4.16　重采样工具对话框

(2)输入点云数据:输入文件可以是单个点云数据文件,也可以是多数据文件;待处理数据必须在 LiDAR360 软件中打开。文件格式:*.LiData。

(3)采样类型:该参数定义了重采样使用的类型。

最小点间距(默认):设置两点之间的最小点间距,采样后的点云任意两点之间的空间三维距离不会小于该值。设置的值越大,保留的点越少。

采样率:设置保留点数的百分比,此模式下,LiDAR360 会随机保留指定的点数。保留的点数 = 总点数 × 采样率。该参数的取值范围为 0~100%,设置的值越小,保留的点越少。

Octree:选择八叉树的细分级别,在这个级别上,对于每个八叉树的细胞,将会保留最接近八叉树细胞中心位置的点。该参数的取值范围为 1 ～ 21,设置的值越小,保留的点越少。

（4）输出路径:给出输出文件路径,输入多个文件时,该路径设置为文件夹。

4.7 PCV

PCV（Portion of Visible Sky）工具可用来提高点云强度的可视化效果,算法原理如下:如果通过半球或者球体顶部均匀分布多个光源照射到点云每个点上,统计能够被光照射到的累计次数,将最后统计结果数作为点云的强度值。PCV 计算后点云强度显示效果如图 4.17所示。

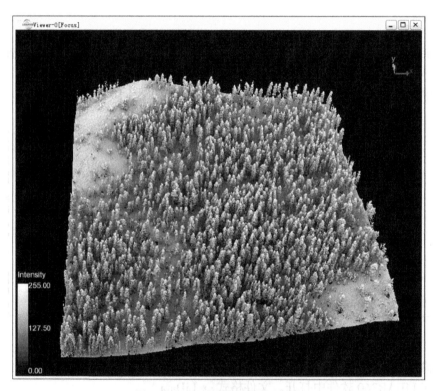

图 4.17　PCV 处理后效果示意图

（1）单击数据管理→点云工具→ PCV,弹出界面如图 4.18 所示。

（2）输入点云数据:输入文件可以是单个点云数据文件,也可以是多数据文件;待处理数据必须在 LiDAR360 软件中打开。文件格式: *.LiData。

（3）对点云数据进行 PCV 处理后,其强度值范围将变为 0~255,单击按强度显示按钮 I 或者单击混合显示按钮 B,可看到 PCV 处理后点云中地物类别和边界显示更加清晰。图 4.19 显示了 PCV 处理后点云按照高程和强度混合显示的效果。

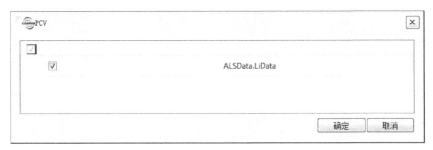

图 4.18 PCV 工具对话框

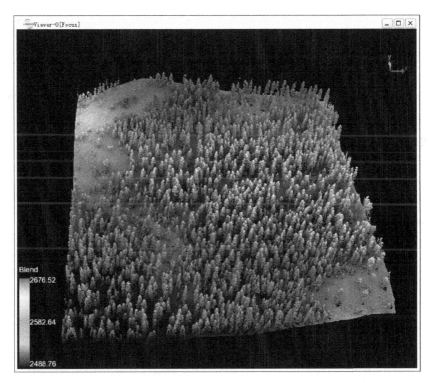

图 4.19 PCV 处理后点云按照高程和强度混合显示效果

4.8 纹 理 映 射

纹理映射可将多波段影像数据颜色值（RGB）映射到对应点云数据颜色值属性中,需要用户输入与点云数据范围有交集的多波段影像数据。

（1）单击数据管理→点云工具→纹理映射,弹出对话框如图 4.20 所示。

（2）参数设置如下:

输入点云数据:输入文件可以是单个点云数据文件,也可以是多数据文件;待处理数据必须在 LiDAR360 软件中打开。文件格式:*.LiData。

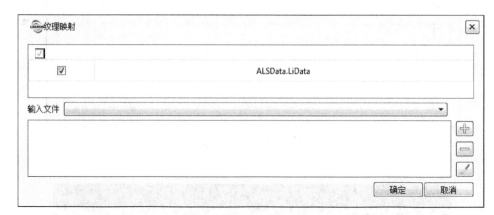

图 4.20 纹理映射工具对话框

输入文件：输入与点云具有相同地理位置的多波段影像数据。如果影像数据已经在软件中打开，单击下拉按钮选择数据，也可以单击 ✚ 按钮打开外部影像数据，单击 ━ 按钮移除选中的数据，单击 ✎ 按钮清空影像数据列表。文件格式：*.tif。

（3）处理完成后，点云数据的显示方式将自动变为按 RGB 显示（也可单击工具栏的按 RGB 显示按钮 ▊）。

4.9 点云裁剪

点云裁剪工具包含按圆裁剪、按矩形裁剪和按多边形裁剪。

4.9.1 按圆裁剪

按圆裁剪工具根据圆形范围提取每一个 2D 圆内的所有点云数据并保存为一个或多个文件，圆形范围包括三种输入方式：① 输入圆心坐标和半径；② 从外部导入圆形范围文件；③ 通过鼠标在窗口中交互式绘制圆形范围。

（1）单击数据管理→裁剪→按圆裁剪，弹出界面如图 4.21 所示。

（2）参数设置如下：

输入点云数据：输入文件可以是单个点云数据文件，也可以是多数据文件；待处理数据必须在 LiDAR360 软件中打开。文件格式：*.LiData。

X 坐标（单位为米）：圆心的 X 坐标。

Y 坐标（单位为米）：圆心的 Y 坐标。

半径（单位为米）：裁切圆的半径。

忽略不同的附加属性：输入多个点云数据的情况下，若勾选此选项，则不同的附加属性在裁剪过程中将被忽略。

图 4.21　按圆裁剪工具对话框

生成一个文件：将提取的 2D 圆范围内所有的点保存到一个文件中。

生成多个文件：将提取的每一个 2D 圆范围内的点云单独保存到一个文件中，默认以圆心坐标和半径命名。

⊙：单击该按钮，可在窗口中交互式绘制圆形范围，单击鼠标左键选择圆心后，移动鼠标会实时显示圆的范围，双击鼠标左键结束选择，功能界面中将显示绘制的圆的圆心坐标及半径。

➕：单击该按钮将输入的圆心坐标和半径添加到处理列表中，多次执行该操作可添加多个圆形范围。

📂：单击该按钮加载外部已有的圆形范围文件（ *.txt 格式的文本文件），每个圆形的范围由逗号分隔的三个值组成，分别为圆心的 X 坐标、Y 坐标和半径。

➖：单击该按钮可从列表中移除选中的圆形范围。

输出路径：给出输出文件夹路径，功能执行后生成裁切后的新文件。

4.9.2　按矩形裁剪

按矩形裁切工具可以提取矩形范围内的所有点云数据并保存为一个或多个文件。矩形范围输入方式包括：① 输入最小、最大 X 坐标和最小、最大 Y 坐标；② 从外部输入矩形范围文件；③ 通过鼠标在窗口中交互式绘制矩形范围。

（1）单击数据管理→裁剪→按矩形裁剪，弹出界面如图 4.22 所示。

（2）参数设置如下：

输入点云数据：输入文件可以是单个点云数据文件，也可以是多数据文件；待处理数据必须在 LiDAR360 软件中打开。文件格式：*.LiData。

最小 X：裁切矩形中最小 X 坐标。

图 4.22　按矩形裁剪工具对话框

最大 X：裁切矩形中最大 X 坐标。

最小 Y：裁切矩形中最小 Y 坐标。

最大 Y：裁切矩形中最大 Y 坐标。

忽略不同的附加属性：输入多个点云数据的情况下，若勾选此选项，则不同的附加属性在裁剪过程中将被忽略。

生成一个文件：将提取的列表中矩形范围内所有的点保存到一个文件中。

生成多个文件：将提取的每一个矩形范围内的点云数据单独保存到一个文件中，默认以矩形左下角坐标及矩形的宽和高命名。

▢：单击该按钮，可在窗口中交互式绘制矩形范围，单击鼠标左键选择矩形其中一个顶点位置后，移动鼠标显示实时的矩形框，双击鼠标左键结束选择，功能界面中将显示绘制的矩形框的位置信息。

➕：单击该按钮将输入的矩形范围添加到处理列表中，多次执行该操作可添加多个矩形范围。

📂：单击该按钮加载外部已有的矩形范围文件（*.txt 格式的文本文件），每个矩形的范围由逗号分隔的四个值组成，分别为 X 最小值，X 最大值，Y 最小值和 Y 最大值。

➖：单击该按钮可从列表中移除选中的矩形范围。

输出路径：给出输出文件夹路径，功能执行后生成裁切后的新文件。

4.9.3　按多边形裁剪

按多边形裁剪工具根据用户输入的多边形矢量文件或者交互式绘制的多边形范围，提取每一个多边形范围内的所有点云数据并保存为一个或多个文件。

（1）单击数据管理→裁剪→按多边形裁剪，若选择"使用矢量文件"，则界面如图4.23所示。若选择"使用选取区域"，则界面如图4.24所示。

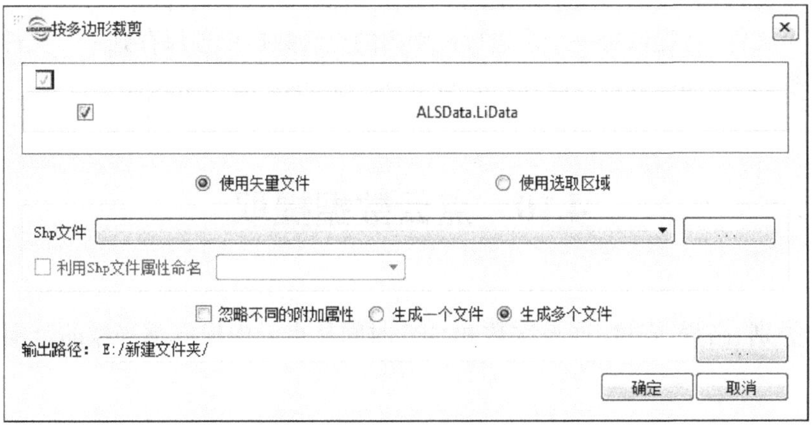

图4.23 按多边形裁剪工具对话框（使用矢量文件）

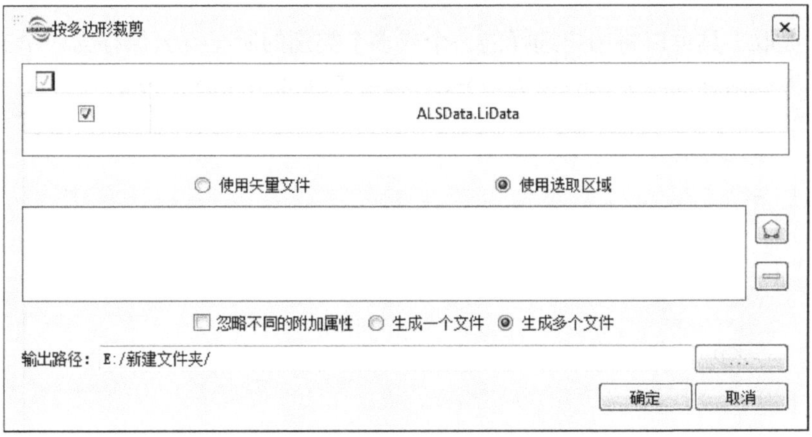

图4.24 按多边形裁剪工具对话框（使用选取区域）

（2）参数设置如下：

输入点云数据：输入文件可以是单个点云数据文件，也可以是多数据文件；待处理数据必须在LiDAR360软件中打开。文件格式：*.LiData。

使用矢量文件：从下拉列表中选择已经加载到LiDAR360软件中的矢量文件，或者单击 ┄┄┄ 按钮加载外部矢量文件。

利用Shp文件属性命名：当用户勾选"生成多个文件"且矢量文件的属性表中包含不同属性时，可以选择相应的属性值作为输出文件名称。如果矢量文件中不包含属性值，则输出文件将按编号顺序自动命名。

使用交互多边形：单击 ⌂ 按钮在窗口中交互式绘制多边形范围，单击鼠标左键选择多边形顶点，双击鼠标左键结束选择，选择结果将自动添加到多边形列表。单击 ━ 按钮可以从多边形列表中删除选中的多边形。

忽略不同的附加属性:输入多个点云数据的情况下,若勾选此选项,则不同的附加属性在裁剪过程中将被忽略。

生成一个文件:将提取多边形范围内的所有点保存成一个文件。

生成多个文件:将提取每一个多边形范围内的点云数据单独保存到一个文件中。

输出路径:给出输出文件夹路径,功能执行后生成裁切后的新文件。

4.10 点云数据提取

可根据类别、高程、强度、回波次数和 GPS 时间从点云中提取感兴趣的范围,保存成单独的文件。

4.10.1 按类别提取

按类别提取工具可以将用户选择的一个或多个类别的所有点云保存为一个文件。

(1)单击数据管理→提取→按类别提取,弹出界面如图 4.25 所示。

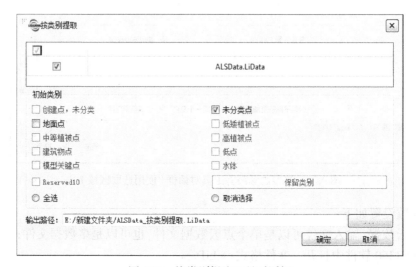

图 4.25 按类别提取工具对话框

(2)参数设置如下:

输入点云数据:输入文件可以是单个点云数据文件,也可以是多数据文件;待处理数据必须在 LiDAR360 软件中打开。文件格式:*.LiData。

初始类别:要提取的点云类别,可选择一个或多个类别,若某类别为不可选状态,表示当前点云中不包含该类别。

输出路径:给出输出文件夹路径,功能执行后生成提取后的新文件。

4.10.2　按高程提取

按高程提取工具可以将指定高程范围内的所有点云保存为一个文件。

（1）单击数据管理→提取→按高程提取，弹出界面如图 4.26 所示。

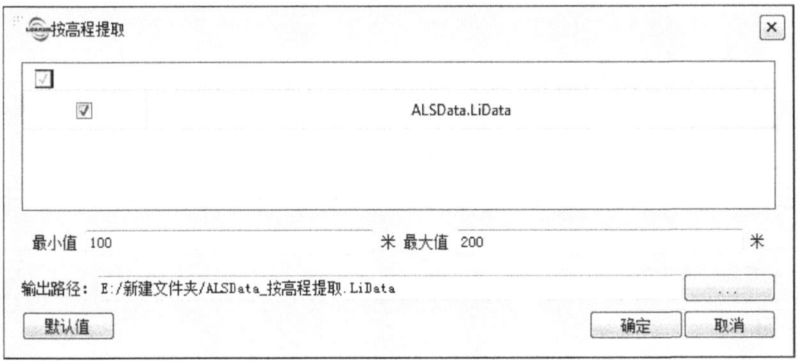

图 4.26　按高程提取工具对话框

（2）参数设置如下：

输入点云数据：输入文件可以是单个点云数据文件，也可以是多数据文件；待处理数据必须在 LiDAR360 软件中打开。文件格式：*.LiData。

最小值（单位为米）：默认值为 100，待提取点云数据的最小高程值。

最大值（单位为米）：默认值为 200，待提取点云数据的最大高程值。

输出路径：给出输出文件夹路径，功能执行后生成提取后的新文件。

4.10.3　按强度提取

按强度提取工具可以将指定强度范围内的所有点云保存为一个文件。

（1）单击数据管理→提取→按强度提取，弹出界面如图 4.27 所示。

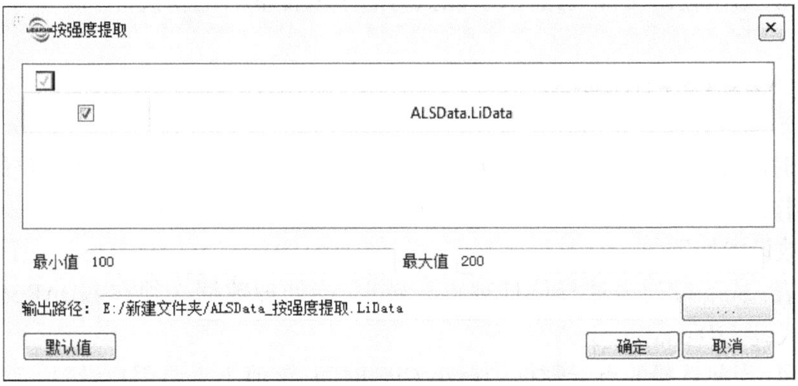

图 4.27　按强度提取工具对话框

（2）参数设置如下：

输入点云数据：输入文件可以是单个点云数据文件，也可以是多数据文件；待处理数据必须在 LiDAR360 软件中打开。文件格式：*.LiData。

最小值：默认值为 100，待提取点云数据的最小强度值。

最大值：默认值为 200，待提取点云数据的最大强度值。

输出路径：给出输出文件夹路径，功能执行后生成提取后的新文件。

4.10.4　按回波次数提取

按回波次数提取工具可以将指定回波次数的点保存为一个文件。

（1）单击数据管理→提取→按回波次数提取，弹出界面如图 4.28 所示。

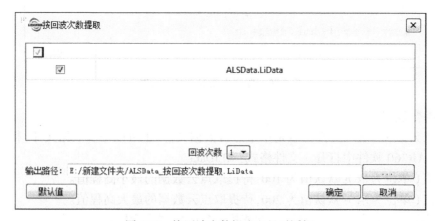

图 4.28　按回波次数提取工具对话框

（2）参数设置如下：

输入点云数据：输入文件可以是单个点云数据文件，也可以是多数据文件；待处理数据必须在 LiDAR360 软件中打开。文件格式：*.LiData。

回波次数：单击回波次数的下拉菜单，选择要提取的回波次数，可选范围为 1~7。

输出路径：给出输出文件夹路径，功能执行后生成提取后的新文件。

4.10.5　按 GPS 时间提取

按 GPS 时间提取工具可以将指定 GPS 时间范围内的所有点云保存为一个文件。

（1）单击数据管理→提取→按 GPS 时间提取，弹出界面如图 4.29 所示。

（2）参数设置如下：

文件列表：从下拉列表选择待处理点云数据，待处理数据必须在 LiDAR360 软件中打开。文件格式：*.LiData。

最小时间：当前选择的点云数据的最小 GPS 时间，该值不需要用户设置。

最大时间：当前选择的点云数据的最大 GPS 时间，该值不需要用户设置。

图 4.29 按 GPS 时间提取工具对话框

起始时间：默认值为最小 GPS 时间,待提取点云数据的最小 GPS 时间值。

结束时间：默认值为最大 GPS 时间,待提取点云数据的最大 GPS 时间值,该值必须大于起始时间。

：如果要以指定间隔提取点云,在文本框中输入间隔值,然后单击该按钮,起始时间和结束时间的值将以设置的间隔递增。

：将输入的 GPS 时间范围添加到列表中,所设置的 GPS 时间范围内的所有点云数据将被提取到一个文件中。

：单击该按钮加载外部已有的 GPS 时间范围文件(*.txt 格式的文本文件),每个提取的范围由逗号分隔的两个值组成,分别为起始 GPS 时间和结束 GPS 时间。

：单击该按钮可从 GPS 时间范围列表中移除选中的 GPS 时间范围。

输出路径：给出输出文件夹路径,功能执行后生成提取后的新文件。

4.11　点云格网统计

LiDAR360 软件支持对点云数据进行格网统计分析,通过对点云数据进行格网化,统计格网内的点数、密度及 Z 属性。可用于激光雷达点云数据飞行及处理质量的检查、飞行区域地物地貌的分析。若只统计某一类别的点云数据,可参考第 4.10.1 节。

（1）单击统计→格网统计,弹出界面如图 4.30 所示。

（2）参数设置如下：

文件列表：从文件列表下拉框中选择要分析的点云数据,待分析的数据必须在 LiDAR360 软件中打开。文件格式：*.LiData。

变量：从下拉框选择要分析的变量,包括点数、密度和 Z,格网中填充该变量的统计值。点数（默认）：统计格网内的点数。密度：统计格网内点云的密度,由点数除以格网面积得到该值。Z：统计格网内点云 Z 属性值,用户需要选择 Z 值的统计方式。

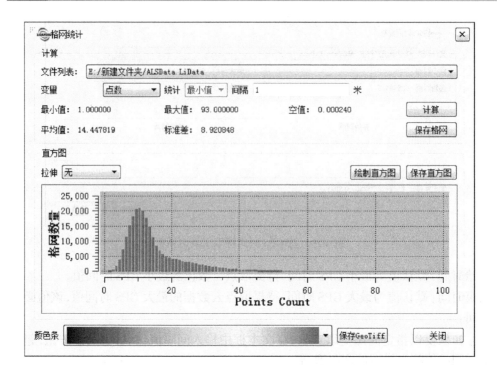

图 4.30 格网统计工具对话框

统计:若选择 Z 作为统计变量,需要选择 Z 变量的统计方式。最小值(默认):统计格网内 Z 的最小值。最大值:统计格网内点云 Z 的最大值。平均值:统计格网内点云 Z 的平均值。范围:统计格网内点云 Z 的范围(范围 = 最大值 − 最小值)。标准差:统计格网内点云 Z 的标准差。

间隔:统计格网的大小,默认为 1 m。

(3)单击计算按钮,计算完成后,界面上将显示该所选变量的最小值、最大值、空值、平均值和标准差。

(4)(可选)单击保存格网按钮,将统计后的结果保存为单波段灰度影像,格式为 *.tif。

(5)(可选)单击绘制直方图按钮,可查看格网统计的直方图,默认不进行拉伸显示,可通过下拉框选择最小最大值拉伸、标准差拉伸或百分比拉伸。

(6)(可选)单击保存直方图按钮将显示的直方图保存为 *.pdf、*.svg、*.bmp 等格式。

(7)(可选)从下拉框选择合适的颜色条并单击保存 GeoTiff 按钮将单波段灰度图像映射为多波段彩色图像。若用户选择拉伸操作,则会对单波段图像拉伸后进行映射。

(8)单击关闭按钮结束该功能。

4.12　数据批处理

针对点云数据实现多文件、多功能、多线程、流程化批处理操作,支持 *.las 和 *.LiData 两种数据类型,并提供对话框和命令行两种调用方式,下面对两种调用方式进行介绍。

4.12.1　对话框调用批处理

(1)单击批处理按钮  弹出界面如图 4.31 所示,点云列表中列出了当前软件中加载的所有点云数据,功能列表中列出了支持批处理操作的所有功能,右侧列表显示用户选择的批处理操作功能。

图 4.31　批处理工具对话框

(2)单击点云列表右侧的 ✛ 按钮从外部导入需要进行批处理的点云数据,单击 ✐ 按钮清除点云列表,单击 ━ 按钮移除选中的点云数据。

(3)在功能名称上双击鼠标左键或者单击鼠标左键选择相应的功能,然后单击功能列表右侧的 ✛ 按钮,弹出功能参数设置界面,参数设置完成之后,该功能会被添加到右侧列表中(图 4.32)。可在查询框中输入功能名称进行快速查找,需要注意软件版本。

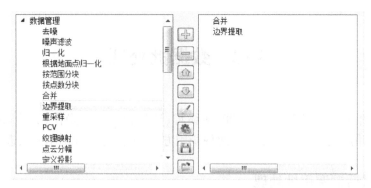

图 4.32 批处理工具添加列表

（4）（可选）双击已选择的功能列表中的功能，或单击鼠标左键选择相应功能后，单击 ⚙ 按钮，可以修改各个功能的参数设置。

（5）（可选）选择已选择的功能列表中的功能，单击 ⬇ 和 ⬆ 两个按钮，可以调整功能的执行顺序。

（6）（可选）单击 ✏ 按钮可清除所有已选择的功能。

（7）（可选）单击 💾 按钮可保存批处理操作功能的执行顺序及参数设置为 *.LiProcessList 文件。

（8）（可选）单击 📂 打开 *.LiProcessList 文件，会将保存的批处理流程加载到右侧的功能列表。

（9）在线程数对话框内，可以设置多线程批处理的线程数，默认值为 4。当线程数设置为 1 时，即表示利用单线程操作。

（10）设置输出路径，单击执行按钮，会按照功能列表的顺序进行流程化批处理操作，此过程中的所有中间结果都会保存到输出路径中。

注意：此功能只针对点云数据，包含 *.las 和 *.LiData 两种数据类型；不用设置参数的功能（如 PCV，根据地面点归一化等）双击后会直接加入选择的功能列表中；需要栅格数据作为输入参数的功能，需确保功能操作顺序（生成栅格数据在前），如归一化功能，需要用到上一步的文件，需将 DEM 功能放在归一化功能之前，并在归一化操作界面选中"使用创建文件"选项（图 4.33）。

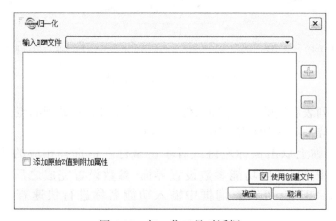

图 4.33 归一化工具对话框

4.12.2 命令行调用批处理

（1）打开 cmd.exe 命令行窗口，将 LiDAR360 软件安装目录中的 LiBatch.exe 拖入命令行窗口，或者逐层进入安装目录调用 LiBatch.exe，单击回车键，出现软件相关信息、常用命令行指令以及可利用命令行调用的批处理功能列表（含英文及中文名字）。

（2）命令行支持 json 文件的调用，即输入"–jsonFile"加上 json 文件名，可对 json 文件记录的数据及功能按顺序执行，最后结果保存在输出文件夹中。Json 文件可以通过批处理界面生成，也可手工修改 json 文件，但必须严格按照相关参数的格式进行修改，否则会出现解析错误。Json 文件中执行的具体功能的 Plugin ID 及 Action ID 请参考表 4.1。

```
>> -jsonFile BatchProcessList.LiProcessList
```

表 4.1　LiDAR360 批处理 json 调用功能 ID 列表

中文名	英文名	Plugin ID	Action ID
去噪	Remove_Outliers	0	0
归一化	Normalize_by_DEM	0	1
根据地面点归一化	Normalize_by_Ground_Points	0	15
按范围分块	Tile_by_Range	0	2
按点数分块	Tile_by_PointNumber	0	16
合并	Merge	0	3
边界提取	Extract_Point_Cloud_Boundary	0	4
重采样	Subsampling	0	5
PCV	PCV_Rendering	0	6
定义投影	Define_Projection	0	7
重投影	Reproject	0	8
纹理映射	Extract_Color_from_Image	0	9
点云分幅	Subdivision	0	10
坐标转换	Transformation	0	11
按圆裁剪	Clip_by_Circle	0	30
按矩形裁剪	Clip_by_Rectangle	0	31
按多边形裁剪	Clip_by_Polygon	0	32
转换为 LiData	Convert_to_LiData	0	40
转换为 LAs	Convert_to_Las	0	41
转换为 ASCII	Convert_to_ASCII	0	42
转换为栅格	Convert_to_TIFF	0	43

续表

中文名	英文名	Plugin ID	Action ID
转换为 Shape	Convert_to_Shape	0	44
转换为 DXF	Convert_to_DXF	0	48
按类别提取	Extract_by_Class	0	60
按高程提取	Extract_by_Elevation	0	61
按强度提取	Extract_by_Intensity	0	62
按回波次数提取	Extract_by_Return	0	63
地面点分类	Classify_Ground_Points	1	0
提取中位地面点	Extract_Median_Ground_Points	1	5
按属性分类	Classify_by_Attribute	1	10
分离低点	Classify_Low_Points	1	11
低于地表分类	Classify_Below_Surface_Points	1	12
孤立点分类	Classify_Isolated_Points	1	13
空中噪点分类	Classify_Air_Points	1	14
高于地面分类	Classify_byHeightAboveGround	1	15
最小高程分类	Classify_byMinElevationDifference	1	16
建筑物分类	Classify_Buildings	1	20
电力线分类	Classify_Powerlines	1	21
模型关键点分类	Classify_Model_Key_Points	1	17
机器学习分类	Classify_by_Machine_Learning	1	25
按机器学习模型分类	Classify_by_Trained_ML_Model	1	26
数字高程模型	DEM	2	0
数字表面模型	DSM	2	1
点云生成等高线	Point_Cloud_to_Contour	2	20
生成 TIN	Generate_TIN	2	23
高度变量	Elevation_Metrics	4	0
强度变量	Intensity_Metrics	4	1
郁闭度	Canopy_Cover	4	2
叶面积指数	Leaf_Area_Index	4	3
间隙率	Gap_Fraction	4	4
线性回归	Linear_Regression	4	5
支持向量机	Support_Vector_Machine	4	6
快速人工神经网络	Fast_Artificial_Neural_Network	4	7
点云分割	Point_Cloud_Segmentation	4	10
层堆叠生成种子点	Generate_Seeds_from_Layer_Stacking	4	14
清除树 ID	Clear_Tree_ID	4	11

（3）通过在命令"-i"后面输入具体数据文件作为输入数据（需全路径），当输入多个文件时，可以采用在命令"-i"后加上多个文件以空格隔开或者采用输入文件夹形式，即输入"-ifolder"加上文件夹路径和数据类型（*.las 或者 *.LiData），默认为 *.LiData。值得注意的是，文件路径中不允许存在空格，否则会解析错误。

```
>> Outlier_Rmovel -ifolder ..\data\las
```

（4）通过 -o 设置输出路径，如果不设置此参数，则默认将输出文件保存在与输入文件相同的文件夹中。通过 -threadNum 设置线程数。

（5）在调用具体功能前，可在功能名后输入"-h""-H""-help""-？"查看该功能的参数指令。指令格式为：指令名（提供大小写）< 参数名，默认参数 >------ 参数介绍。不进行参数设置时，软件将按默认参数运行，可输入 -default、-DEFAULT 或者不输入。

```
>> Outlier_Rmovel -h
```

（6）每次输入指令只能调用一个功能。以去噪功能为例，输入功能名"Outlier_Removal"（或者去噪）。需要注意的是，功能名必须严格按照参数列表中的名字输入。输入"-i"加上文件名，按回车键即可运行去噪功能。

```
>> Outlier_Rmovel -i ..\data\*.LiData
```

上述命令行的含义为：对输入文件采用默认参数运行去噪功能，去噪后的文件与输入文件保存在同一文件夹中。

（7）在分类模块中，以地面点分类为例：输入地面点分类"-h"，窗口内出现地面点分类功能的相关命令行帮助；对于分类功能，"-fc"是起始类别的指令，后面可根据类别列表输入对应类别的数字并以逗号隔开，不输入此指令则起始类别为所有类；"-tc"表示目标类别，同样可输入对应的类别数字。

```
>> Classify_Ground_Points -threadNum 8 -i ..\input\*.LiData -o
..\output\ -fc 1,2,3 -tc 2 -ia 25 -id 1.2
```

上述命令行的含义为：运行地面点分类功能，线程数为8，输入数据为"..\input*.LiData"，输出文件保存在"..\output\"目录（对于分类功能，不产生新的输出文件，即在源数据中修改类别属性），起始类别为1、2、3（对应未分类、地面点和低矮植被点），目标类别为地面点，迭代角度为25°，迭代距离为1.2 m，其他未设置的参数按照默认参数设置。

4.13　栅　格　工　具

LiDAR360 提供的栅格工具包括影像镶嵌、影像分幅、栅格计算器、体积统计和栅格邻域统计。

4.13.1 影像镶嵌

影像镶嵌是指将两幅或多幅影像拼在一起,构成一幅整体影像。影像镶嵌是影像分幅的逆操作。LiDAR360 提供七种采样方法:最邻近采样、双线性采样、三次立方卷积逼近、立方 B 样条逼近、Lanczos 窗口正弦插值、平均采样和统计采样。

(1)单击数据管理→栅格工具→影像镶嵌,弹出界面如图 4.34 所示。

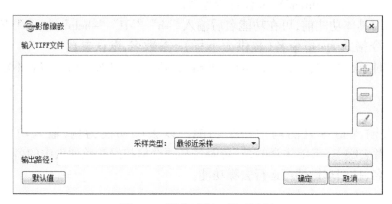

图 4.34　影像镶嵌工具对话框

(2)输入 Tiff 文件:如果影像数据已经加载到 LiDAR360 软件中,可从下拉列表选择待处理数据,也可以单击 ➕ 按钮从外部加载影像数据,单击 ➖ 按钮从影像列表中移除选中的数据,单击 ✎ 按钮清空影像文件列表。文件格式:*.tif。

(3)从下拉列表选择采样类型:

最邻近采样(默认):最邻近法,从最近邻处采样。

双线性采样:2×2 内核。

三次立方卷积逼近:4×4 内核。

立方 B 样条逼近:4×4 内核。

Lanczos 窗口正弦插值:Lanczos 窗口正弦内插(6×6 内核),Lanczos 可以用作低通滤波器或用于平滑地插值其样本之间的数字信号的值。

平均采样:计算所有非无值像素的平均值。

统计采样:选择所有采样点中出现次数最多的值。

(4)输出路径:给出输出文件夹路径,功能执行后生成新文件。

4.13.2 影像分幅

影像分幅是影像镶嵌的逆操作,图幅的编号采用坐标编号,由图幅西南角的 Y 坐标 $+X$ 坐标组成,1:5 000 坐标值取至 1 km,1:2 000、1:1 000 取至 0.1 km,1:500 取至 0.01 km。

(1)单击数据管理→栅格工具→影像分幅,弹出界面如图 4.35 所示。

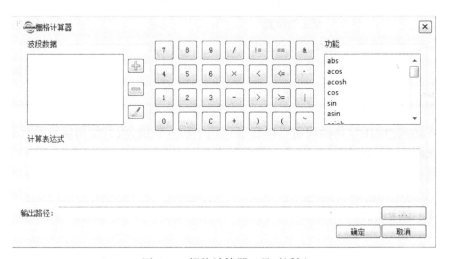

图 4.35　影像分幅工具对话框

（2）参数设置如下：

输入文件：如果影像数据已经加载到 LiDAR360 软件中，可从下拉列表选择待处理数据。也可以单击 ▢▢▢▢▢ 按钮从外部导入待处理文件。数据格式：*.tif。

比例尺：选择分幅比例尺，共有四种分幅比例尺：1∶500、1∶1 000、1∶2 000、1∶5 000，默认为 1∶500。

输出路径：给出输出文件夹路径，功能执行后生成分幅后的新文件。

4.13.3　栅格计算器

栅格计算器是一种空间分析函数工具，可以输入栅格数据代数表达式，使用运算符和函数做数学计算，建立选择查询，或键入栅格数据代数语法。

（1）单击数据管理→栅格工具→栅格计算器，弹出界面如图 4.36 所示。

图 4.36　栅格计算器工具对话框

（2）参数设置如下：

波段数据：显示软件中包含的栅格数据（*.tif），也可以单击 ✚ 按钮从外部导入栅格数据,单击 ━ 按钮从列表中移除选中的数据,单击 ✏ 按钮清空波段数据列表。

计算器按钮:包含了数字按钮 0~9;代数运算符按钮 +、−、×、、/;逻辑运算符 >、<、== 等。主要运算按钮及其含义如表 4.2 所示。同时也包含 abs、tan、cos、log 等函数功能,具体含义如表 4.3 所示。

表 4.2 运算按钮及其含义

函数	说明	函数	说明
/	除	−	减
!=	不等于	>	大于
==	等于	>=	大于等于
&	与运算	^	异或运算
×	乘	+	加
<	小于	~	取反
<=	小于等于	C	清除表达式
|	或运算		

表 4.3 函数功能介绍

函数	说明	函数	说明
abs	取绝对值函数	atanh	反双曲正切函数
acos	反余弦函数	atan	反正切函数
acosh	反双曲余弦函数	cot	余切函数
cosh	余弦函数	pow	指数函数
asin	反正弦函数	log	对数函数
asinh	反双曲正弦函数	sqrt	开根号函数
sin	正弦函数	sinc	辛格函数
tan	正切函数		

计算表达式:使用计算器按钮可以在表达式中输入数值,或者使用运算符、函数等与栅格数据组成栅格计算的表达式,显示在该面板中。

输出路径:选择输出文件目录。

4.13.4 体积统计

LiDAR360 软件支持使用两个空间范围内有交集的表面模型数据(单波段影像数据,*.tif 格式),通过将上表面减去下表面,进行统计填方量、挖方量以及总填挖方量(由挖方量减去填方量计算得到)。

(1)单击统计→格网体积统计,弹出界面如图 4.37 所示。

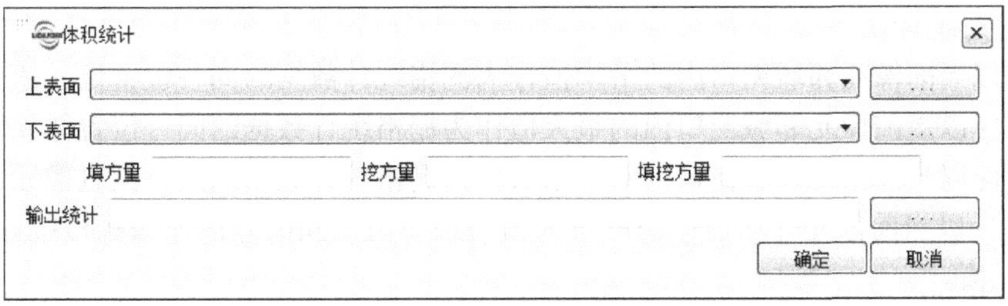

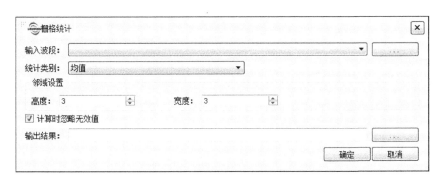

图 4.37　体积统计工具对话框

（2）参数设置如下：

上表面：从下拉列表选择 *.tif 格式的上表面文件，也可以单击 ▢▢▢▢ 按钮选择外部数据。

下表面：从下拉列表选择 *.tif 格式的下表面文件，也可以单击 ▢▢▢▢ 按钮选择外部数据。

输出统计：指定路径将统计结果输出为 *.txt 格式的文件，文件中包含上表面和下表面文件所在路径、空间分辨率、XSize、YSize 以及填挖方的量。

注意：上表面和下表面文件均为单波段数据，它们必须具有相同的空间分辨率且空间范围有交集。LiDAR360 处理的点云数据的单位为米，计算得到的填方量、挖方量和总量的单位为立方米。

4.13.5　栅格邻域统计

可对 *.tif 格式的栅格数据进行邻域运算，输出像元的值是利用其指定邻域范围内像元的不同统计类型，统计类型包括均值、最大值、最小值、范围差、标准差及总和。统计时将逐个访问像元进行计算。

（1）单击统计→栅格统计，弹出界面如图 4.38 所示。

图 4.38　栅格统计工具对话框

（2）输入波段：从下拉列表选择 *.tif 格式的待处理文件，也可以单击 ▢▢▢▢ 按钮选择外部数据。

（3）统计类别：从下拉列表选择均值、最大值、最小值、范围差、标准差及加和对输入的栅格数据进行统计。

均值：以当前像元邻域窗口内的平均值作为栅格统计数据的同一位置像元值。

最大值：以当前像元邻域窗口内的最大值作为栅格统计数据的同一位置像元值。

最小值：以当前像元邻域窗口内的最小值作为栅格统计数据的同一位置像元值。

范围差：以当前像元邻域窗口内的最大值与最小值之间的差值作为栅格统计数据的同一位置像元值。

标准差：以当前像元邻域窗口内的标准差作为栅格统计数据的同一位置像元值。

加和：以当前像元邻域窗口内的总和作为栅格统计数据的同一位置像元值。

（4）邻域设置：对当前访问像素的邻域窗口设置。

高度：邻域窗口的高度。

宽度：邻域窗口的宽度。

（5）计算忽略无效值：若选中此选项，计算输出像元值时将忽略邻域像元中的所有无效值。若不勾选此选项，如果邻域像元中存在无效值，则输出像元将为无效值。如果待处理像元本身就是无效值，则选中此选项后将根据邻域中的其他有效像元来计算该像元的输出值。

（6）输出路径：设置栅格统计的栅格数据输出路径。

第 5 章

数据预处理

机载激光雷达测量系统会受到多种误差源（系统误差和偶然误差）的影响，系统误差会给激光脚点的坐标带来系统偏差。安装激光雷达测量系统要求扫描参考坐标系与惯性平台参考坐标系的坐标轴间相互平行，但是系统安装时不能完全保证它们相互平行，即会产生所谓的系统安置误差。LiDAR360 中航带拼接模块提供安置误差检校从而实现对机载激光雷达点云数据的航带拼接处理。

本章主要介绍以下内容：
- 航带裁切
- 质量检查
- 航带拼接
- 控制点报告
- 投影和坐标转换

5.1 航 带 裁 切

本节介绍如何根据定位定姿系统（position and orientation system，POS）数据对激光雷达点云进行航带裁切，为后续数据质量检查和航带拼接做准备。

（1）将点云数据添加到 LiDAR360 软件中。

（2）单击航带拼接→航带拼接，显示航带拼接模块界面（图 5.1）。

（3）单击 ⬚⬚⬚⬚⬚ 设置裁切后的 POS 数据存放路径。

（4）单击 ✛ 选择待裁切的航线数据，支持两种格式：POS（＊.pos，＊.txt）文本文件和 SBET（＊.out）二进制文件。

POS 文件案例一：若 POS 文件中不包含 GridX、GridY 信息，则弹出如图 5.2 所示界面，在 Info 标签页匹配相应的 GPS 时间、经度、纬度、高度、翻滚角（Roll）、俯仰角（Pitch）、偏航角（Heading）各列。在 Select Coordinate 标签页选择与点云数据相应的坐标系（图 5.3）。

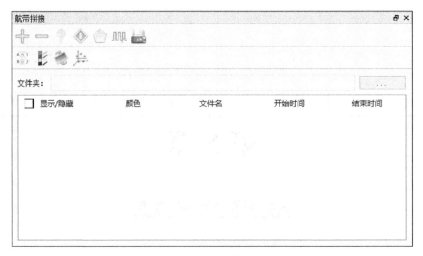

图 5.1　航带拼接模块界面

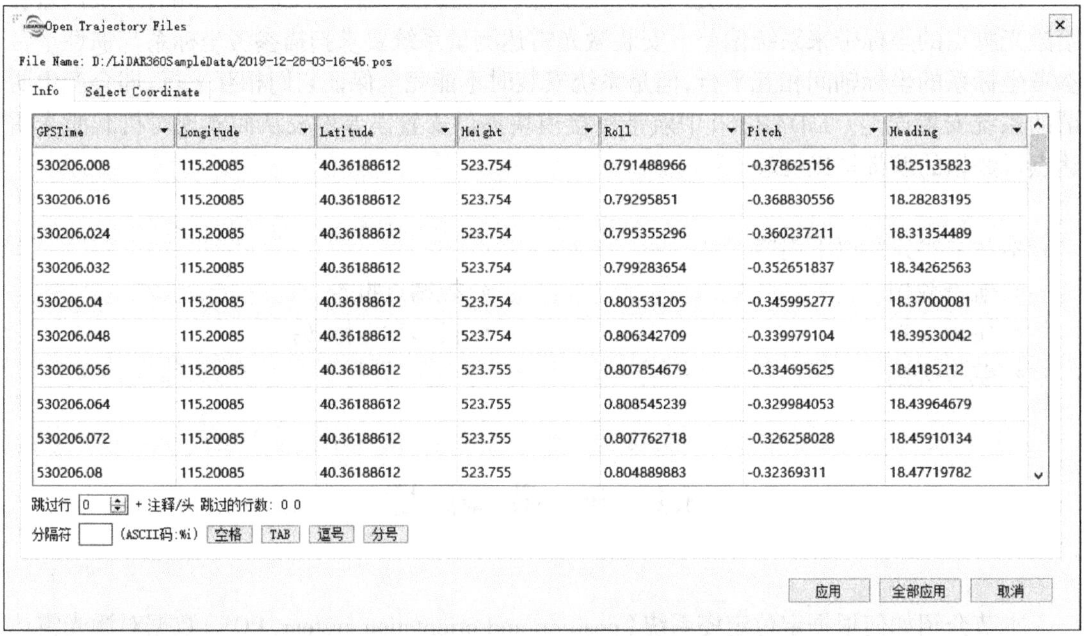

GPSTime	Longitude	Latitude	Height	Roll	Pitch	Heading
530206.008	115.20085	40.36188612	523.754	0.791488966	-0.378625156	18.25135823
530206.016	115.20085	40.36188612	523.754	0.79295851	-0.368830556	18.28283195
530206.024	115.20085	40.36188612	523.754	0.795355296	-0.360237211	18.31354489
530206.032	115.20085	40.36188612	523.754	0.799283654	-0.352651837	18.34262563
530206.04	115.20085	40.36188612	523.754	0.803531205	-0.345995277	18.37000081
530206.048	115.20085	40.36188612	523.754	0.806342709	-0.339979104	18.39530042
530206.056	115.20085	40.36188612	523.755	0.807854679	-0.334695625	18.4185212
530206.064	115.20085	40.36188612	523.755	0.808545239	-0.329984053	18.43964679
530206.072	115.20085	40.36188612	523.755	0.807762718	-0.326258028	18.45910134
530206.08	115.20085	40.36188612	523.755	0.804889883	-0.32369311	18.47719782

图 5.2　打开 POS 文件（不包含 GridX、GridY）

POS 文件案例二：若 POS 文件中包含 GridX，GridY 信息，则弹出如图 5.4 所示界面，在 Info 标签页匹配相应的 GPS 时间、经度、纬度、高度、翻滚角（Roll）、俯仰角（Pitch）、偏航角（Heading）以及 GridX、GridY 列。

若 GridX 和 GridY 信息不正确，则可以如案例一所示选择正确的坐标系。

（5）单击 ⬠ 开启多边形绘制，在场景中依次单击鼠标左键选择多边形顶点，双击鼠标左键结束多边形绘制，形成多边形（图 5.5）。该多边形将存储到输出目录下的“polygon.gv”文件。在绘制多边形过程中，如果出现误选，可单击鼠标右键结束当前选择；多边形绘制完成后，左键点选并拖拽多边形顶点可以修改该多边形。

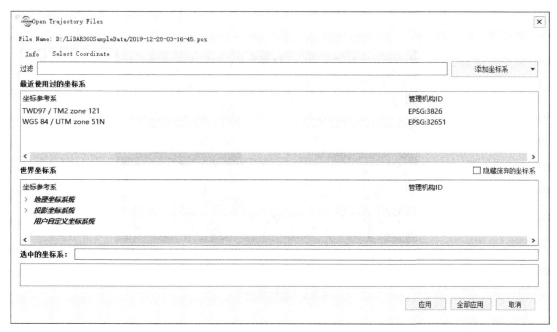

图 5.3　选择坐标系标签页

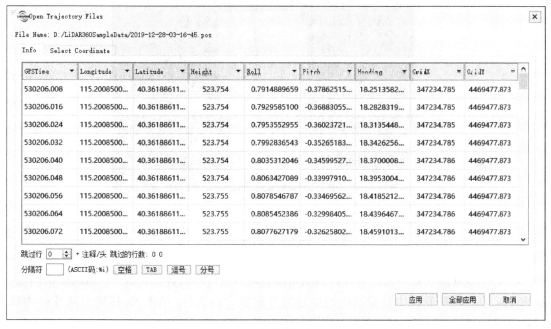

图 5.4　打开 POS 文件（包含 GridX、GridY）

（6）单击 [図] 按多边形裁切航迹线,形成多条航迹线,并将裁切后生成的航迹线自动加载到软件中;裁切形成的航迹线会以 pos 文件格式存储到输出目录,每条裁切后的航迹线以航迹线对应的 GPS 起止时间进行命名,文件名格式为"GPS 开始时间 _GPS 结束时间 .pos"。裁切后效果如图 5.6 所示。

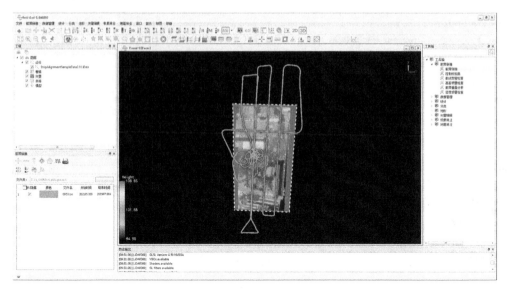

图 5.5　绘制多边形

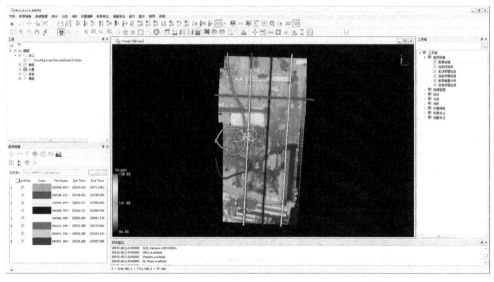

图 5.6　按多边形裁切航迹线

（7）在航迹线列表中选中要删除的航迹线，单击 ━ 按钮，弹出图 5.7 所示的提示信息，单击 Yes 按钮将从软件中移除选中的航迹线并删除本地文件；单击 No 按钮只从软件中移除选中的航迹线，不删除本地文件。删除后的结果如图 5.8 所示。

图 5.7　删除航迹线的提示信息

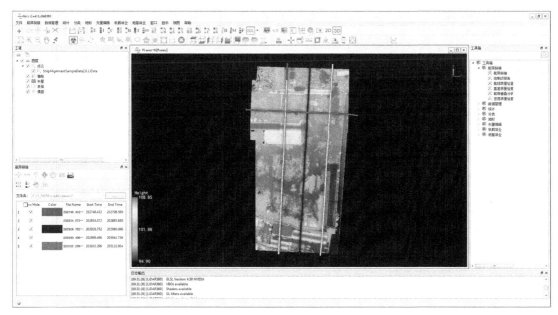

图 5.8 航线裁切最终结果

5.2 质量检查

为对机载激光雷达数据获取成果的生产质量进行有效控制,合理评价机载激光雷达数据获取成果的质量,LiDAR360 软件提供了一系列针对外业数据质量检查的相关工具。

5.2.1 航线质量检查

对飞行中的航线质量进行检查分析,包括航高分析、速度分析和飞行姿态分析。

(1)单击航带拼接→航线质量检查,弹出航线质量检查功能界面(图 5.9)。

(2)单击 ✚ 加载裁切后的航线数据,支持的航线数据格式包括 *.OUT 及 *.pos 格式。

(3)根据具体航飞情况设置航高、航速与飞行姿态相关参数,根据《机载激光雷达数据获取技术规范(CH/T 8024—2011)》,实际航高变化不应超过设计航高 5%~10%,航线弯曲度不应超过 3%。

(4)分别单击航高分析、速度分析和飞行姿态分析对应的生成报告按钮,可以为每项检查分别生成报告(图 5.10 ~ 图 5.12)。单击完整报告按钮将生成一个包含航高分析、速度分析和飞行姿态分析的完整报告。单击导出按钮,导出 *.html 格式的航线质量检查报告。

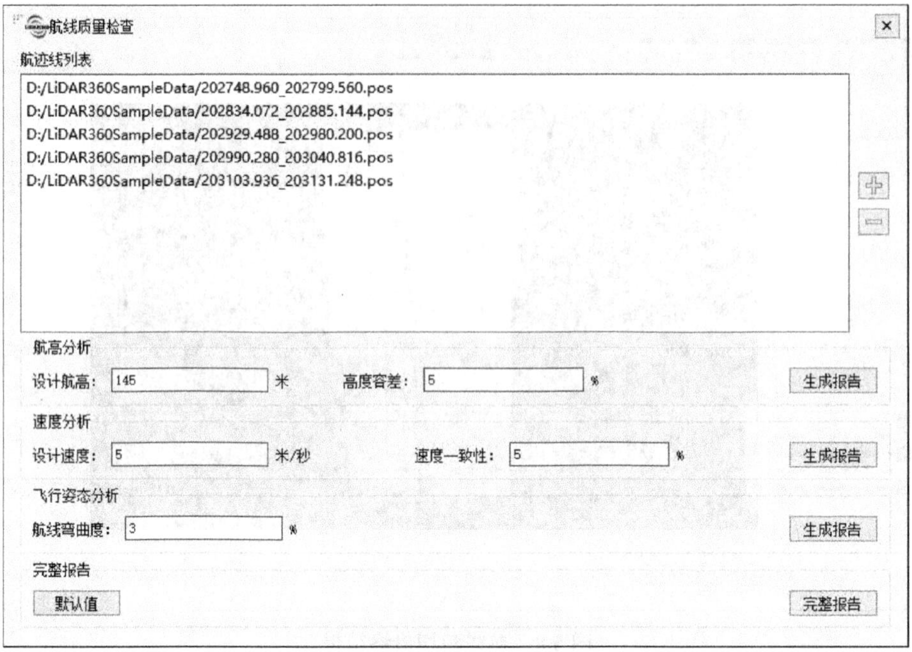

图 5.9 航线质量检查界面

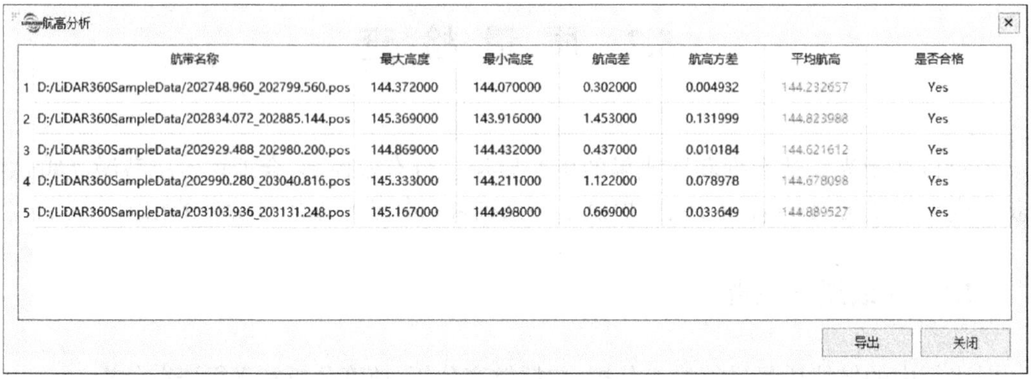

	航带名称	最大高度	最小高度	航高差	航高方差	平均航高	是否合格
1	D:/LiDAR360SampleData/202748.960_202799.560.pos	144.372000	144.070000	0.302000	0.004932	144.232657	Yes
2	D:/LiDAR360SampleData/202834.072_202885.144.pos	145.369000	143.916000	1.453000	0.131999	144.823988	Yes
3	D:/LiDAR360SampleData/202929.488_202980.200.pos	144.869000	144.432000	0.437000	0.010184	144.621612	Yes
4	D:/LiDAR360SampleData/202990.280_203040.816.pos	145.333000	144.211000	1.122000	0.078978	144.678098	Yes
5	D:/LiDAR360SampleData/203103.936_203131.248.pos	145.167000	144.498000	0.669000	0.033649	144.889527	Yes

图 5.10 航高分析结果

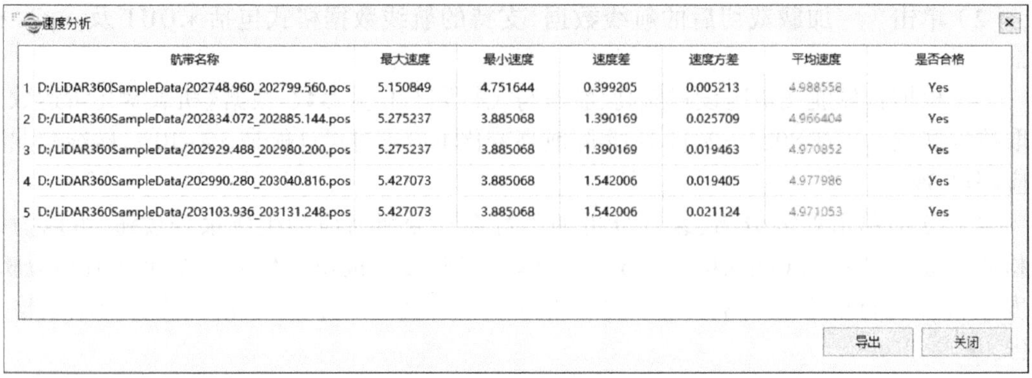

	航带名称	最大速度	最小速度	速度差	速度方差	平均速度	是否合格
1	D:/LiDAR360SampleData/202748.960_202799.560.pos	5.150849	4.751644	0.399205	0.005213	4.988558	Yes
2	D:/LiDAR360SampleData/202834.072_202885.144.pos	5.275237	3.885068	1.390169	0.025709	4.966404	Yes
3	D:/LiDAR360SampleData/202929.488_202980.200.pos	5.275237	3.885068	1.390169	0.019463	4.970852	Yes
4	D:/LiDAR360SampleData/202990.280_203040.816.pos	5.427073	3.885068	1.542006	0.019405	4.977986	Yes
5	D:/LiDAR360SampleData/203103.936_203131.248.pos	5.427073	3.885068	1.542006	0.021124	4.971053	Yes

图 5.11 速度分析结果

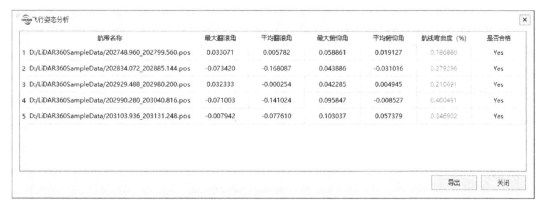

图 5.12　飞行姿态分析结果

5.2.2　航带重叠分析

（1）将待检查的点云数据加载到软件中。

（2）单击航带拼接→航带重叠分析，弹出航线重叠分析功能界面（图 5.13）。

图 5.13　航带重叠分析

（3）单击 ✛ 加载与点云对应的航线数据，支持的航线数据格式包括 *.OUT 及 *.pos 格式。

（4）设置相邻航带的重叠阈值。

（5）单击确定按钮，生成 *.html 格式的航带重叠分析报告。

5.2.3　高差质量检查

（1）将待检查的点云数据加载到软件中。

（2）单击航带拼接→高差质量检查，弹出高差质量检查功能界面（图 5.14）。

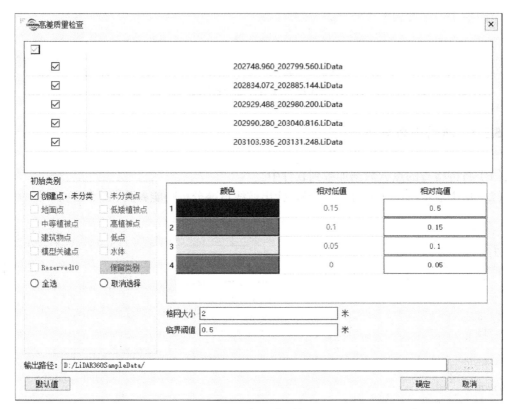

图 5.14　高差质量检查

（3）该功能包含的参数如下：

初始类别：参与高差质量检查的点云类别，默认为所有类别。

相对低值 / 相对高值：高差介于相对低值和相对高值范围内将以对应颜色显示。

格网大小：点云格网化的格网边长。

临界阈值：高差超过该值则不参与计算。考虑到两次扫描的点云高差会受到外界环境影响，如移动的汽车，因此忽略一定范围的高差是有必要的。

（4）单击确定按钮，生成 *.html 格式的高差质量检查报告。

5.2.4　密度质量检查

根据《机载激光雷达数据获取技术规范》（CH/T 8024—2011），机载激光雷达获取的点云数据密度应满足内插数字高程模型的需求,具体规定见表 5.1。平坦地区点云密度可适当放宽,地貌破碎地区则适当加严。

表 5.1 点云密度要求

分幅比例尺	数字高程模型成果格网间距 /m	点云密度 /(个 /m²)
1 : 500	0.5	≥ 16
1 : 1 000	1.0	≥ 4
1 : 2 000	2.0	≥ 1
1 : 5 000	2.5	≥ 1
1 : 10 000	5.0	≥ 0.25

注:按不大于 1/2 数字高程模型成果格网间距计算点云密度。

(1)将待检查的点云数据加载到软件中。

(2)单击航带拼接→密度质量检查,弹出密度质量检查功能界面(图 5.15)。

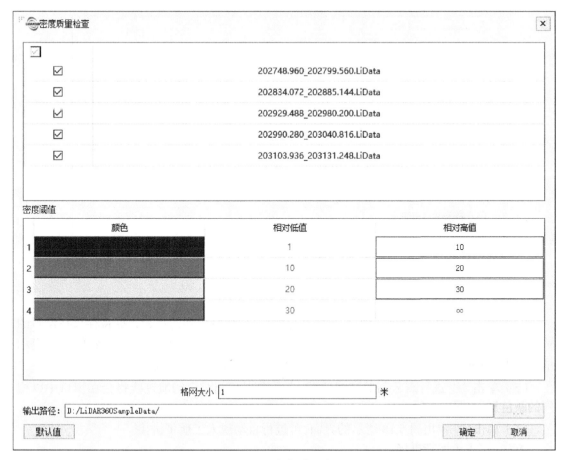

图 5.15 密度质量检查

（3）该功能包含的参数如下：

密度阈值：点密度介于相对低值和相对高值范围内将以对应颜色显示。

格网大小：点云格网化的格网边长。

（4）单击确定按钮，生成 *.html 格式的密度质量检查报告。

5.3　航　带　拼　接

航带拼接模块提供安置误差检校从而实现对机载激光雷达点云数据的航带拼接处理。LiDAR360 提供两种消除安置误差方式：人工量测检校和自动平差修正。

（1）单击航带拼接→航带拼接，软件弹出航带拼接模块界面。

（2）进行航带裁切并打开裁切后的航迹线文件（参见第 5.1 节）。

（3）单击 📼 弹出图 5.16 所示的按航迹线裁切点云界面。选择要裁切的点云数据，如果勾选"根据航迹线的缓冲区裁切"，则以航迹线为中心线，根据缓冲区距离向两边进行裁切。

图 5.16　按航迹线裁切点云

（4）单击确定按钮，将点云按各航带进行裁切，裁切后得到的点云数据将存放在设置的输出文件夹中，点云数据的名称与对应的 POS 文件名称相同。裁切结束后，软件弹出提示信息"是否添加裁切后的点云"，单击 Yes 按钮，将裁切后的点云加载到软件中。

（5）单击 🔠 进行点云与航迹线匹配，点云数据和相对应的航迹线将会在窗口中以相同的颜色显示（图 5.17）。

（6）单击 🌐 弹出图 5.18 所示的界面，可进行自动或人工航带拼接。

方法一：人工航带拼接。

用户可以自己输入安置误差修正参数，基于重叠的激光脚点数据使用分步几何法（张小红, 2007)恢复出安置角误差(即旋转量)修正值。而安置偏移误差(即平移量)影响较小,人工量测检校不对其进行修正。

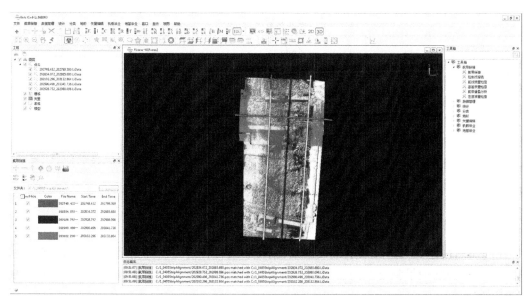

图5.17　点云与航迹线匹配

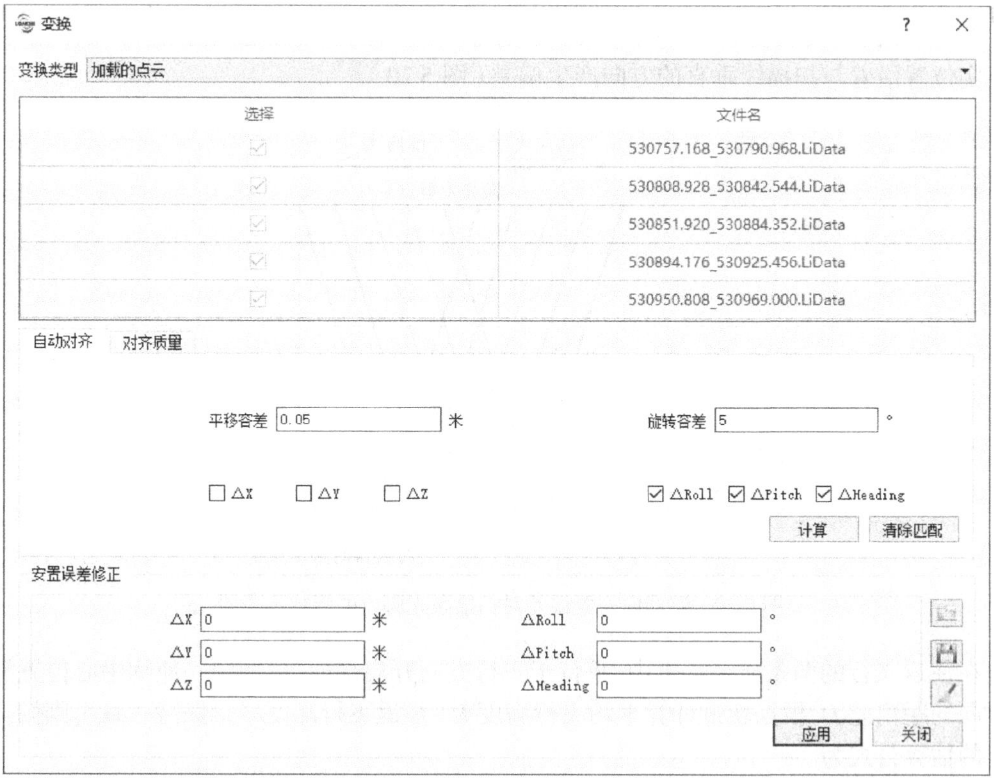

图5.18　计算安置误差界面

① 估算侧滚角误差(ΔRoll)。侧滚向的安置角误差会使平面扫描线产生倾斜(图 5.19),且会使被扫描物体的平面位置沿扫描方向(垂直于飞行方向)产生偏移。

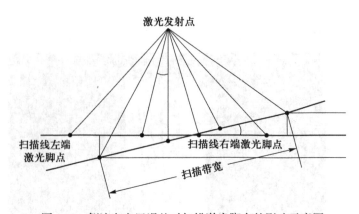

激光发射点

扫描线左端
激光脚点

扫描线右端激光脚点

扫描带宽

图 5.19　侧滚向安置误差对扫描激光脚点的影响示意图

在同航高往返飞行的两条航带数据中,垂直于飞行方向开启剖面,量测近似同名地物高差 Δh,在 2D 视图中量测近似同名地物与两条航带中心线的水平距离 r,则侧滚角误差的估算公式为

$$\Delta\mathrm{Roll} \approx \arctan\left(\frac{\Delta h}{2r}\right) \tag{5.1}$$

② 估算俯仰角误差(ΔPitch)。在线扫描模式下,俯仰向安置误差主要使被扫描物体的真实位置沿着与扫描线垂直的方向产生偏差(图 5.20)。

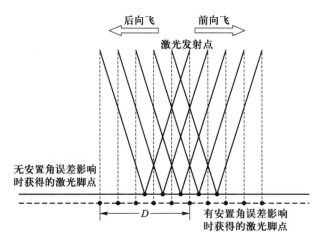

后向飞　　前向飞

激光发射点

无安置角误差影响
时获得的激光脚点

有安置角误差影响
时获得的激光脚点

D

图 5.20　俯仰向安置误差对扫描激光脚点的影响示意图

在往返飞行的两条航带数据中,平行于飞行方向开启剖面,量测同一地物中心位置沿飞行方向的距离差 D,根据轨迹计算平均飞行高度 H(往返飞行高度尽量保持一致),则俯仰角误差的估算公式为

$$\Delta\text{Pitch} \approx \arctan\left(\frac{D}{2H}\right) \qquad (5.2)$$

③ 估算航向角误差（ΔHeading）。航向角安置误差会改变被扫描物体的中心位置，同时使物体产生变形（图5.21）。

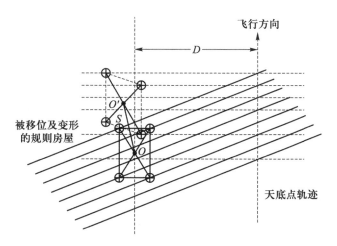

图5.21 航向安置误差对扫描激光脚点的影响示意图

在前向与后向飞行的两条航带数据中开启2D视图，量测两次地物激光脚点平均中心位置之间的距离 S，两条航带之间的距离 D，则航向角误差的估算公式为

$$\Delta\text{Heading} \approx \arctan\left(\frac{S}{D}\right) \qquad (5.3)$$

方法二：自动航带拼接。

手动量测安置角误差需要相关专业知识以及对软件的熟练操作，而自动计算能够极大减轻操作员的工作量。在特征明显的数据中，自动计算完全能够替代手工计算，达到相同甚至更高的精度。

自动算法不仅能够修正安置角误差（即旋转量），还能修正安置偏移误差（即平移量）。可自由选择需要修正的数值，推荐仅修正安置角误差，因为它们的影响最大。算法的原理为：首先，提取相邻航带中的特征点及法向量，参考算法（Glira等，2015）；其次，匹配相邻航带中提取的特征点，获得相关点对；再次，建立安置误差修正模型，计算相关点对沿法向量的距离；最后，采用最小二乘法，使相关距离最小化，同时得到修正值最优解。

LiDAR360中自动航带拼接方法：在自动对齐窗口勾选需要计算的安置误差，输入平移容差和旋转容差后，单击计算按钮，LiDAR360会自动计算安置误差，并将结果显示在安置误差修正参数框内。单击清除匹配按钮，可删除拼接信息，在更改相关参数后，再次计算。

自动计算安置误差后，LiDAR360会统计对齐质量，在"对齐质量"标签页（图5.22）可查看该统计信息，单击导出按钮可保存对齐质量信息，单击生成报告按钮可以生成配准前后的质量报告。

（7）单击应用按钮，对点云进行安置误差修正，在变换过程中，可以打开剖面窗口查看修正结果。图5.23和图5.24为同一区域安置误差修正前后的效果。

图 5.22 对齐质量界面

（8）若匹配效果较好,则可将变换类型从"加载的点云"更改为"选择的点云文件"（图 5.25）,然后单击应用按钮,完成数据的航带拼接。

加载的点云:对应 LiDAR360 平台加载进来和航迹线匹配上的点云,应用变换时,变换作用修改点云对应的内存数据,可在界面实时显示变换效果,退出航带拼接模块时,相应的变换被清除,不被保存下来。

选择的点云文件:对应界面上勾选的点云文件,对被选取点云文件进行变换操作,变换结果将存储到硬盘对应的文件上。

（9）单击 ✏ 该钮,弹出去冗余界面（图 5.26）,设置去冗余相关参数,单击确认按钮,对重叠航线之间的冗余点进行分类/删除。① 分类:将点分成目标类别,并保留在原始点云中。② 删除:将点分成目标类别,然后将它们从点云数据中移除。注意:如果输入点云中已有目标类别点,也会被删除。

目标类:点云目标类别。

格网边长:重叠区域的栅格单元尺寸。设置该参数可用于将重叠区域的点云数据进行格网化。

密度:栅格单元的最小点密度。如果给定格网边长范围内的点数小于设定的点数阈值,则这些点不会被分为冗余点。

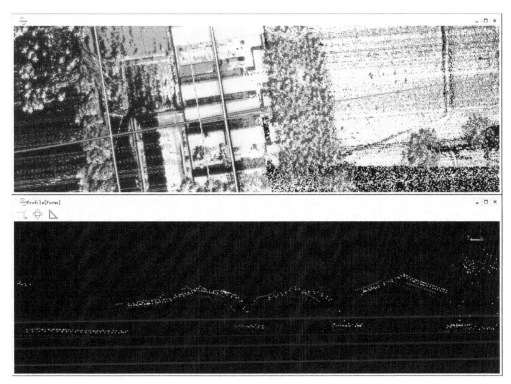

图 5.23 安置误差修正前

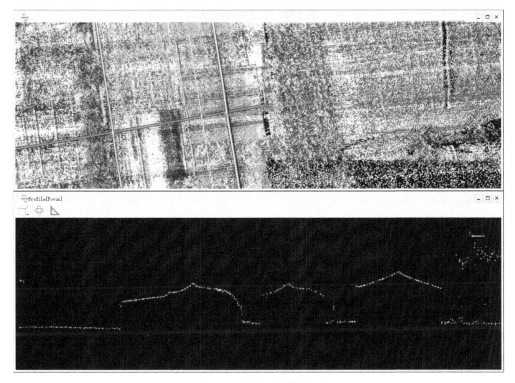

图 5.24 安置误差修正后

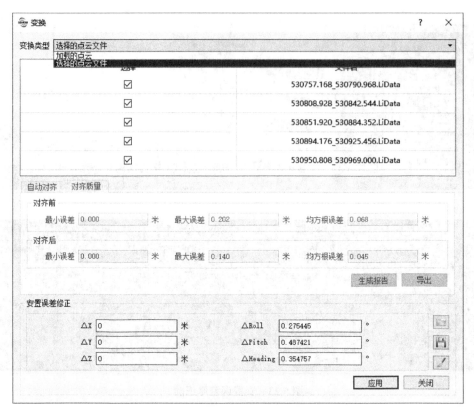

图 5.25   选择变换类型

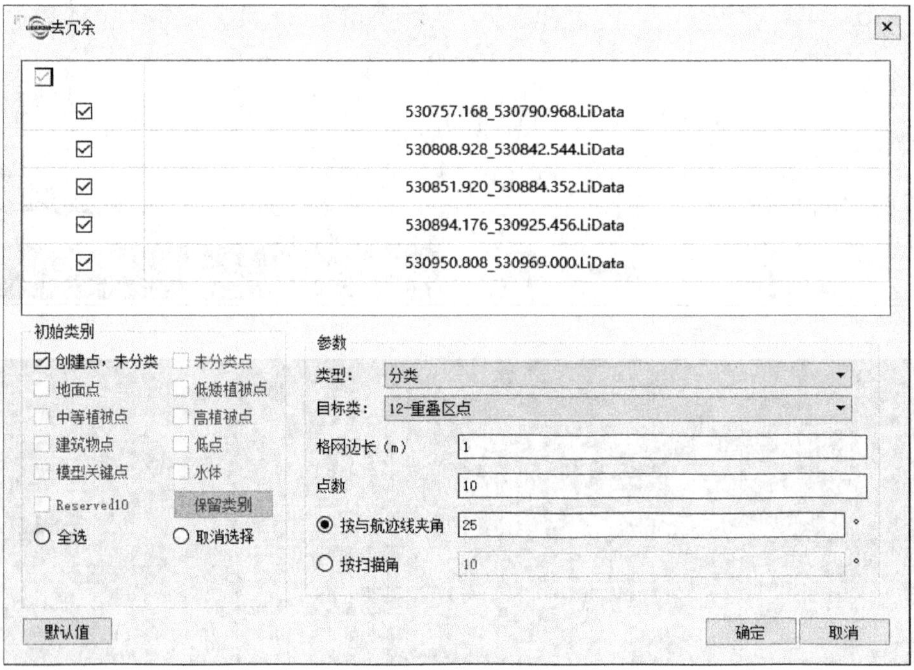

图 5.26   去冗余界面

按与航迹线夹角：点云和轨迹线之间的夹角,如果这个角大于设置值,那么点云将会被分为冗余点。

按扫描角：如果扫描角大于设置值,那么点云将会被分为冗余点。注意：该功能只能在点云数据记录了扫描角信息的情况下使用。

5.4 控制点报告

控制点报告功能可生成激光点云与地面控制点的高程差报告,用于检查激光点云的高程精度。

（1）将待检查的点云数据加载到软件中。

（2）单击航带拼接→控制点报告,弹出控制点报告功能界面(图5.27)。

图 5.27　控制点报告

（3）单击 ┈┈ 选择控制点文件。

（4）该功能包含的参数如下：

初始类别：选择参与生成控制点报告的点云类别,一般选择硬表面点云,如地面点、建筑物点等。

　　最大坡度:最大地形坡度容差,如果坡度大于此值,高差不会被计算。一般控制点会选在较平缓的地形,若坡度过大,容易受错误信息影响。

　　最大三角网边长:三角形边长过大,说明控制点对应点云区域的初始类别点过少,计算的高程差误差较大。

　　点大小:双击控制点报告列表中的数据,可以在窗口中定位显示对应控制点,点大小设置显示在窗口中的控制点大小。

　　Dz 限制:检测激光点云与控制点之间误差较大的高程差,若不在该容差范围内则显示为红色。最大容差 = 高差均值 + Dz 限差 × 中误差;最小容差 = 高差均值 − Dz 限差 × 中误差。

　　(5)单击计算按钮进行高差计算,单击导出按钮,导出 *.txt 格式的控制点报告,报告中包含点云数据的高程误差信息以及 Dz 的统计信息。

5.5　投影和坐标转换

　　本节介绍点云投影和坐标转换相关的功能,包括定义投影、重投影、坐标转换、转换参数解算、高程调整、迭代最近点配准和手动配准等。

5.5.1　定义投影

　　(1)将待处理点云数据加载到软件中。

　　(2)单击数据管理→投影和坐标转换→定义投影,弹出定义投影界面(图 5.28)。

　　(3)界面中当前文件坐标系以及当前文件大地水准模型显示的是当前文件已经定义的坐标系和大地水准模型。需在该界面上选中对应的数据,才会显示相关投影信息。若点云数据未定义投影,则此处界面显示为空。

　　(4)设置大地水准模型(图 5.29),单击下拉框可选择 NONE、EGM2008、EGM96、EGM84 或用户自定义(Custom)。当选择用户自定义时,需要输入 Z 变化量。

　　(5)定义已有坐标系:从世界坐标系列表中选择点云对应的地理坐标系或投影坐标系,可在"过滤"对话框中输入关键词快速查找已有坐标系,例如,要设置点云坐标系为 WGS 84/UTM Zone 49N,可以在过滤选项中输入 UTM 49N 或者输入其 EPSG 编号:32649,实现快速查找。最近使用过的坐标系也将出现在"最近使用过的坐标系"列表中。选中的坐标系及详细信息将显示在"选中的坐标系"下方信息框。

　　(6)外部导入或自定义坐标系:LiDAR360 软件提供了四种添加外部坐标系方式(图 5.30):从 WKT 导入、从 PRJ 导入、添加地理坐标系和添加投影坐标系(图 5.30 和图 5.31)。

　　(7)定义已有坐标系或者将外部导入坐标系之后,单击确定按钮,即完成了定义投影。

定义投影

□

　　☑　　　　　　　　　　　　　ALSData.LiData

当前文件坐标系：

当前文件大地水准模型：

设置大地水准模型：　NONE

Z变化量：　　　　　　　　　　　　　　　　　　　　　　　　　　0.000

过滤　　　　　　　　　　　　　　　　　　添加坐标系　▼

最近使用过的坐标系

坐标参考系	管理机构ID
WGS 84 / UTM zone 51N	EPSG:32651
TWD97 / TM2 zone 121	EPSG:3826

世界坐标系　　　　　　　　　　　　　　　　□ 隐藏废弃的坐标系

坐标参考系	管理机构ID
> *地理坐标系统*	
> *投影坐标系统*	
用户自定义坐标系统	

处中的坐标系：

确定　　取消

图 5.28　定义投影

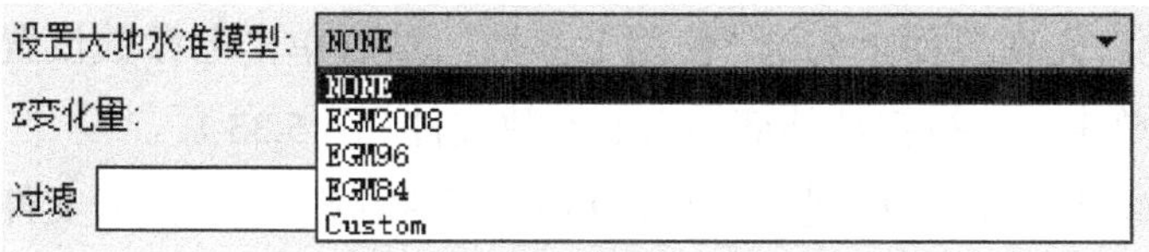

设置大地水准模型：　NONE ▼

| NONE |
| EGM2008 |
| EGM96 |
| EGM84 |
| Custom |

Z变化量：

过滤

图 5.29　设置大地水准模型

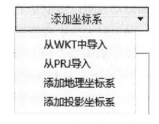

添加坐标系　▼

从WKT中导入
从PRJ导入
添加地理坐标系
添加投影坐标系

图 5.30　添加坐标系界面

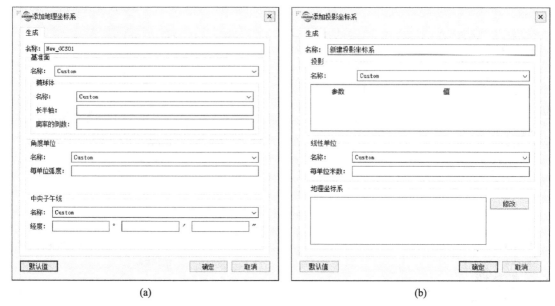

图 5.31　添加地理坐标系（a）和添加投影坐标系（b）

5.5.2　重投影

（1）将待处理点云数据加载到软件中。

（2）单击数据管理→投影和坐标转换→重投影，弹出重投影界面（图 5.32）。

（3）界面中当前文件坐标系以及当前文件大地水准模型显示的是当前文件已经定义的坐标系和大地水准模型。需在该界面上选中对应的数据，才会显示相关投影信息。重投影的前提是点云已经定义了投影。如果点云没有定义，则需要先定义投影。

（4）对大地水准模型和坐标系的选择与定义投影相同（参见第 5.5.1 节）。

（5）如果要使用七参数转换，先在界面上勾选"使用七参数"，然后单击七参数设置按钮，可手动输入七参数的值或者单击 ▦ 按钮从外部导入七参数文件（图 5.33）。

（6）设置完相关参数之后，单击确定按钮，进行重投影转换。重投影之后的点云文件保存在输出路径中。

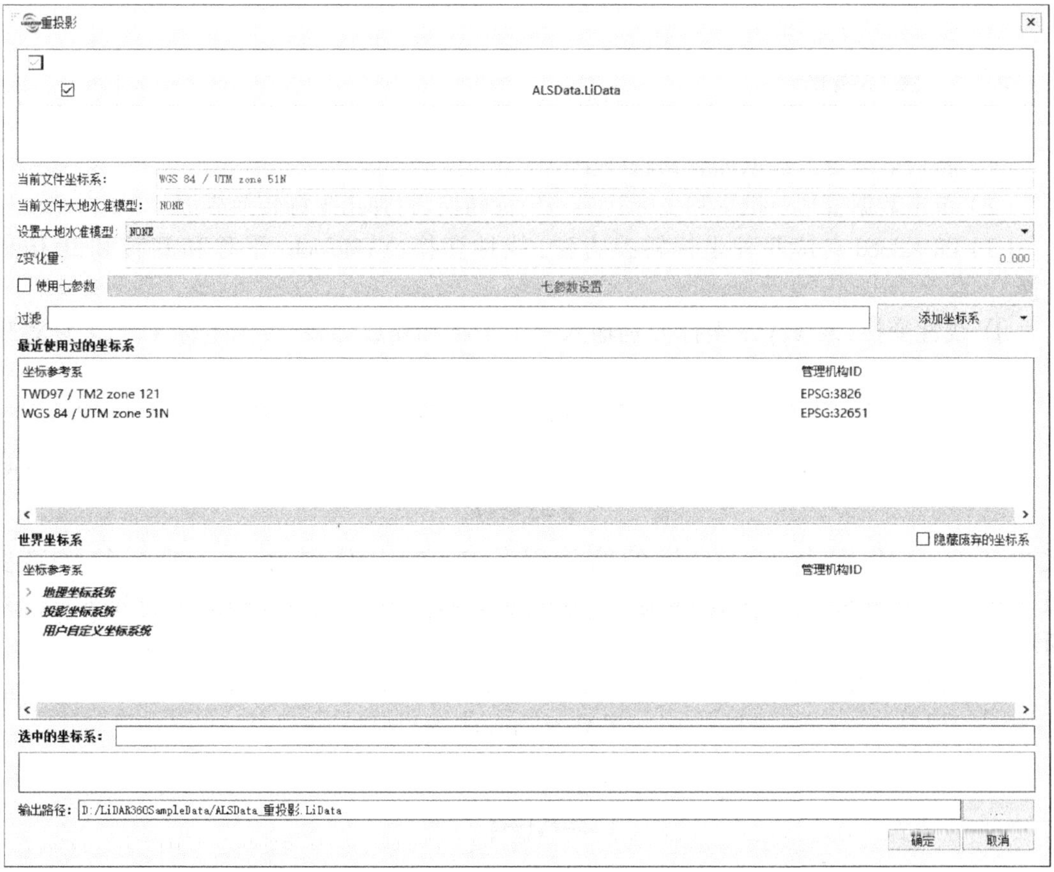

图 5.32 重投影

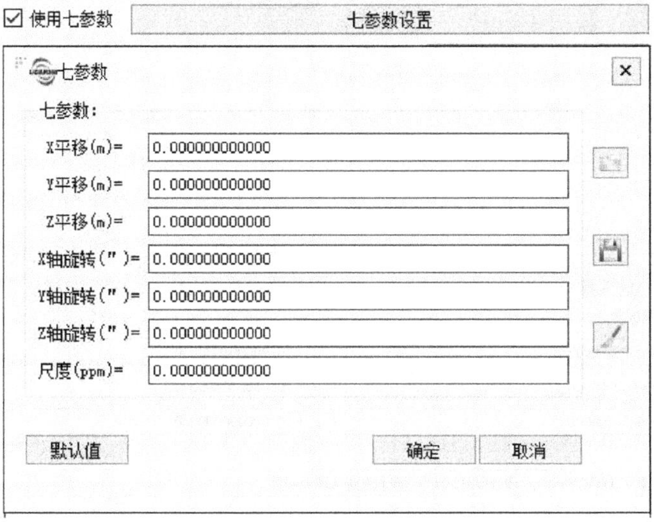

图 5.33 使用七参数

5.5.3　坐标转换

（1）将待处理点云数据加载到软件中。

（2）单击数据管理→投影和坐标转换→坐标转换，将弹出坐标转换界面。

（3）LiDAR360 支持四种坐标转换方法：线性变换、XYMultiply、平移和旋转和 3D 仿射变换。

① 线性变换：对 x、y、z 坐标分别输入一个平移和缩放参数，目标坐标 X、Y、Z 计算公式为

$$\begin{cases} X=S_x*x+P_x \\ Y=S_y*y+P_y \\ Z=S_z*z+P_z \end{cases} \tag{5.4}$$

式中，S_x、S_y、S_z 分别为 x、y、z 坐标的缩放因子，P_x、P_y、P_z 分别为 x、y、z 坐标的平移参数，x、y、z 为原始坐标，X、Y、Z 为线性变换后得到的坐标。线性变换参数设置如图 5.34 所示。

② XYMultiply：目标坐标 X、Y、Z 计算公式为

$$\begin{cases} X=P_x+a*x+b*y \\ Y=P_y+c*x+d*y \\ Z=P_z+e*z \end{cases} \tag{5.5}$$

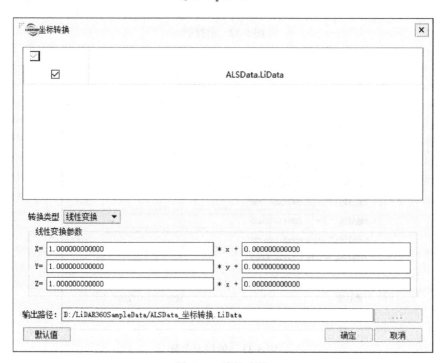

图 5.34　线性变换

式中，P_x、P_y、P_z、a、b、c、d、e 为变换参数，x、y、z 为原始坐标，X、Y、Z 为变换后的坐标。XYMultiply 参数设置如图 5.35 所示。

图 5.35　XYMultiply

③ 平移和旋转：目标坐标 X、Y、Z 计算公式为

$$\begin{bmatrix} X \\ Y \\ Z \end{bmatrix} = (1+\lambda)\begin{bmatrix} R_{11} & R_{12} & R_{13} & D_x \\ R_{21} & R_{22} & R_{23} & D_y \\ R_{31} & R_{32} & R_{33} & D_z \\ 0 & 0 & 0 & 1 \end{bmatrix}\begin{bmatrix} x \\ y \\ z \end{bmatrix} \tag{5.6}$$

式中，x、y、z 为原始坐标，X、Y、Z 为变换后的坐标，R_{11}、R_{12}、R_{13}、R_{21}、R_{22}、R_{23}、R_{31}、R_{32}、R_{33} 的计算公式为式（5.7）~ 式（5.15）：

$$R_{11}=\cos(R_y)*\cos(R_z) \tag{5.7}$$

$$R_{21}=\cos(R_y)*\sin(R_z) \tag{5.8}$$

$$R_{31}=-\sin(R_y) \tag{5.9}$$

$$R_{12}=\sin(R_x)*\sin(R_y)*\cos(R_z)-\cos(R_x)*\sin(R_z) \tag{5.10}$$

$$R_{22}=\sin(R_x)*\sin(R_y)*\sin(R_z)+\cos(R_x)*\cos(R_z) \tag{5.11}$$

$$R_{32}=\sin(R_x)*\cos(R_y) \tag{5.12}$$

$$R_{13}=\cos(R_x)*\sin(R_y)*\cos(R_z)+\sin(R_x)*\sin(R_z) \tag{5.13}$$

$$R_{23}=\cos(R_x)*\sin(R_y)*\sin(R_z)-\sin(R_x)*\cos(R_z) \tag{5.14}$$

$$R_{33}=\cos(R_x)*\cos(R_y) \tag{5.15}$$

式中，D_x、D_y、D_z 为 X、Y、Z 方向的平移量，R_x、R_y、R_z 为绕 X、Y、Z 轴旋转的角度，以度表示。平移和旋转参数设置如图 5.36 所示。

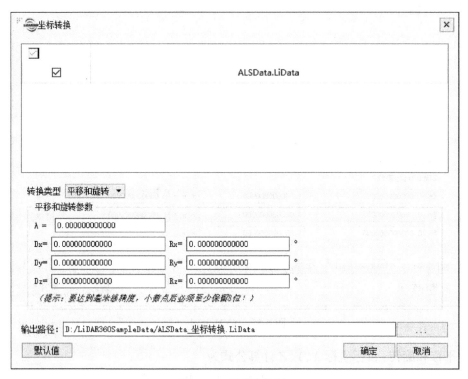

图 5.36　平移和旋转

④ 3D 仿射变换：目标坐标 X、Y、Z 计算公式为

$$\begin{cases} X=D_x+(1+M_x)*x+R_z*y-R_y*z \\ Y=D_y+(1+M_x)*y-R_z*x+R_x*z \\ Z=D_z+(1+M_z)*z+R_y*x-R_x*y \end{cases} \tag{5.16}$$

式中，D_x、D_y、D_z 分别为 X、Y、Z 轴方向的平移量，M_x、M_y、M_z 分别为 X、Y、Z 轴的尺度因子，R_x、R_y、R_z 分别为绕 X、Y、Z 轴旋转的角度（以度表示），x、y、z 为原始坐标，X、Y、Z 为变换后的坐标。3D 仿射变换参数设置如图 5.37 所示。

图 5.37　3D 仿射变换

5.5.4　转换参数解算

本节主要介绍四参数解算和七参数解算。四参数解算功能根据输入的两个及以上控制点对,计算坐标系之间转换的四参数,包括两个平移参数 d_x、d_y,一个旋转参数 T 和一个缩放比例 K。七参数解算功能根据输入的三个及以上控制点对,利用布尔沙模型计算坐标系之间转换的七参数,包括三个平移参数 d_x、d_y、d_z,三个旋转参数 r_x、r_y、r_z 和一个缩放因子 m。

1）四参数解算

（1）单击数据管理→投影和坐标转换→四参数解算,弹出四参数解算界面（图 5.38）。

（2）单击 ┈┈┈ 按钮分别输入控制点源坐标和目标坐标文件,文件格式为 *.txt,每行为一个点,X、Y 坐标以逗号分隔。源坐标点和目标坐标点将分别显示在列表中。

（3）单击确定按钮,计算结果将输出到指定路径。

2）七参数解算

（1）单击数据管理→投影和坐标转换→七参数解算,弹出七参数解算界面（图 5.39）。

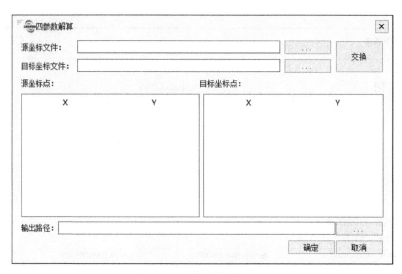

图 5.38　四参数解算界面

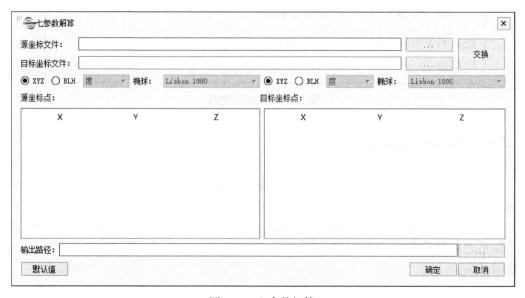

图 5.39　七参数解算

（2）单击 [....] 按钮分别输入控制点源坐标和目标坐标文件,至少包含三对控制点,支持的控制点格式包括空间直角坐标 (X, Y, Z) 以及地理坐标 (B, L, H)（度或度:分:秒）,坐标之间以逗号隔开。源坐标点和目标坐标点将分别显示在列表中。

（3）单击确定按钮,计算结果将输出到指定路径。

5.5.5　高程调整

原始激光数据的高程值一般使用椭球高表示。通常,这些值需要转换为局部高程系统或当地高程系统的值。对于较大的区域,高程值的调整不能定义为一个数学公式。因此,需要对高程调整模型进行定义,方法是利用已知控制点数据构建三角网模型,使用高程系统之间的高程异常值进行局部点插值修正。

（1）将待处理的点云数据加载到软件中。

（2）单击数据管理→投影和坐标转换→高程调整,弹出高程调整界面（图5.40）。

图5.40　高程调整

（3）在输入文件处选择高程调整模型文件,该文件由控制点报告功能（参见第5.4节）生成。

（4）单击确定按钮,计算结果将输出到指定路径。

5.5.6　迭代最近点配准

假设给两个三维点集 X_1 和 X_2,迭代最近点（iterative closest point,ICP）配准步骤如下:① 计算 X_2 中的每一个点在 X_1 点集中的对应点。② 计算使上述对应点对平均距离最小的刚体变换,求出平移和旋转参数。③ 对 X_2 使用上一步求得的平移和旋转参数,得到新的变换点集。④ 如果新的变换点集与参考点集的平均距离小于给定阈值,则停止迭代计算;否则,新的变换点集作为新的 X_2 继续迭代,直到达到目标函数的要求。

在 LiDAR360 中,利用 ICP 进行点云配准的步骤如下。

（1）将基准点云和待配准点云数据加载到软件中。

（2）单击数据管理→投影和坐标转换→ ICP 配准,弹出 ICP 配准界面（图5.41）。

（3）从下拉框选取基准点云。

（4）从下拉框选取待配准点云,可选择一个或多个待配准点云。若待配准点云未加载到软件中,可单击 从外部导入。

（5）ICP 配准其他参数包括:

源类别:用于配准的点云类别,默认为所有类别。

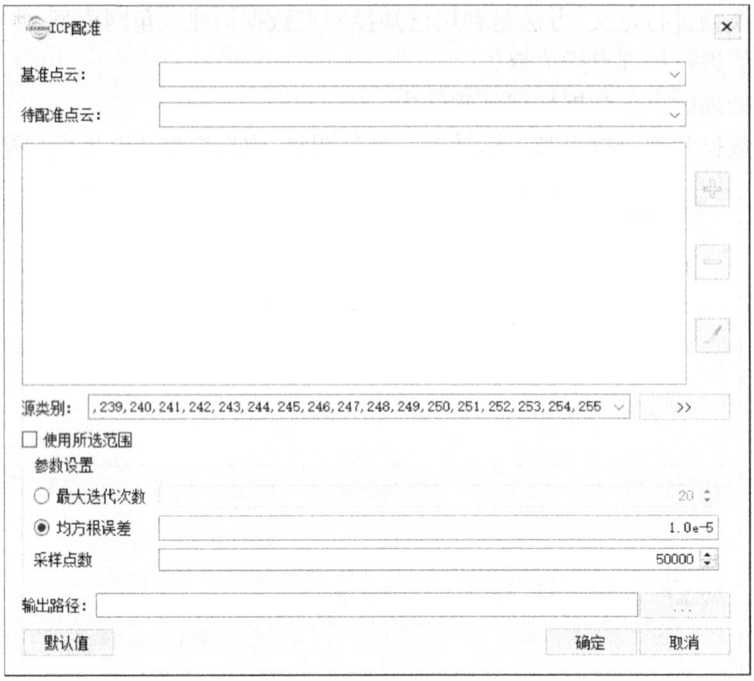

图 5.41　ICP 配准界面

使用所选范围：勾选此选项时利用所选的重叠区域进行配准；反之，则利用全局点云进行配准。可利用工具栏上的选择工具（参见第 3.4 节）选择点云重叠区域，建议勾选该选项。

迭代次数：两个点云配准时进行迭代配准的次数。

均方根误差：当前配准后的点云之间中误差差值。

采样点数：对点数超过该阈值的点云进行随机采样，使采样后用于配准的点云数量与该阈值相同。

（6）单击确定按钮，配准结果将输出到指定路径。

5.5.7　手动配准

LiDAR360 手动配准功能包括手动旋转和平移以及根据同名点手动配准。

1）手动旋转和平移

用于单个点云数据的旋转和平移。在窗口中对点云进行旋转和平移，得到相应的变换矩阵，应用此变换矩阵得到变换后的数据。在 LiDAR360 软件中进行手动旋转和平移的操作步骤如下。

（1）将待处理数据和参考数据（如果有）加载到同一个窗口中。

（2）单击数据管理→投影和坐标转换→手动旋转和平移，弹出图 5.42 所示的对话框。

图 5.42　手动旋转和平移对话框

（3）选择配准窗口和配准文件，如果有参考点云，则选择参考文件。

（4）单击确定按钮，软件中弹出图 5.43 所示的手动旋转和平移窗口。

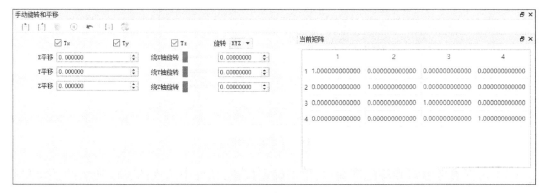

图 5.43　手动旋转和平移窗口

（5）手动旋转和平移窗口中，从左到右依次为：打开矩阵、保存矩阵、匹配数据中心、暂停旋转和平移变换、恢复到初始状态、显示变换矩阵、数据变换。

打开矩阵 [ ]：从外部导入已有的矩阵文件。

保存矩阵 [ ]：保存当前矩阵信息为 *.txt 文件。

匹配数据中心 ：在有参考点云的前提下，此功能可用。此功能计算参考点云的中心和待处理点云的中心，并将待处理的点云数据平移到参考数据的位置上。

暂停旋转和平移变换 ：暂停待处理数据的旋转和平移操作。在此状态下，可以从各个角度上查看在当前变换下与参考数据之间的差异。

恢复到初始状态 ：恢复待处理数据到初始状态，修改旋转变换矩阵为单位阵。

显示变换矩阵 [ ]：显示当前数据的平移旋转矩阵信息。

应用变换矩阵 ：应用变换矩阵后，会保存对点云进行旋转变换后的结果到原文件。

Tx：勾选此项后，可在 x 轴上做平移操作。x 方向平移方量将会在 delt X 上显示。

Ty：勾选此项后，可在 y 轴上做平移操作。y 方向平移方量将会在 delt Y 上显示。

Tz：勾选此项后，可在 z 轴上做平移操作。z 方向平移方量将会在 delt Z 上显示。

旋转：包括 X、Y、Z、XYZ 四个选项，若选择 X，则只能在 x 轴上进行旋转操作；若选择 Y，

则只能在 y 轴上进行旋转操作；若选择 Z，则只能在 z 轴上进行旋转操作；若选择 XYZ，则在 x 轴、y 轴、z 轴上都能进行旋转操作。

2）手动配准

可用于点云与点云、点云与影像、影像与影像之间的数据校正。将参考数据和待配准数据放在两个窗口中，在两个窗口中点选或拟合球（针对点云数据）得到至少三对同名点，通过同名点对计算两个数据之间的坐标变换矩阵，进行数据的坐标校正。在 LiDAR360 软件中进行手动配准的操作步骤如下。

（1）新建两个窗口，将参考数据和待配准数据分别加载到两个窗口中。

（2）单击数据管理→投影和坐标转换→手动配准，弹出图 5.44 所示的对话框。

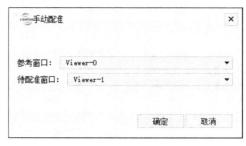

图 5.44 手动配准窗口

（3）选择参考窗口和待配准窗口，单击确定按钮，软件中出现图 5.45 所示的手动配准窗口。

（4）手动配准窗口中，从左到右依次为：保存数据、打开数据、增加点对行数、删除同名点对、点大小、预测、选择同名点、点选标靶球、R、RMS、调整缩放、预览、数据变换、导出变换矩阵、导入变换矩阵。

图 5.45 手动配准窗口

保存数据 ⬚：保存所选同名点列表为 *.txt 文件。

打开数据 ⬚：从外部导入已有的同名点列表文件。

增加点对行数 ⬚：在选择好一对同名点后，增加下一对同名点需要先单击该按钮在表格窗口中增加一行。

删除同名点对 ▭：想要删除某一行同名点对，需要先选中该行，单击该按钮。

点大小：在窗口中所选择的点的大小。

预测：勾选该复选框并且同名点对超过三对，并在待配准窗口点选同名点后，则在参考窗口可预测对应点。

选择同名点 ┽：在参考窗口和待配准窗口中点选对应同名点。

点选标靶球 ▦：若点云中使用标靶球进行匹配连接，则可以使用该工具进行点选自动拟合标靶球，同名点坐标为球心坐标。

R：拟合标靶球的半径。拟合标靶球时，需要设置点云中标靶球半径大小。

RMS：拟合标靶球的均方根误差阈值，当点云质量较差时，可将该参数设置得较大以免识别标靶球失败。

数据变换 ▨：根据选择的同名点进行数据校正。校正影像数据时，可选择影像校正的方式，包括多边形校正和多项式校正。多项式校正包含一次多项式、二次多项式和三次多项式，当用户选择的同名点对数大于等于 3 且小于 6 时，采用一次多项式。当同名点对数大于等于 6 且小于 10 时，采用二次多项式。当同名点对数大于等于 10 时，采用三次多项式。

预览 ◎：单击此功能，会新建一个预览窗口，参考点云和应用当前矩阵信息表中的矩阵变换的配准点云会显示到此窗口中。因此如果想要查看基准点云和待配准点云的配准情况，单击此功能进行查看。目前预览只支持点云数据的预览。

导出变换矩阵 ▤：当两个窗口内所选点对超过三对时，会产生对应的变换矩阵，矩阵信息会展示在矩阵信息表中。单击此按钮可保存当前对应点对状态下的旋转矩阵。

导入变换矩阵 ▤：可导入 *.txt 格式的变换矩阵，变换矩阵的格式需为 4×4 矩阵。单击应用，可将导入的矩阵展示在矩阵信息表中。

（5）（可选）用户可单击打开数据从外部加载已知的同名点对，若如此，则可以跳过步骤（4）～（6）。

（6）单击选择同名点或点选标靶球，在参考窗口和待配准窗口各选一个点作为同名点。

（7）选择好一对同名点后，单击增加点对行数按钮，增加一个空行。

（8）重复步骤（4）（5），选择至少三对同名点对。

（9）（可选）预测当列表中同名点对超过三对后，可勾选该工具在参考窗口中预测同名点对坐标。

（10）（可选）若不需要某一行同名点对参与坐标变换，可在列表中将该行取消勾选或删除该同名点对。

（11）（可选）如果需要修改同名点对坐标，可在列表中选中该同名点对，在参考窗口或待配准窗口中重新选择该点或者双击想要修改的坐标值直接进行修改。

（12）（可选）想要查看某一同名点对时，可双击列表中某行同名点对，该同名点对会跳转在窗口中居中显示。

（13）（可选）单击保存数据保存选择好的同名点对。

（14）同名点对满足残差要求且不少于三对后，单击数据变换将待配准窗口内的数据进行坐标变换，变换后生成新的数据。

第 6 章

点 云 分 类

点云分类功能可用于对未分类的点云进行分类,或者对已经分类过的点云进行重新分类。

本章主要介绍以下内容:
- 地面点分类
- 噪点分类
- 建筑物分类
- 按属性分类
- 低于地表分类
- 高于地面点分类
- 按高差分类
- 邻近点分类
- 模型关键点分类
- 机器学习分类
- 交互式编辑分类

6.1　地面点分类

地面点分类是点云数据处理的基础操作,LiDAR360 提供的地面点自动分类方法包括改进的渐进加密三角网滤波、坡度滤波、二次曲面滤波和提取中位地面点。

6.1.1　改进的渐进加密三角网滤波

LiDAR360 采用的地面点分类算法是 Zhao 等(2016)提出的改进的渐进加密三角网滤波算法(improved progressive TIN densification,IPTD)。

1）算法原理和流程

此算法首先通过种子点生成一个稀疏的三角网,然后通过迭代处理逐层加密,直至将所有地面点分类完毕,具体步骤如下:

（1）在含有建筑物的点云数据中,量取最大建筑物尺寸作为格网大小对点云数据进行格网化,对于不含建筑物的点云数据,以默认值作为格网大小。取格网内的最低点作为起始种子点。

（2）利用起始种子点构建初始三角网。

（3）遍历所有待分类的点,查询各点水平面投影所落入的三角形,计算点到三角形的距离 d 及点到三角形三个顶点与三角形所在平面所成角度的最大值（图 6.1）,将其分别与迭代距离与迭代角度进行比较,如果小于对应阈值,则将此点判定为地面点,并加入三角网中。重复此过程,直至所有地面点分类完毕。

算法流程如图 6.2 所示。

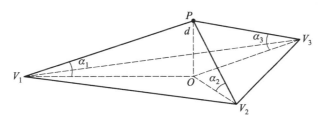

图 6.1　迭代加密过程示意图

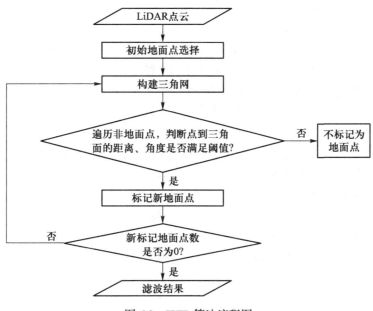

图 6.2　IPTD 算法流程图

2）地面点分类

在 LiDAR360 软件中进行地面点分类的具体步骤如下：

（1）单击分类→地面点分类，弹出界面如图 6.3 所示。

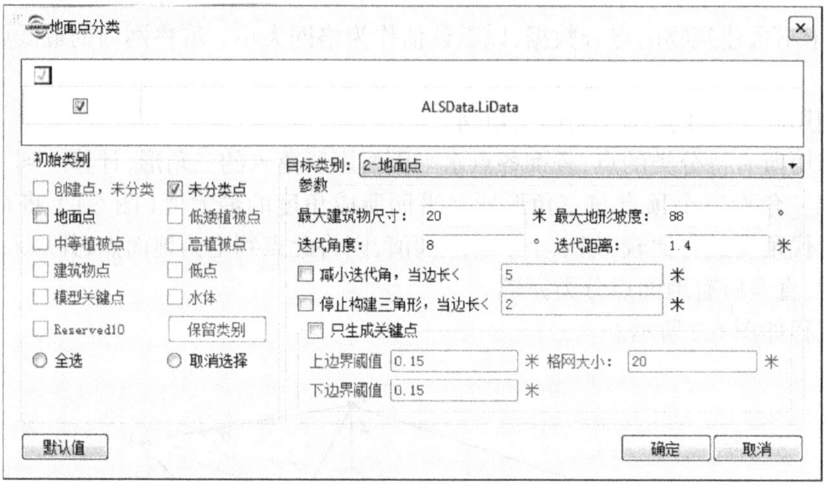

图 6.3　地面点分类工具对话框

（2）参数设置如下：

输入数据：输入文件可以是单个点云数据文件，也可以是多数据文件；待处理数据必须在 LiDAR360 软件中打开。文件格式：*.LiData。

初始类别：待分类类别，未勾选的类别不参与分类。

目标类别：分类目标类别。

最大建筑物尺寸（单位为米）：扫描点云中存在的建筑物边缘最大长度。当点云数据中有建筑物时，可以利用菜单栏的长度量测工具（参见第 3.3.3 节）测量最大建筑物尺寸，该参数的值应大于测量得到的最大建筑物尺寸。对于不含建筑物的点云数据，此参数可采用默认值 20 m。对于没有建筑物的地势起伏大的山区，可适当调小此值以适应坡度较陡的地面。

最大地形坡度（单位为度）：点云中显示的地形最大坡度，该参数可以确定已被识别的地面点的相邻点是属于地形还是其他地物。一般情况下，此参数选择默认值即可。

迭代角度（单位为度）：待分类点与已知地面点间允许的角度范围，对地形起伏较大的区域可适当设置大一些，与迭代距离对应调节。一般设置为 10°～30°。

迭代距离（单位为米）：待分类点与三角网对应的三角形之间的距离阈值。地形起伏较大时可适当调大，与迭代角度对应调节，一般设置为 1~2 m。

减小迭代角，当边长 <（　　）米（可选）：待分类点对应三角形边长小于此阈值时减小迭代角。勾选该参数，表示当待分类点对应于三角网中三角形边长小于该阈值时，相应减小迭代角。当需要得到较稀疏地面点时，可相应增大此阈值；反之，则减小此

阈值。

停止构建三角形,当边长<( )米(可选):待分类点对应三角形边长小于该阈值时,则停止加密三角网,该值可防止局部生成地面点过密。增大此值时,地面点会相应稀疏;反之,则加密。

只生成关键点(可选):在地面点滤波的基础上进一步提取模型关键点作为地面点类别,该功能可保留地形上的关键点而相对抽稀平缓地面区域的点。该功能具体使用方法见模型关键点分类。

注意:因实际地形复杂多变,针对不同地形点云数据应调节相应参数来进行地面点分类,才能达到相对理想效果。此外还可以通过选择区域地面点分类进行局部区域重新分类,也可采用交互式编辑分类工具进行局部地面点精细分类。

6.1.2 坡度滤波

坡度滤波算法基于点云坡度变化提取地面点。此方法适合地形变化平缓区域,滤波效率高。其弊端在于对坡度变化敏感,对坡度陡峭地区不甚可靠,容易削平地形上的凸起部分。

(1)单击分类→选择区域地面点分类→坡度滤波功能按钮 ,弹出界面如图6.4所示。

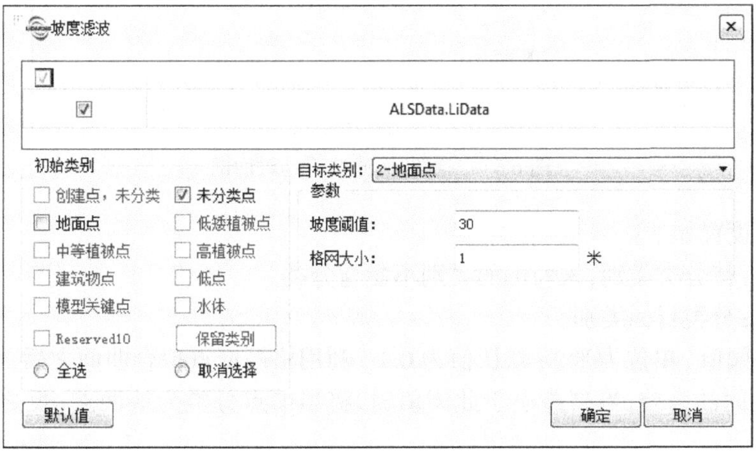

图6.4 坡度滤波工具对话框

(2)参数设置如下:

初始类别:待分类类别,未勾选的类别不参与分类。

目标类别:分类目标类别。

坡度阈值(单位为度):默认值为30。当前点与邻域8格网低点的最大坡度阈值,大于阈值则分为非地面点;反之,分为地面点。

格网大小(单位为米):默认值为1。即点云格网化时格网边长的大小,滤波窗口为3×3格网。

6.1.3　二次曲面滤波

二次曲面滤波算法通过拟合二次曲面对地面点进行分类,具体思想为:首先对点云进行格网化,选取一定大小窗口内的格网最低点构建二次曲面,计算窗口内的点云到拟合曲面的距离并与设定的距离阈值进行比较,若小于此阈值,则分为地面点;反之,分为非地面点。此方法适合有一定地形起伏但不甚陡峭的区域。

（1）单击分类→选择区域地面点分类→二次曲面滤波功能按钮 ，弹出界面如图 6.5 所示。

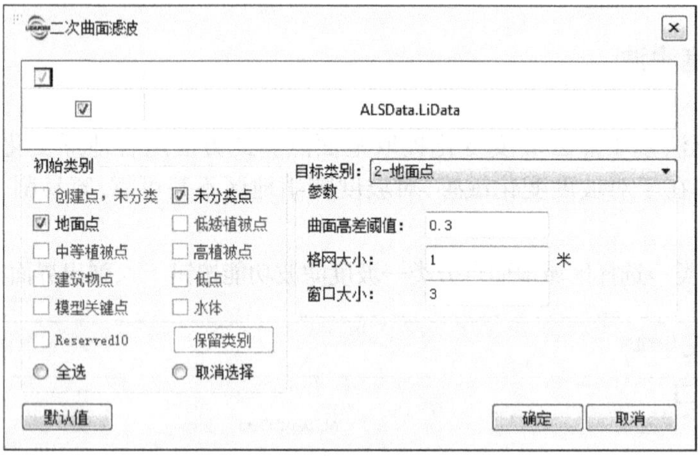

图 6.5　二次曲面滤波工具对话框

（2）参数设置如下:

初始类别:待分类类别,未勾选的类别不参与分类。

目标类别:分类目标类别。

曲面高差阈值（单位为米）:默认值为 0.3。利用格网低点拟合曲面之后,计算当前待分类点与曲面之间的高差,当高差小于此阈值时,将当前点分类为地面点;反之,分类为非地面点。

格网大小（单位为米）:默认值为 1。对点云进行格网化的格网边长大小,格网尺寸设置得越小,拟合的地面越细腻,所表现的细节越多,同时也会相对影响滤波效率。

窗口大小:默认值为 3。采用移动窗口进行拟合曲面,窗口设置得越大,每次拟合曲面的区域也越大;反之,则越小。窗口大小与网格大小应配合调整。

6.1.4　提取中位地面点

一般情况下,小飞机和无人机（unmanned aerial vehicle, UAV）所扫描的点云数据密度较大、地面点较厚,如果采用传统大飞机提取地面点的方法,则所提取的地面点较厚且利用地面点所建立的三角网模型凹凸不平。采用提取中位地面点功能可以获取较厚地面点中间一层较薄且更平滑的地面点。本方法属于提取出初步地面点之后的优化步骤,因此首先需要点云数据已经初步进行过地面点分类。中位数地面点分类前后对比图如图 6.6 所示。

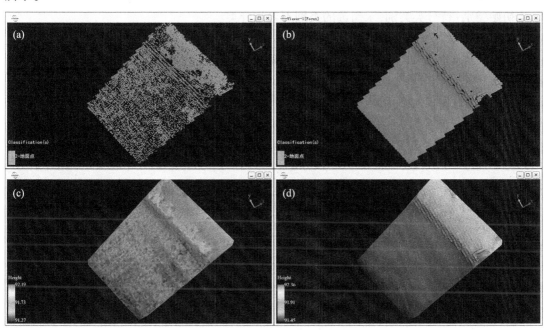

图 6.6　中位数地面点分类前后对比图:(a)和(c)分别为中位数地面点分类前的地面点和三角网模型;
(b)和(d)分别为中位数地面点分类后的地面点和三角网模型

（1）单击分类→提取中位地面点,弹出界面如图 6.7 所示。

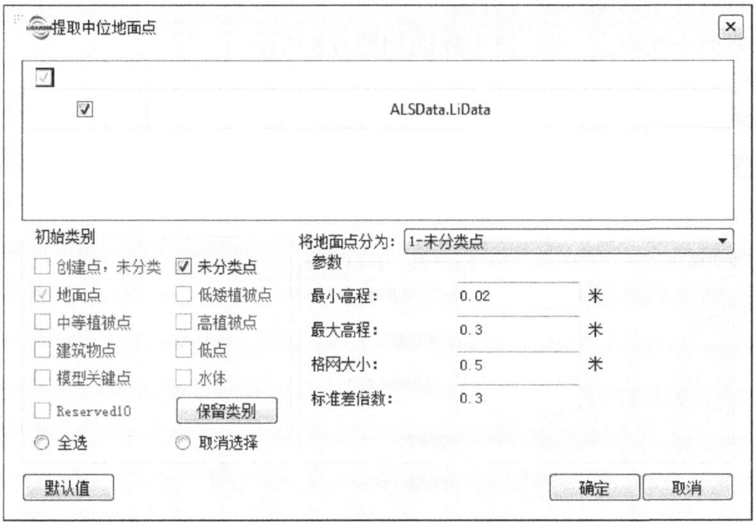

图 6.7　提取中位地面点工具对话框

（2）参数设置如下：

输入数据：输入文件可以是单个点云数据文件，也可以是多数据文件；待处理数据必须在LiDAR360软件中打开。文件格式：*.LiData。应确保每一个输入的点云数据都已经进行过地面点分类。

初始类别：待分类类别，未勾选的类别不参与分类。

将地面点分为：将不符合中位数规则的地面点分成的目标类别。

最小高程（单位为米）：从地面最低点起的一定高差作为起始高程，0.02代表从最低点高程起的0.02 m作为最小高程。

最大高程（单位为米）：从地面最低点起的一定高差作为终止高程，0.3代表从最低点高程起的0.3 m作为最大高程。

格网大小（单位为米）：提取地面点时以格网为单位，当格网内的点数少于一定值，该格网将不进行地面点提取，因此此方法只适用于较厚且点云密度较大的地面点提取。

标准差倍数：通过设置标准差倍数来控制所提取点云地面点的数量及厚度。默认值为0.3，即提取地面点的22%作为地面点（同理，0.5对应40%，0.7对应50%，0.9对应62%，1.5对应86%）。

注意：此分类算法只适用于小飞机和无人机所扫描的地面点较厚数据，而且待分类数据需进行过地面点分类，此功能属于优化步骤。

6.2　噪　点　分　类

该工具可对点云中的噪点进行分类。

（1）单击分类→噪声点分类，弹出界面如图6.8所示。

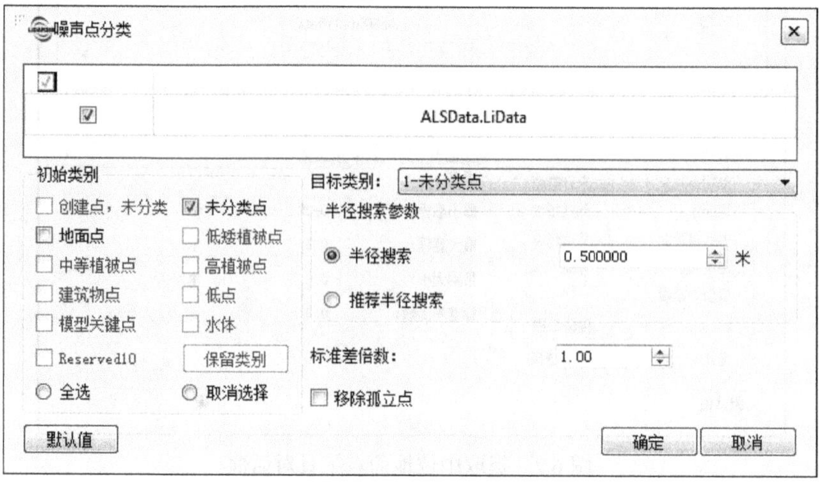

图6.8　噪点分类工具对话框

（2）参数设置如下：

输入数据：输入文件可以是单个点云数据文件，也可以是多数据文件；待处理数据必须在 LiDAR360 软件中打开。文件格式：*.LiData。

半径搜索（单位为米）：拟合平面使用的半径，已知点云的大致密度时可使用该方法。

推荐半径搜索：软件自动计算合适的搜索半径。

标准差倍数：使用相对误差（sigma）作为去噪准则，程序自动计算每一点 P 的邻域点拟合平面的标准差（stddev）。当点到该平面的距离 d 小于 sigma*stddev 时，P 点予以保留。该值的减小将导致更多的点被剔除；反之，将保留更多的点。

移除孤立点：当搜索半径内的点数小于 4 个（不足以拟合平面）时，该点被判定为孤立点。用户可选择是否移除此类孤立点。

6.3　建筑物分类

该工具用于对点云数据中的建筑物进行分类。注意：使用该功能要求点云已经进行过地面点分类。

（1）单击分类→建筑物分类，弹出界面如图 6.9 所示。

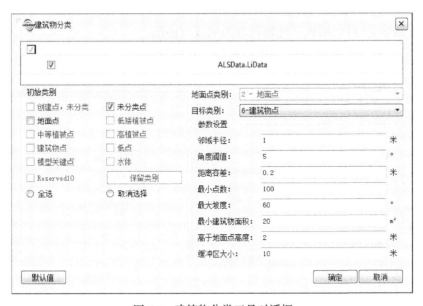

图 6.9　建筑物分类工具对话框

（2）参数设置如下：

输入数据：输入文件可以是单个点云数据文件，也可以是多数据文件；待处理数据必须在 LiDAR360 软件中打开。文件格式：*.LiData。应确保每一个输入的点云数据都已经进行过地面点分类。

初始类别：待分类类别，未勾选的类别不参与分类。

地面点类别：地面点。

目标类别：分类目标类别。

邻域半径（单位为米）：计算点云法向量使用的邻域半径，通常设置为点间距的 4~6 倍。

角度阈值（单位为度）：平面聚类时两点之间的角度阈值，小于该值则认为是同一簇点云。

距离容差（单位为米）：平面聚类时点到平面的距离阈值，小于该值则认为是同一簇点云，一般设置为略大于点间距的值。

最小点数：建筑物面片的最小点数。

最大坡度（单位为度）：大于该值则认为不是建筑物顶面，而是墙面或者其他类别。

最小建筑物面积（单位为米）：若面积小于该值则不认为是建筑物，不进行分类。

高于地面点高度（单位为米）：高于该值的点才参与分类。

缓冲区大小：大数据处理分块接边大小。

6.4　按属性分类

通过该功能可以将点云中的某类别按照属性特征分类成另外一个类别。目前，可利用分类的属性包括绝对高程、回波强度、GPS 时间、扫描角度和回波数。对于分类效果不理想数据，如需重新分类，可利用该功能将所有类别进行还原。

（1）单击分类→按属性分类，弹出界面如图 6.10 所示。

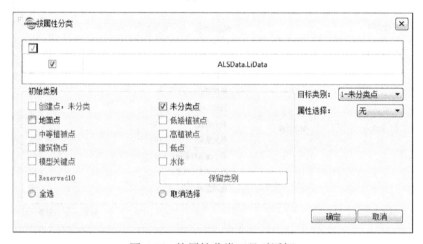

图 6.10　按属性分类工具对话框

（2）参数设置如下：

输入数据：输入文件可以是单个点云数据文件，也可以是多数据文件；待处理数据必须在 LiDAR360 软件中打开。文件格式：*.LiData。

初始类别：待分类类别，未勾选的类别不参与分类。

目标类别：分类目标类别。

属性选择：根据所选择属性进行分类。如果一个点的相应属性值落入所选属性指定范围内，它将被分到"目标类别"中。当选择"无"时，则将"初始类别"选项中的所有点更改到"目标类别"中。

6.5　低于地表分类

该功能将起始类别中低于周围邻近区域高程的点进行分类。例如，在起始类别为地面点时，利用此方法可以将低于地表一定高差的点分类成低于地表点。算法流程如下：在起始类别中寻找当前点一定数量的邻近点，用邻近点拟合平面并计算当前点到平面的高差绝对值，如果此值小于设定的容差，则不分类，如果大于容差，则计算当前点高程与邻近点高程平均值之间的差值是否大于标准差的倍数限制阈值，若大于，则分类为目标类别；反之，则不分类。

（1）单击分类→低于地表分类，弹出界面如图 6.11 所示。

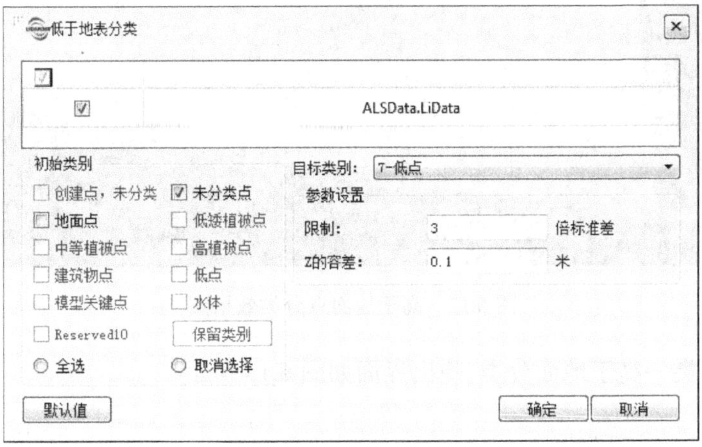

图 6.11　低于地表分类工具对话框

（2）参数设置如下：

输入数据：输入文件可以是单个点云数据文件，也可以是多数据文件；待处理数据必须在 LiDAR360 软件中打开。文件格式：*.LiData。

初始类别：待分类类别，未勾选的类别不参与分类。

目标类别：分类目标类别。

标准差限制：当前待分类点的邻域点拟合平面的均方误差倍数。根据算法原理，当此值调大时，分类为目标类别的点数变少。当此值调小时，分类为目标类别的点数变多。

Z 的容差（单位为米）：高差阈值，点到拟合平面距离小于该值则不被分类。当此值变大时，分类目标类别的点数变少。当此值变小时，分类为目标类别的点数变多。

6.6   高于地面点分类

对地形表面一定高度的点进行分类。该功能可快速对不同高度的植被进行分类。例如,这种分类可以进行三次,以分出低植被(0~1 m)、中植被(1~10 m)和高植被(10~100 m),分类效果如图 6.12 所示。注意:该功能需要点云包含地面点类别。

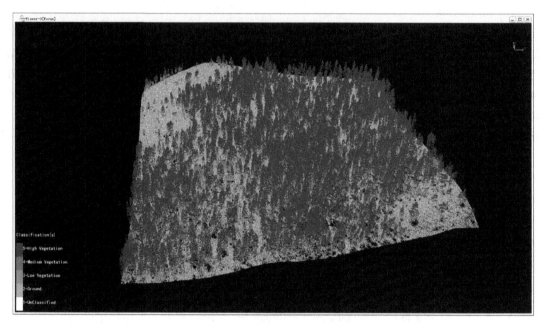

图 6.12   高于地面点分类效果图

(1)单击分类→高于地面分类,弹出界面如图 6.13 所示。

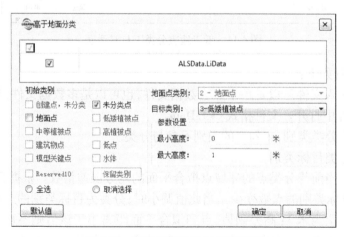

图 6.13   高于地面分类工具对话框

（2）参数设置如下：

输入数据：输入文件可以是单个点云数据文件，也可以是多数据文件；待处理数据必须在 LiDAR360 软件中打开。文件格式：*.LiData。应确保每一个输入的点云数据都已经进行过地面点分类。

初始类别：待分类类别，未勾选的类别不参与分类。

地面点类别：地面点。

目标类别：分类目标类别。

最小高度（单位为米）：地面点以上待分类区域最小高差值。

最大高度（单位为米）：地面点以上待分类区域最大高差值。

6.7　按高差分类

该功能计算任意一个点与其周围指定搜索半径内点集中最低点之间的高差，若高差在最小高差和最大高差范围内，则该点被标记为目标类别。

（1）单击分类→按高差分类，弹出界面如图 6.14 所示。

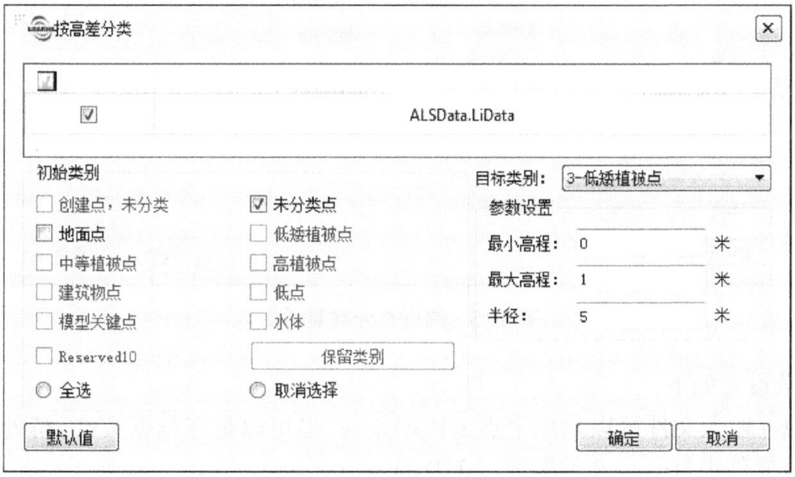

图 6.14　按高差分类工具对话框

（2）参数设置如下：

输入数据：输入文件可以是单个点云数据文件，也可以是点云数据集；待处理数据必须在 LiDAR360 软件中打开。

初始类别：待分类类别。

目标类别：分类目标类别。

最小高差（单位为米）：最小高差值阈值。

最大高差（单位为米）：最大高差值阈值。

半径（单位为米）：当前待分类点待分类区域半径。

默认值：单击此按钮，恢复所有参数默认值。

6.8　邻近点分类

该功能可以对靠近其他类别的点云进行分类。对于源类别中的每一个点，寻找指定 2D 或 3D 邻域中的点云，并判断这些点是否满足一定条件（比如含有某一指定类别），如果条件满足，该点被分至目标类别。

（1）单击分类→邻近点分类，弹出界面如图 6.15 所示。

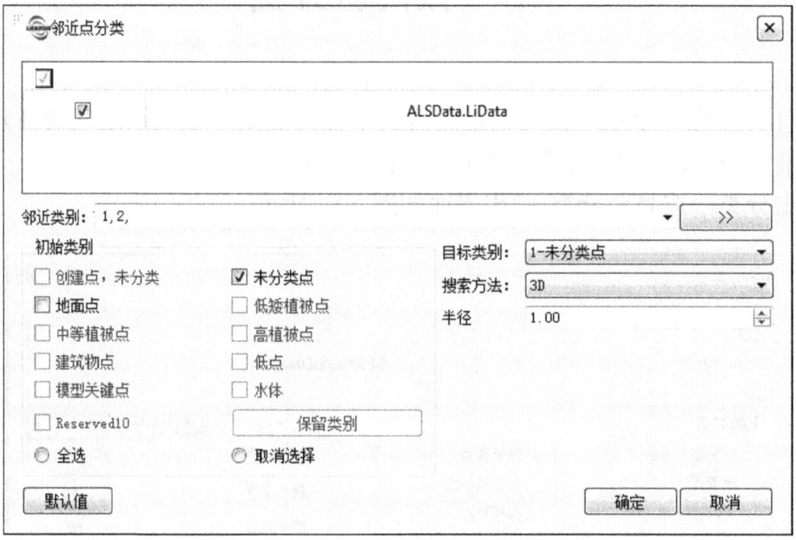

图 6.15　邻近点分类对话框

（2）参数设置如下：

输入数据：输入文件可以是单个点云数据文件，也可以是多数据文件；待处理数据必须在 LiDAR360 软件中打开。文件格式：*.LiData。

邻近类别：对于每个源类别中的点，若搜索范围内出现该指定类别，将被进行分类。

初始类别：待分类类别，未勾选的类别不参与分类。

目标类别：分类目标类别。

搜索方法：邻域搜索方法，支持 2D 或 3D 邻域。

半径：邻域搜索半径。

6.9　模型关键点分类

模型关键点分类是对分类后的点进行一定程度的抽稀,一般用于从地面点类别中抽取点生成一个保留地表模型关键点的稀疏点集,保留地形上的关键点而相对抽稀平缓地面区域的点。该功能的算法思路为:首先对点云进行格网化,然后利用格网内的种子点建立初始的三角网;根据上下边界阈值将符合条件的点加入三角网中,不断进行迭代,直至所有的模型关键点都被分类完成。算法示意图如图 6.16 所示。软件中黄色点为地面点,紫色点为模型关键点。

图 6.16　模型关键点分类算法示意图

（1）单击分类→模型关键点分类,弹出界面如图 6.17 所示。

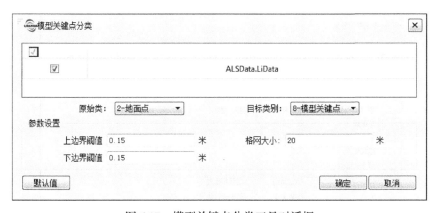

图 6.17　模型关键点分类工具对话框

（2）参数设置如下:

输入数据:输入文件可以是单个点云数据文件,也可以是多数据文件;待处理数据必须在 LiDAR360 软件中打开。文件格式:*.LiData。

原始类:待分类类别。

目标类别:分类目标类别。

上边界阈值（单位为米）:由原始点所组成的三角网模型上边界所允许的最大高程容差

值,超过该阈值则作为关键点。简单来讲,此值设置得越大,提取的模型关键点越稀疏;反之,越密。

下边界阈值(单位为米):由原始点所组成的三角网模型下边界所允许的最大高程容差值,超过该阈值则作为关键点。简单来讲,此值设置得越大,提取的模型关键点越稀疏;反之,越密。

格网大小(单位为米):设置该值以保证提取的模型关键点的密度,例如,想要保证每隔 20 m 边长的格网内至少有一个点,则此值设置为 20。

6.10　基于机器学习的点云分类

该功能采用随机森林对点云数据进行分类,此功能属于监督分类,在同一批次数据中,手工编辑少量数据的类别,训练模型后批量处理大量数据,减少人工量。支持两种流程:① 先选择训练样本进行人工编辑分类,然后生成训练模型,处理待分类数据;② 利用已有的训练模型处理待分类数据。

1）机器学习分类

（1）单击分类→机器学习分类,弹出界面如图 6.18 所示。

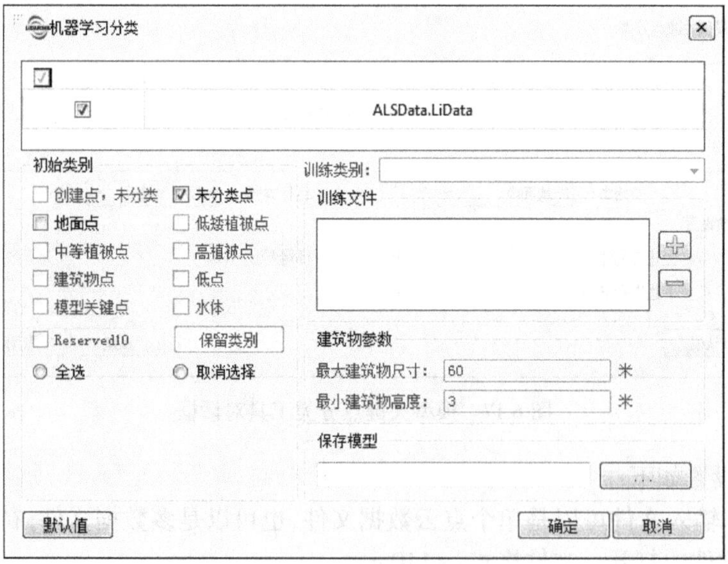

图 6.18　机器学习分类工具对话框

（2）参数设置如下:
待分类数据:输入文件可以是单个点云数据文件,也可以是多数据文件;待处理数据必须在 LiDAR360 软件中打开。文件格式：*.LiData。

初始类别：待分类类别，未勾选的类别不参与分类。

训练类别：训练数据中用户感兴趣的类别，这些类别将被训练，分类的结果中也将包含这些类别，训练类别至少包括两类（其中一类可以为未分类）。

训练文件：单击 ✚ 按钮加载训练数据，单击 ━ 按钮移除选中的数据，可训练多个文件，训练数据中的类别经过人工编辑。

建筑物参数：只有当训练类别中包含建筑物时，这些参数才会使用。最大建筑物尺寸（单位为米）：待处理数据中的最大建筑物尺寸。最小建筑物高度（单位为米）：待处理数据中的最小建筑物高度。

保存模型：训练后的模型文件保存路径，模型文件格式为自定义的 *.vcm 文件。该模型文件可作为按机器学习模型分类的输入数据。

2）按机器学习模型分类

在 LiDAR360 软件中按机器学习模型分类的具体步骤如下：

（1）单击分类→按机器学习模型分类，弹出界面如图 6.19 所示。

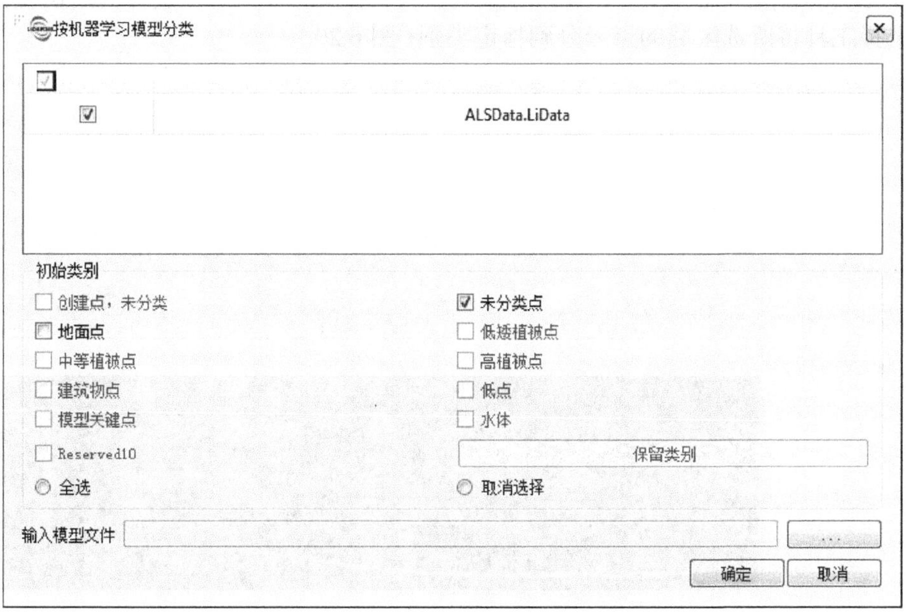

图 6.19　按机器学习模型分类工具对话框

（2）参数设置如下：

待分类数据：输入文件可以是单个点云数据文件，也可以是多数据文件；待处理数据必须在 LiDAR360 软件中打开。文件格式：*.LiData。

初始类别：待分类类别，未勾选的类别不参与分类。

输入模型文件：导入机器学习分类生成的模型文件（*.vcm 格式）。

6.11　交互式编辑分类

因自动分类算法的准确度很难达到百分之百,很多时候需要人机交互分类才能满足生产要求。人工检查及重新分类在剖面窗口下进行,可生成不规则三角网模型,通过三角网的实时变化辅助分类。

（1）对点云进行交互式编辑分类时,最好保证点云以类别显示（单击颜色条工具中的按类别显示按钮 c ）。

（2）单击 按钮打开剖面窗口,主窗口点云将变为 2D 显示模式。

（3）在主窗口绘制剖面区域,下方的剖面窗口将显示所选取区域的点云。对于所选择的区域可以通过单击 按钮前移、单击 按钮后移,单击 按钮扩展或单击 按钮进行旋转。

（4）对于分类不准确的点,可以采用剖面工具条中的折线上选择 、折线下选择 、多边形选择 、矩形选择 、圆形选择 、套索选择 、平面探测 或圆形画刷进行重新分类。首先双击 类别设置1 、 类别设置2 或 类别设置3 进行类别设置,然后通过上述选择工具将所选区域的点云分到指定类别（图 6.20 ）。

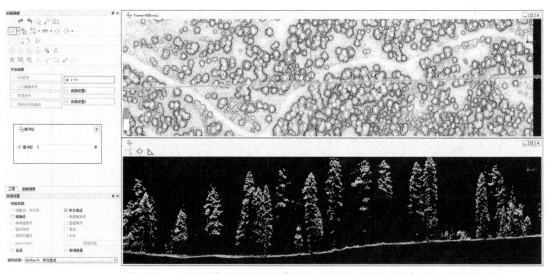

图 6.20　剖面编辑分类示意图

（5）可通过生成 TIN 更直观地观察点云类别。单击生成 TIN 按钮 ,选择指定类别生成 TIN,通过点云窗口与 TIN 窗口的联动辅助交互分类。可以通过左移、右移、上移、下移及选择块功能逐块进行交互分类（图 6.21 ）。

（6）手动分类错误需要修改时,可以通过键盘上的快捷键"Ctrl+Z"或者单击 按钮撤销上一步操作。

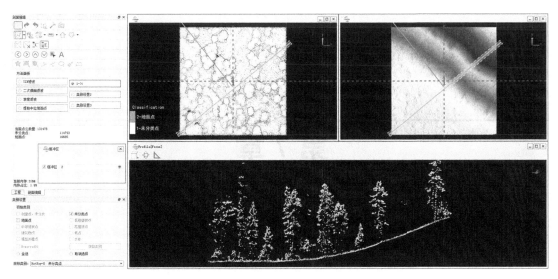

图 6.21　点云与 TIN 的交互分类示意图

（7）对分类结果确认无误后单击 ⊞ 按钮保存分类成果。

第 7 章

地形产品生产

地形模块包含地形产品生产所需的一系列产品。其中,数字高程模型(digital elevation model, DEM)表示裸露的地表(植被和其他地物均被移除),数字表面模型(digital surface model, DSM)表示地形和地物的表面特征(如树木冠层),而冠层高度模型(canopy height model, CHM)表示植被和地物的归一化高度。

本章主要介绍以下内容:
- 插值生成 DEM
- 插值生成 DSM
- 生成 CHM
- 生成 TIN
- 生成等高线
- 模型编辑

7.1　插值生成 DEM

数字高程模型(DEM)是通过有限的地形高程数据实现对地面地形的数字化模拟(即地形表面形态的数字化表达),它是用一组有序数值阵列形式表示地面高程的一种实体地面模型,是数字地形模型的一个分支,其他各种地形特征值均可由它派生。基于 DEM 可进一步计算坡度、坡向、粗糙度和等高线等产品。LiDAR360 中可基于点云数据或者不规则三角网插值生成 DEM。图 7.1 为数字高程模型提取的效果图。

7.1.1　点云插值生成 DEM

(1)生成数字高程模型前,必须先对点云进行地面点分类,地面点分类方法可参见第6.1 节地面点分类相关内容。单击地形→数字高程模型,弹出界面如图 7.2 所示。

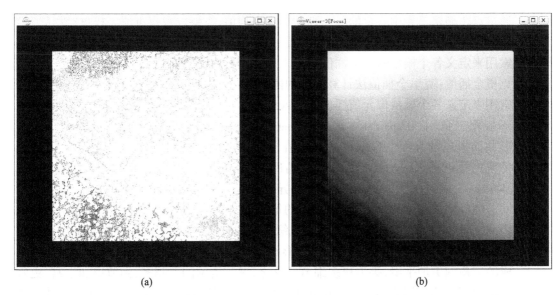

图 7.1 数字高程模型提取效果图:(a)原始点云数据;(b)提取的数字高程模型

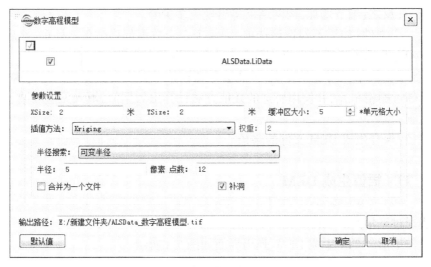

图 7.2 数字高程模型提取工具界面

（2）参数设置如下：

输入数据：输入文件可以是单个点云数据文件，也可以是多数据文件；待处理数据必须在 LiDAR360 软件中打开。文件格式：*.LiData。应确保每一个输入的点云数据都已经进行过地面点分类。

插值参数设置：包括 x、y 方向分辨率以及插值方法。通过 XSize 和 YSize 设置栅格采样间隔（即分辨率），以米为单位，如果 XSize 和 YSize 的值分别设置为 2，那么栅格单元大小则为 2 m×2 m。LiDAR360 提供了三种栅格单元插值的方法：反距离权重插值、克里金插值和不规则三角网插值。

- 反距离权重插值（inverse distance weighted，IDW）：使用附近点计算栅格单元的值，并通过点距栅格单元中心点的距离判断加权平均值,需要设置权重值。权重:默认值为2。采样点到像素中心距离的幂值,控制采样点高程对像素中心的影响程度。半径搜索用来定义各个栅格像元值插值的输入点,分为可变半径和固定半径。

- 克里金插值:克里金插值法计算优化的协方差,并使用高斯过程插值栅格值。半径搜索用来定义各个栅格像元值插值的输入点,分为可变半径和固定半径。
- 不规则三角网(triangulated irregular network,TIN)插值:从邻近点组成的多个三角形共同形成的表面上提取栅格单元值,目前支持两种构网方式。① 狄洛尼:使用传统的逐点插入法构建 Delaunay 三角网,所有点云全部参与构网。② 无凹坑 TIN(Khosravipour et al.,2016):剔除高程异常的点云,可以生成不带有明显尖峰的三角网。临界边长:最终生成的三角网中的每一个三角形的每一条边在 xy 平面上的最短距离。每当新插入点的 Z 值降低插入缓冲区时,冻结当前三角网中所有三边长均小于临界边长的三角形,被冻结的三角形不再改变。此值越大,参与构网的点越少,生成的三角网更加平滑,丢失更多细节。反之,参与构网的点越多,细节更加丰富,更有可能出现尖峰。插入缓冲区:相邻两次冻结三角形时需要达到的高度落差。减小该值,则更多三角形被过早冻结,新点无法插入,尖峰现象减少,执行速度变快,遗失更多细节;反之,细节增加,构网结果将出现更多尖峰。

合并为一个文件:如果不勾选该选项,则每个点云数据都将被单独处理,最后生成多个栅格文件。勾选此选项将所有生成的栅格文件合并为一个文件。

补洞:如果栅格单元附近没有点,可能会导致栅格单元没有数据值。勾选这一选项后,可通过分析邻近栅格单元,并使用所选的插值方法计算出数据值,填入无值区域。该功能只针对闭合孔洞。

输出路径:保存生成 DEM 文件的路径。

7.1.2　TIN 插值生成 DEM

该功能通过三角网(*.LiTin 文件)生成 DEM。

(1)单击地形→TIN 生成 DEM,弹出界面如图 7.3 所示。

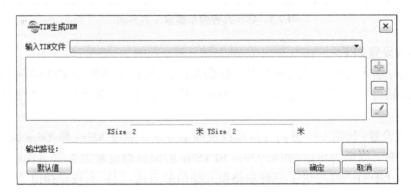

图 7.3　TIN 生成 DEM 工具界面

（2）参数设置如下：

输入 TIN 文件：用于生成 DEM 的三角网文件。通过下拉框选择已经在 LiDAR360 软件中打开的数据，也可以通过单击 ✚ 按钮加载 LiTin 数据，单击 ━ 按钮删除选中的数据，单击 ✎ 按钮清除所有数据。

XSize（单位为米）：生成 DEM 的像素的长度。

YSize（单位为米）：生成 DEM 的像素的宽度。

输出路径：保存生成 DEM 文件的路径。

7.2　插值生成 DSM

数字表面模型（DSM）是指包含了地表建筑物、桥梁和树木等高度的地表高程模型。与 DEM 相比，DEM 只包含地形的高程信息，并未包含其他地表信息，DSM 在 DEM 的基础上，进一步涵盖了除地面以外的其他地表信息。DSM 生成的效果如图 7.4 所示。

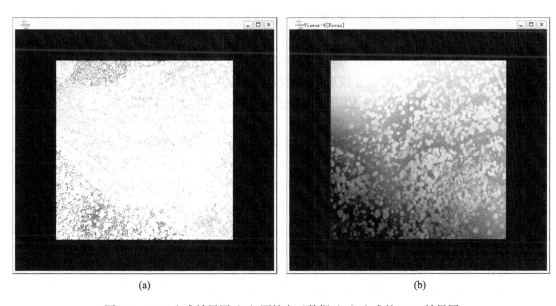

图 7.4　DSM 生成效果图：（a）原始点云数据；（b）生成的 DSM 效果图

（1）单击地形→数字表面模型，弹出界面如图 7.5 所示。

（2）参数设置如下：

输入数据：输入文件可以是单个点云数据文件，也可以是多数据文件；待处理数据必须在 LiDAR360 软件中打开。文件格式：*.LiData。

起始类别：参与生成 DSM 的点云类别。

插值参数设置：包括 x、y 方向分辨率以及插值方法。通过 XSize 和 Ysize 设置栅格采样间隔（即分辨率），以米为单位，如果 XSize 和 YSize 的值分别设置为 2，那么栅格单元大小则

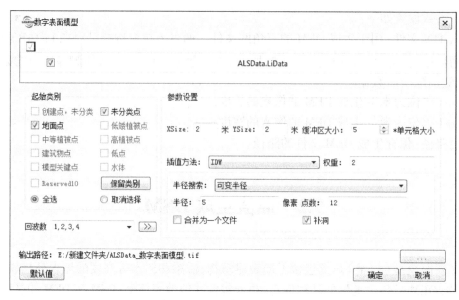

图 7.5   DSM 提取工具界面

为 2 m × 2 m。LiDAR360 提供了三种栅格单元插值的方法：反距离权重插值、克里金插值和不规则三角网插值。

- 反距离权重插值：使用附近点计算栅格单元的值，并通过点距栅格单元中心点的距离判断加权平均值，需要设置权重值。 权重：采样点到像素中心距离的幂值，控制采样点高程对像素中心的影响程度。半径搜索用来定义各个栅格像元值插值的输入点，分为可变半径和固定半径。
- 克里金插值：克里金插值法计算优化的协方差，并使用高斯过程插值栅格值。半径搜索用来定义各个栅格像元值插值的输入点，分为可变半径和固定半径。
- 不规则三角网插值：从最近的邻近点组成的多个三角形共同形成的表面上提取栅格单元值，目前支持两种构网方式。① 狄洛尼：使用传统的逐点插入法构建 Delaunay 三角网，所有点云全部参与构网。② 无凹坑 TIN：剔除高程异常的点云，可以生成不带有明显尖峰的三角网。临界边长：最终生成的三角网中的每一个三角形的每一条边在 xy 平面上的最短距离。每当新插入点的 Z 值降低插入缓冲区时，冻结当前三角网中所有三边长均小于临界边长的三角形，被冻结的三角形不再改变。此值越大，参与构网的点越少，生成的三角网越平滑，丢失更多细节。反之，参与构网的点越多，细节更加丰富，更有可能出现尖峰。插入缓冲区：相邻两次冻结三角形时需要达到的高度落差。减小该值，则更多三角形被过早冻结，新点无法插入，尖峰现象减少，执行速度变快，遗失更多细节；反之，细节增加，构网结果将出现更多尖峰。

合并为一个文件：如果不勾选该选项，则每个点云数据都将被单独处理，最后生成多个栅格文件。勾选此选项将所有生成的栅格文件合并为一个文件。

补洞：如果栅格单元附近没有点，可能会导致栅格单元没有数据值。勾选这一选项后，可通过分析邻近栅格单元，并使用所选的插值方法计算出数据值，填入无值区域。该功能只针对闭合孔洞。

输出路径:保存生成 DSM 文件的路径。

7.3 生成 CHM

从数字表面模型(DSM)中减去数字高程模型(DEM)即可得到冠层高度模型,图 7.6
表示了数字表面模型、数字高程模型和冠层高度模型(CHM)的关系。CHM 提取效果图如
图 7.7 所示。

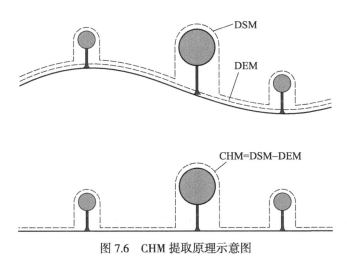

图 7.6 CHM 提取原理示意图

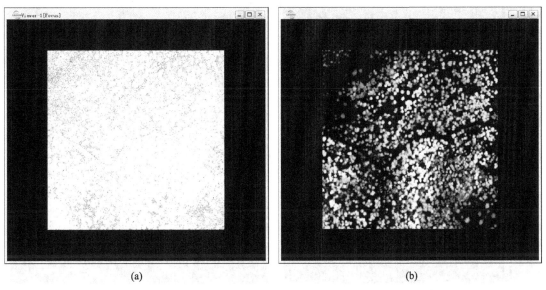

图 7.7 CHM 提取效果图:(a)原始点云数据;(b)生成的 CHM 效果

（1）使用该功能需要先生成数字高程模型和数字表面模型。单击地形→冠层高度模型，弹出界面如图 7.8 所示。

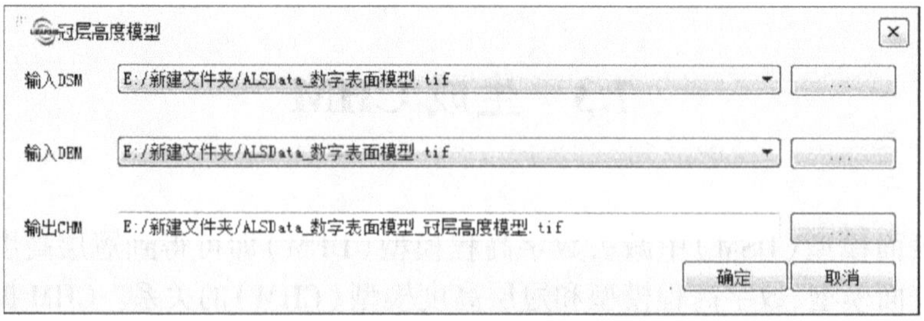

図 7.8　CHM 提取工具界面

（2）参数设置如下：

输入 DSM：输入的 DSM 文件，生成方法参见第 6.2 节插值生成 DSM。

输入 DEM：输入的 DEM 文件，生成方法参见第 6.1 节插值生成 DEM。

输出 CHM：保存生成 CHM 文件的路径。

7.4　生成 TIN

基于点云生成 TIN 模型，LiDAR360 采用自定义三角网模型文件格式 *.LiTin，生成 TIN 模型的效果图如图 7.9 所示。

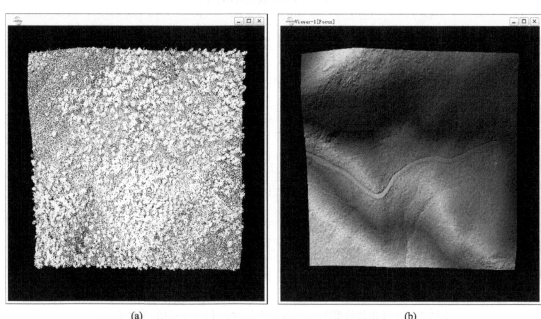

(a)　　　　　　　　　　　　(b)

图 7.9　TIN 模型生成效果图：(a) 原始点云数据；(b) 生成的 TIN 模型效果

（1）单击地形→生成 TIN，弹出界面如图 7.10 所示。

图 7.10 TIN 模型生成工具界面

（2）参数设置如下：

输入数据：输入文件可以是单个点云数据文件，也可以是多数据文件；待处理数据必须在 LiDAR360 软件中打开。文件格式：*.LiData。

源类别：参与生成三角网的点云类别。

构网方法：生成 TIN 的方法，目前支持两种构网方式：① 狄洛尼：使用传统的逐点插入法构建 Delaunay 三角网，所有点云全部参与构网。② 无凹坑 TIN：剔除高程异常的点云，可以生成不带有明显尖峰的三角网。临界边长：最终生成的三角网中的每一个三角形的每一条边在 xy 平面上的最短距离。每当新插入点的 Z 值降低插入缓冲区时，冻结当前三角网中所有三边长均小于临界边长的三角形，被冻结的三角形不再改变。此值越大，参与构网的点越少，生成的三角网越平滑，丢失越多细节；反之，参与构网的点越多，细节更加丰富，更有可能出现尖峰。插入缓冲区：相邻两次冻结三角形时需要达到的高度落差。减小该值，则更多三角形被过早冻结，新点无法插入，尖峰现象减少，执行速度变快，遗失更多细节；反之，细节增加，构网结果将出现更多尖峰。输出路径：保存生成 DSM 文件的路径。

三角形最大边长：约束三角网中三角形边长，删除任意边长超过该值的三角形。

分块：生成结果包括三种分块方式：按比例尺分块、按宽度和高度分块和不分块。① 按比例尺分块（默认）：以一定比例尺分块生成 TIN。分块比例尺包括 1∶500（默认）、1∶1 000、1∶2 000 和 1∶5 000。缓冲区大小（单位为米）：两相邻分块之间的重叠大小。

② 按宽度和高度分块：以一定的宽度和高度分块生成 TIN。宽度（单位为米）：点云分块宽度。高度（单位为米）：点云分块高度。缓冲区大小（单位为米）：两相邻分块之间的重叠大小。③ 不分块：点云整体生成 TIN，不进行分块。

置平区域（可选）：置平工具用于根据用户输入文件对指定范围进行置平操作。输入文件：多边形类型的矢量文件（*.shp 格式），根据输入的矢量文件范围和 Z 属性对不规则三角网进行置平。Z 属性：置平的高程值。

输出路径：保存生成 TIN 模型文件的路径。

7.5　生成等高线

等高线是地形图上高程相等的相邻各点连成的闭合曲线，在地形生产实践中具有重要意义。本节介绍在 LiDAR360 软件中基于 TIN、点云和栅格提取等高线的流程。

7.5.1　TIN 生成等高线

该功能直接利用 *.LiTin 格式的 TIN 生成等高线，顺次连接三角网上高程相同的等高点位置，从而生成等高线。

（1）单击地形→TIN 生成等高线，弹出界面如图 7.11 所示。

（2）参数设置如下：

输入 TIN 文件：用于生成等高线的三角网 LiTin 文件。通过下拉框选择已经在 LiDAR360 软件中打开的 LiTin 数据，也可以单击 ╋ 按钮加载 LiTin 数据，单击 ━ 按钮删除选中的数据，单击 ╱ 按钮清除所有数据。

比例尺：点云生成等高线比例尺，共 11 种，不同比例尺对应不同的等高距。1∶500∶1∶500 比例尺；1∶1 000∶1∶1 000 比例尺；1∶2 000∶1∶2 000 比例尺；1∶5 000∶1∶5 000 比例尺；1∶10 000（默认）∶1∶10 000 比例尺。

基准（单位为米）：从基准高程开始计算所生成等高线的高程，即与基准相差为等高距整数倍的高程为等高线高程。例如基准为 0，等高距为 10，则等高线的高程分布为 0，–10，–20，–30，…，10，20，30，…。

三角形最大边长（单位为米）：在地面点构建的三角网中，如果三角形边长大于此阈值，则不参与生成等高线。从生成的等高线结果看，表现为点云空洞超过此阈值时，等高线在此中断。若期望生成的等高线不存在中断，可将此阈值设置为超过地面点云空洞最大尺寸。

首曲线（默认选中）：又称基本等高线，是按基本等高距测绘的等高线，是表示地貌状态的主要等高线。如果不需要生成此类型等高线，可以不勾选。等高距（单位为米）：相邻两条首曲线等高线之间的高差值绝对值。颜色：首曲线的颜色，可以修改。线宽：首曲线的线宽，可以修改。

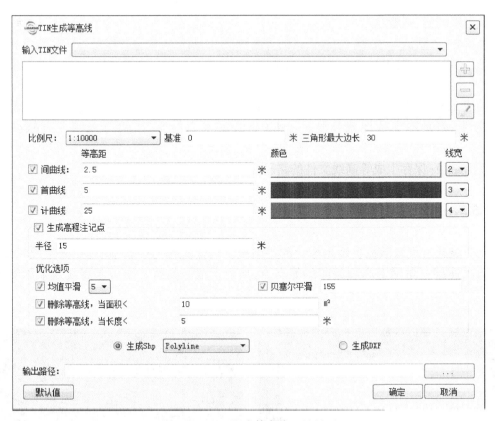

图 7.11　TIN 生成等高线工具界面

间曲线（默认选中）：又称半距等高线。当首曲线不能显示某些局部地貌时，按二分之一等高距描绘的等高线。如果不需要生成此类型等高线，可以不勾选。等高距（单位为米）：相邻两条间曲线等高线之间的高差值绝对值。颜色：间曲线的颜色，可以修改。线宽：间曲线的线宽，可以修改。

计曲线（默认选中）：又称加粗等高线。为了便于判读等高线的高程，自高程起算面开始，每隔 4 条首曲线描绘的等高线。如果不需要生成此类型等高线，可以不勾选。等高距（单位为米）：相邻两条计曲线等高线之间的高差值绝对值。颜色：计曲线的颜色，可以修改。线宽：计曲线的线宽，可以修改。

生成高程注记点（默认选中）：生成用于地形图出图的高程点。高程注记点文件为逗号分隔的 *.csv 文件，包含 4 列，分别为 X、Y、Z 和 Label。半径（单位为米）：默认值为 15，即半径 15 m 的区域生成一个高程注记点。

优化选项：对生成的等高线进行平滑等操作的优化设置。① 均值平滑（默认选中）：用同一条等高线上相邻位置等高点加权坐标均值代替当前待平滑点的等高线平滑方式。3：当前点参与平滑的相邻等高点数量为 3；5（默认）：当前点参与平滑的相邻等高点数量为 5；7：当前点参与平滑的相邻等高点数量为 7。② 贝塞尔平滑：一种曲线平滑方式，角度阈值范围为（0，180），阈值设置越大，等高线越平滑。③ 删除等高线，当面积 <（　）平方米：闭合等

高线的面积小于该阈值时,则删除。④ 删除等高线,当长度 <( )米:非闭合等高线如果其长度小于该阈值,则删除。

生成 Shp(默认):生成 *.shp 格式的等高线文件,属性表中包含线型、线宽、颜色和高程值信息。polyline(默认):Shp 文件中线型信息为 2 维。polyline25D:Shp 文件中线型信息为 2.5 维。

生成 DXF:生成 *.dxf 格式的等高线文件。目前,软件支持生成 *.dxf 格式的等高线文件,但是不支持加载和显示 *.dxf 格式的等高线文件,可导入第三方软件进行显示。

输出路径:保存生成等高线文件的路径。

7.5.2 点云生成等高线

此功能通过点云数据提取地形上的等高线。具体流程为:首先通过点云生成三角网,然后顺次连接三角网上高程相同的等高点,从而生成等高线。生成等高线效果如图 7.12 所示。

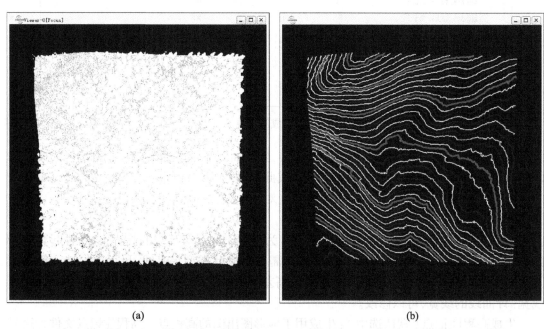

(a)   (b)

图 7.12 点云生成等高线效果图:(a) 原始点云数据;(b) 等高线

(1)单击地形→点云生成等高线,弹出界面如图 7.13 所示。

(2)参数设置如下:

输入数据:输入文件可以是单个点云数据文件,也可以是多数据文件;待处理数据必须在 LiDAR360 软件中打开。文件格式:*.LiData。应确保每一个输入的点云数据都已经进行过地面点分类。

其他参数设置方法与 TIN 生成等高线类似(参见第 7.5.1 节)。

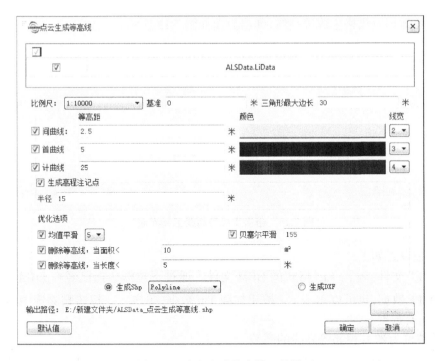

图 7.13 点云生成等高线工具界面

7.5.3 栅格生成等高线

栅格数据中相同高程值所在的位置点按顺次连接,即为等高线。栅格生成等高线效果如图 7.14 所示。

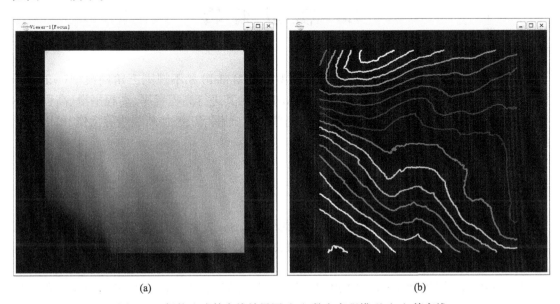

(a)　　　　　　　　　　　　　(b)

图 7.14 栅格生成等高线效果图:(a)数字高程模型;(b)等高线

（1）单击地形→栅格生成等高线,弹出界面如图 7.15 所示。

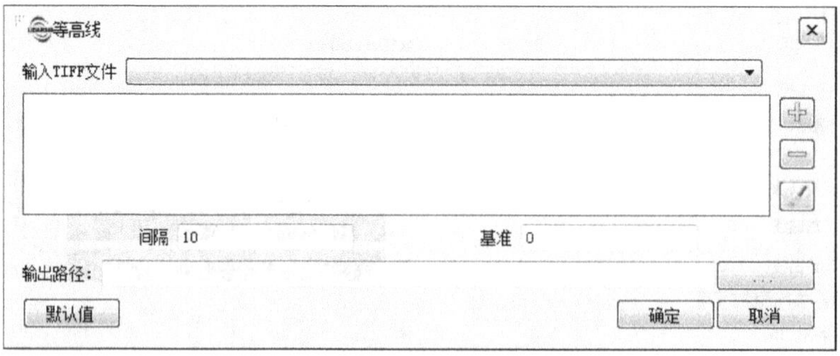

图 7.15   栅格生成等高线工具界面

（2）参数设置如下：

输入 TIFF 文件：输入 *.tif 格式的 DEM 文件。通过下拉框选择已经在 LiDAR360 软件中打开的 TIFF 数据,也可以单击 ⊞ 按钮加载 Tiff 数据,单击 ⊟ 按钮删除选中的数据,单击 ✎ 清除所有数据。

间隔（单位为米）：相邻等高线的高差。

基准：从基准高程开始计算所生成等高线的高程,即与基准相差为间隔整数倍的高程为等高线高程。例如基准为 0,间隔为 10,则等高线的高程分布为：0,−10,−20,−30,…,10,20,30,…。

输出路径：保存生成等高线文件的路径。

注意：为了使等高线平滑,可以通过 LiModel 编辑（参见第 7.6.1 节）中的高程平滑工具。

7.6   模型编辑

LiDAR360 软件提供多种对规则格网模型（*.LiModel）和不规则三角网模型（*.LiTin）进行编辑操作的工具。将 DEM 转换为 LiModel,可对其进行高程置平、高程平滑、高程修补等操作,得到更高质量的 DEM。对 LiTin 进行添加点、删除点、添加断裂线等操作,可以基于编辑后的 LiTin 生成 DEM 和等高线。

7.6.1   LiModel 编辑

通过多边形选择、套索选择、屏幕选择、导入外部 Shp 文件等方式选择待编辑区域,对编辑区域进行高程置平、高程平滑、修补无效值、去除钉状点、高程修补或删除高程等操作,提高 LiModel 模型的质量。

（1）LiModel 模型由 DEM 或 DSM 生成,单击数据管理→格式转换→TIFF 转换为 LiModel,在图 7.16 所示的界面选择 *.tif 格式的栅格文件。

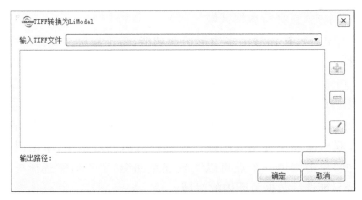

图 7.16　TIFF 转换为 LiModel 工具界面

（2）将生成的 LiModel 加载到软件中，单击地形→LiModel 编辑，在当前激活窗口中将出现 LiModel 编辑工具条，如图 7.17 所示。

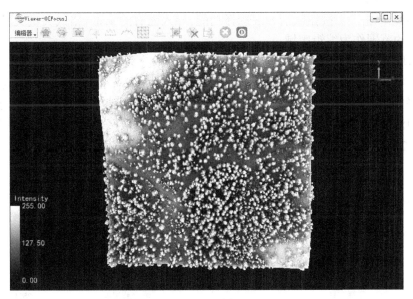

图 7.17　LiModel 编辑工具界面

（3）单击编辑器→开始编辑，选择需要编辑的数据，可选择一个或多个数据进行编辑（图 7.18）。

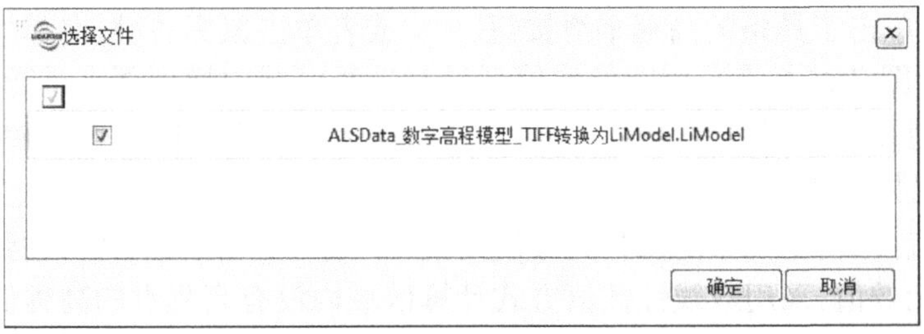

图 7.18　选择文件界面

（4）可通过不同方式选择待编辑区域。

多边形选择：单击 🐝 按钮激活多边形选择功能，单击鼠标左键添加多边形顶点，双击鼠标左键完成选择。在选择区域的过程中，单击鼠标右键可弹出如图 7.19 所示的界面，单击"回退一个点"可以实现逐点回退，单击"清除选择"可以取消选择的区域。多边形选择只能选择数据范围内的区域。

套索区域选择：单击 🔵 按钮激活套索选择功能，单击鼠标左键开始区域选择，移动鼠标添加区域顶点，双击鼠标左键完成选择。在选择区域的过程中，单击鼠标右键可弹出如图 7.19 所示的界面，单击回退一个点可以实现逐点回退，单击清除选择可以取消选择的区域。套索区域选择只能选择数据范围内的区域。

屏幕区域选择：单击 🖼 按钮激活屏幕选择功能，单击鼠标左键添加多边形顶点，双击鼠标左键完成选择。在选择区域的过程中，单击鼠标右键可弹出如图 7.19 所示的界面，单击"回退一个点"可以实现逐点回退，单击"清除选择"可以取消选择的区域。屏幕选择可以选择超出数据范围的区域。

Shp 选择：单击 　 按钮激活 Shp 选择功能，导入已有的 *.shp 格式矢量文件，软件识别矢量文件中的范围作为编辑区域。

（5）对所选区域可进行如下编辑操作。

高程置平：单击工具条的高程置平按钮 ⚊⚊⚊ 或者单击鼠标右键，在弹出的右键菜单中选择高程置平（图 7.20），可以将选择区域范围的高程设置为指定的高程值，适用于具有相同海拔高度的河流或水域。设置置平后高程值，默认值为选取区域顶点的高程平均值。处理效果如图 7.21 所示。

图 7.19　不同选择工具的右键菜单　　　　　　图 7.20　高程置平界面

高程平滑：单击工具条的高程平滑按钮 ⌒⌒ 或者单击鼠标右键，在弹出的右键菜单中选择高程平滑（图 7.22），将采用图像均值平滑对选择区域内模型逐点进行处理，适用于平滑数字高程模型，以生成平滑等高线。核大小：默认值为 5，是均值滤波器核的尺寸，只能为奇数。处理效果如图 7.23 所示。

修补无效值：单击工具条的修补无效值按钮 ▦ 或者单击鼠标右键，在弹出来的右键菜单中选择修补无效值，采用双线性插值方式计算区域内没有高程点的高程值。处理效果如图 7.24 所示。

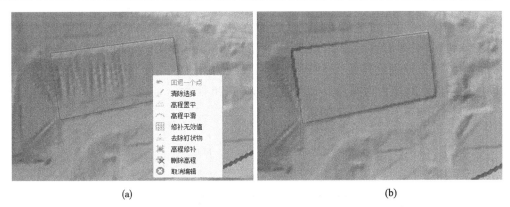

(a) (b)

图 7.21 高程置平处理效果图:(a)原始数据;(b)高程置平效果图

图 7.22 高程平滑界面

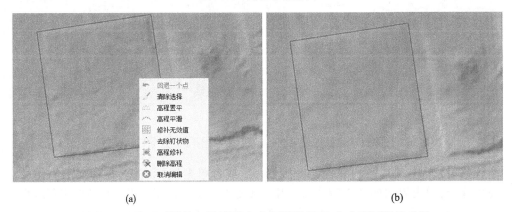

(a) (b)

图 7.23 高程平滑处理效果图:(a)原始数据;(b)高程平滑效果图

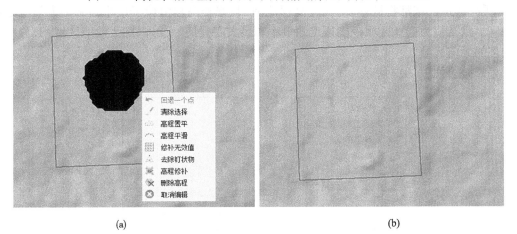

(a) (b)

图 7.24 修补无效值处理效果图:(a)原始数据;(b)修补无效值效果图

　　去除钉状物：单击工具条的去除钉状物按钮 $\triangle$ 或者单击鼠标右键,在弹出的右键菜单中选择去除钉状物,弹出界面如图 7.25 所示,用于修复由噪声引起的钉状噪声,根据其与邻域点高程值波动方差确定其是否为噪声,采用双线性插值方式计算噪声点的高程值。高程方差阈值用于确定其是否为噪点。处理效果如图 7.26 所示。

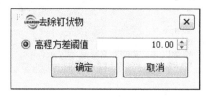

图 7.25　去除钉状物界面

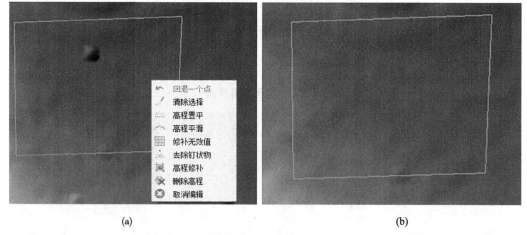

图 7.26　去除钉状物处理效果图：(a) 原始数据；(b) 去除钉状物效果图

　　高程修补：单击工具条的高程修补按钮 [!] 或者单击鼠标右键,在弹出的右键菜单中选择高程修补,弹出界面如图 7.27 所示,用于修复指定范围内的高程,主要采用双线性插值方式计算参数条件的高程值。需设置处理的格网点范围,包括以下三种：① 所有格网（默认）：所有选定区域都将被修复。② 高程范围：只修补高程值位于最小值和最大值范围内的格网。默认值为选择区域范围顶点的最小和最大高程。③ 内部无效值区域：只修补模型内部的无值区域。

　　处理效果如图 7.28 所示。

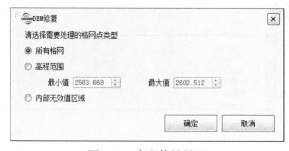

图 7.27　高程修补界面

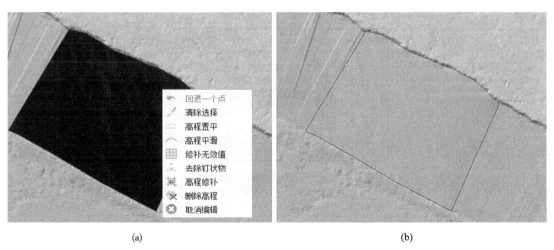

(a)   (b)

图 7.28 高程修补处理效果图:(a)原始数据;(b)高程修补效果图

删除高程:单击工具条的删除高程按钮 ✕ 或者单击鼠标右键,在弹出来的右键菜单中选择删除高程,删除选定范围的高程点。处理效果如图 7.29 所示。

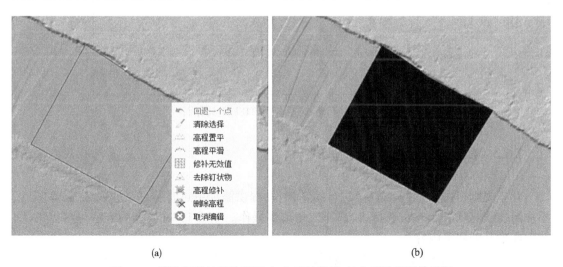

(a)   (b)

图 7.29 删除高程处理效果图:(a)原始数据;(b)删除高程效果图

保存编辑:单击工具条的保存编辑按钮 ⬚ ,将编辑结果保存到 LiModel 文件中。

取消编辑:单击工具条的取消编辑按钮 ⬚ ,舍弃编辑结果,重新载入原始文件显示。

退出:单击工具条的退出按钮 ⓪ ,退出 LiModel 编辑。如果未保存编辑结果,单击退出按钮或者单击编辑器按钮下拉菜单的结束编辑时,软件会弹出如图 7.30 所示的提示窗口,单击 Yes 按钮为保存编辑结果并退出;单击 No 按钮则直接退出,不保存编辑结果;单击 Cancel 按钮返回。

(6)(可选)通过以下两种方式将编辑后的 LiModel 保存为 ∗.tif 格式的栅格文件:① 在待导出的 LiModel 文件名上单击鼠标右键,在弹出来的右键菜单中选择导出。② 单击数据管理→格式转换→LiModel 转换为 TIFF,在图 7.31 所示的界面上选择待导出的 LiModel 文件,设置输出路径后,单击确定按钮。

图 7.30 退出 LiModel 编辑提示对话框

图 7.31 LiModel 转换为 TIFF 工具界面

7.6.2 LiTin 编辑

对非规则格网模型（*.LiTin）进行编辑操作,提供添加单点、删除单点、置平、删除多点、添加断裂线、删除断裂线、选择边、选择三角形等操作。生成 LiTin 模型的方法可参见第 7.4 节生成 TIN 的相关内容。

（1）将待编辑的 LiTin 数据加载到软件中,单击地形→LiTin 编辑,当前激活窗口将出现如图 7.32 所示的 LiTin 编辑工具条。

（2）单击 LiTin 编辑下拉菜单的开始编辑选项,选择需要编辑的数据。可选择一个或多个数据进行编辑（图 7.33）。

（3）可对数据进行以下编辑操作。

添加单点:单击工具条的添加单点按钮 ✛ 在 LiTin 中插入单点,点的 X/Y 坐标由鼠标单击确定,高程值的来源包括三角网表面、最大表面高程、最小表面高程和用户输入。三角网表面（默认）:通过三角插值方式确定插入点的高程值;最大表面高程:该模型高程值范围的最大值;最小表面高程:该模型高程值范围的最小值;用户输入:用户输入自定义高程值。此功能适用于局部区域编辑,干预此区域的等高线走势（图 7.34）。

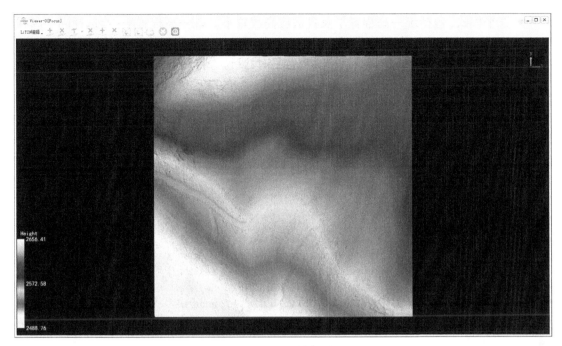

图 7.32　LiTin 编辑界面

图 7.33　LiTin 编辑选择文件界面

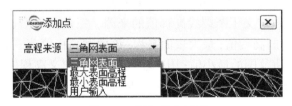

图 7.34　添加单点界面

删除单点:单击工具条的删除单点按钮 ✗ ,从 LiTin 模型中删除单点并用相邻点重构三角网。该功能用于删除噪声点或者错分类的点。

高程置平:单击工具条的高程置平按钮 ,可通过鼠标交互选择要置平的区域,也可以导入存有多边形顶点的文件。选择置平区域,会弹出显示置平区域顶点坐标的表格,如图 7.35 所示。

- 置平模式：包括统一高程置平及自适应高程置平。统一高程置平：当选择同一高程置平时，默认置平高程值是所选区域在三角网模型上的高程均值。用户可修改此值。自适应高程置平：当选择自适应高程置平时，默认选择用于拟合置平的平面点已在表格中标记出来（三个点），若用户想要指定坐标的高程值，可在最后一列中输入对应的高程值，需要注意的是，必须输入三个点的高程值才能拟合用于置平的平面。
- 保存置平边界点文件：用户可直接保存置平边界点文件，下次可通过导入边界点文件直接显示置平区域。

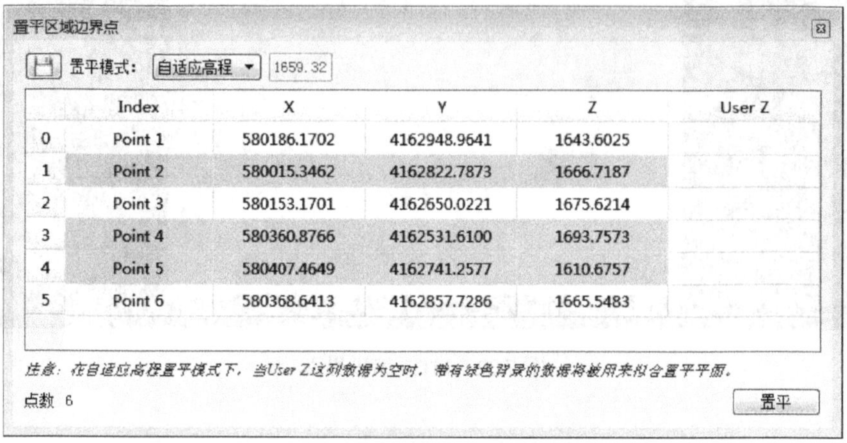

图 7.35　置平区域边界点界面

删除多点：单击工具条的删除多点按钮 ，通过鼠标交互选择一个区域，该区域内的三角网点将被批量删除，引起局部三角网重构。适用于局部区域编辑，根据多边形范围批量删除噪声点或者错分类的点，干预此区域等高线走势。

添加断裂线：单击工具条的添加断裂线按钮 ，弹出界面如图 7.36 所示。通过鼠标交互增加断裂线，选择断裂线类型、Z 值以及是否闭合。该功能适用于水域、高速公路及其他地形变化剧烈的交界处，用于区分断裂线左右地形走势。

- 断裂线类型：包括硬断裂线和软断裂线两种类型。
- 高程来源：该参数定义了断裂线高程值的来源。三角网表面（默认）：通过三角插值方式确定插入点的高程值；最大表面高程：该模型高程值范围的最大值；最小表面高程：该模型高程值范围的最小值；用户输入：输入自定义高程值。
- 是否闭合：断裂线是否闭合为多边形。否（默认）：折线断裂线；是：闭合多边形断裂线。

删除断裂线：单击工具条的删除断裂线按钮 ，通过鼠标交互删除选中的断裂线。

选择边：单击工具条的选择边按钮 ，通过鼠标交互选择三角形的边，所选边显示为红色。

选择三角形：单击工具条的选择三角形按钮 ，通过鼠标交互选择三角形，所选三角形将显示为红色。

保存 TIN 编辑：单击工具条的保存按钮 ，保存编辑结果到 LiTin 文件。

取消 TIN 编辑:单击工具条的取消编辑按钮 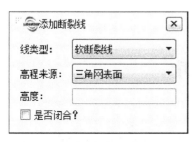,舍弃编辑结果,重新载入原始文件显示。

退出:单击工具条的退出按钮 ⓞ,退出 LiTin 编辑。如果未保存编辑结果,单击退出按钮或者单击 LiTin 编辑按钮下拉菜单的结束编辑时,软件会弹出如图 7.37 所示的提示窗口,单击 Yes 按钮保存编辑结果并退出;单击 No 按钮则直接退出,不保存编辑结果;单击 Cancel 按钮返回。

图 7.36　添加断裂线界面

图 7.37　退出 LiTin 编辑提示界面

第 8 章

地 形 分 析

地形分析的主要任务是提取反映地形的特征要素,找出地形的空间分布特征。通过激光雷达点云构建 DEM,可以进一步提取反映地形的各个因子:坡度、坡向、粗糙度等。基于 DEM 的地形分析是对地形环境认识的一种重要手段。

8.1　创建山体阴影

山体阴影工具通过为栅格中的每个像元确定照明度,来获取表面的假定照明度。通过设置假定光源的位置,并计算与相邻像元相关的每个像元的照明度值,即可得出假定照明度。进行分析或图形显示时,特别是使用透明度时,山体阴影工具可极大地增强表面的可视化效果。

（1）单击地形→山体阴影,弹出界面如图 8.1 所示。

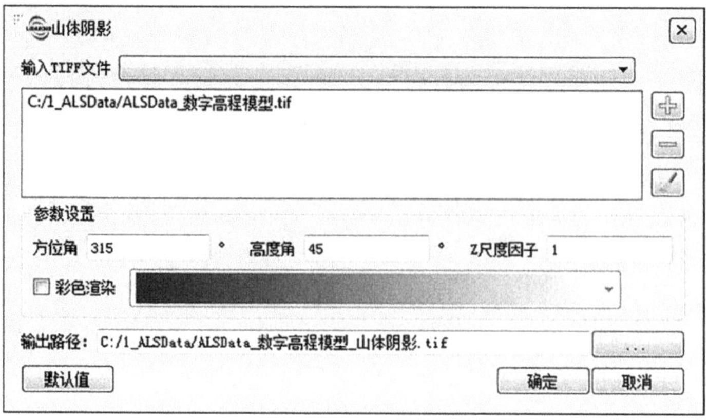

图 8.1　创建山体阴影界面

（2）参数设置如下：

输入 Tiff 文件：输入格式为 *.tif 的 DEM 文件。通过下拉框选择已经在 LiDAR360 软件中打开的 Tiff 数据，也可以通过单击 ✛ 按钮加载 Tiff 数据，单击 ━ 按钮删除选中数据，单击 ✐ 按钮清除所有数据。

方位角（单位为度）：以北为基准，在 0 ~ 360° 范围内按顺时针计算，默认值为 315。

高度角（单位为度）：光源的入射方向与地平面之间的夹角，取值范围为 0 ~ 90°。

Z 尺度因子：Z 值的拉伸比例。

彩色渲染：山体阴影的颜色渲染。若勾选彩色渲染，可从下拉框选择颜色条；若不勾选，则采用黑白颜色条。

输出路径：保存生成山体阴影文件的路径。

数字高程模型和山体阴影效果见图 8.2 所示。

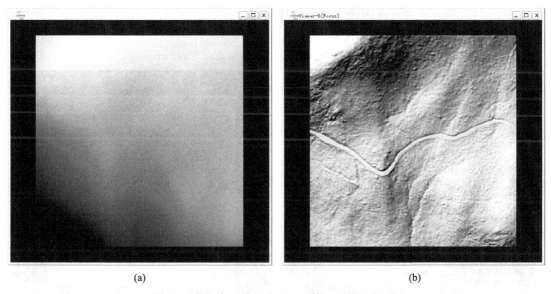

图 8.2　数字高程模型（a）和山体阴影效果图（b）

8.2　坡　度　分　析

坡度是指地形表面陡缓的程度。坡度分析功能是在 DEM 的基础上分析地形坡度，生成坡度图像。

（1）单击地形→坡度，弹出界面如图 8.3 所示。

（2）参数设置如下：

输入 TIFF 文件：输入格式为 *.tif 的 DEM 文件。通过下拉框选择已经在 LiDAR360 软件中打开的 TIFF 数据，也可以通过单击 ✛ 按钮加载 Tiff 数据，单击 ━ 按钮删除选中数据，单击 ✐ 按钮清除所有数据。

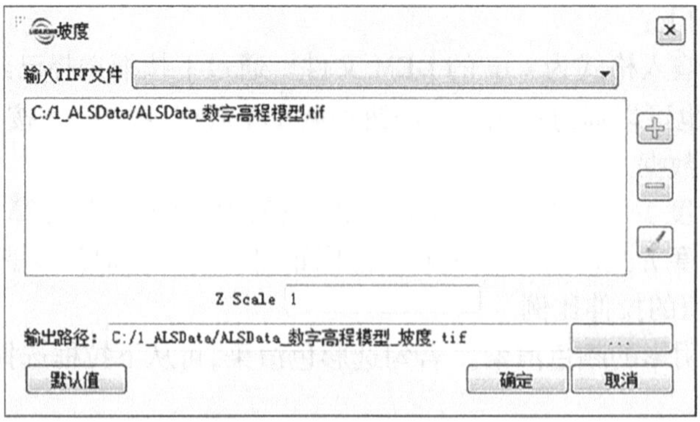

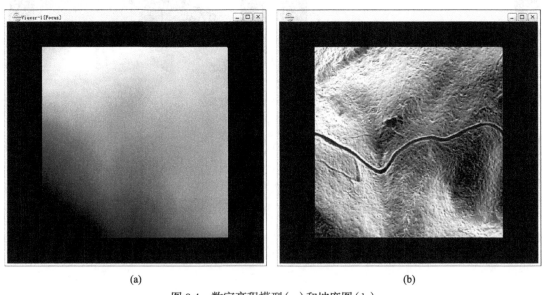

图 8.3 生成坡度图界面

Z 尺度因子：Z 值的拉伸比例。

输出路径：保存生成坡度图像文件的路径。

数字高程模型和坡度图见图 8.4 所示。

图 8.4 数字高程模型（a）和坡度图（b）

8.3 坡 向 分 析

坡向指的是地形坡面的朝向，被定义为坡面法线在水平面上的投影方向。坡向是一个角度，按照顺时针方向进行测量，角度范围介于 0（正北）到 360（仍是正北）之间。

（1）单击地形→坡向，弹出界面如图 8.5 所示。

（2）参数设置如下：

输入 TIFF 文件：输入格式为 *.tif 的 DEM 文件。通过下拉框选择已经在 LiDAR360 软

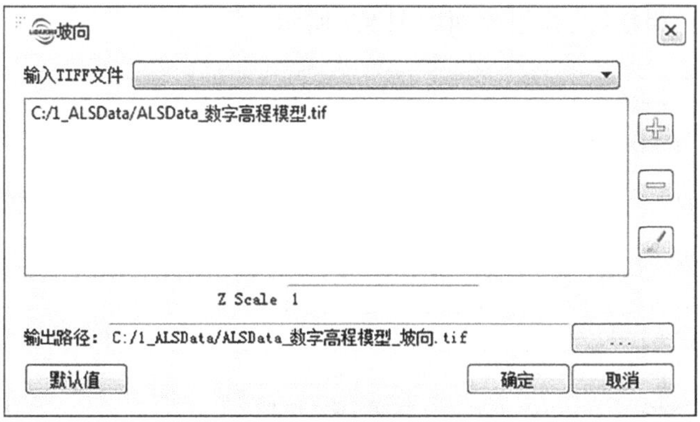

图 8.5 生成坡向图界面

件中打开的 TIFF 数据,也可以通过单击 ✛ 按钮加载 Tiff 数据,单击 ▬ 按钮删除选中数据,单击 ✎ 按钮清除所有数据。

Z 尺度因子:Z 值的拉伸比例。

输出路径:保存生成坡向图像文件的路径。

数字高程模型和坡向图见图 8.6 所示。

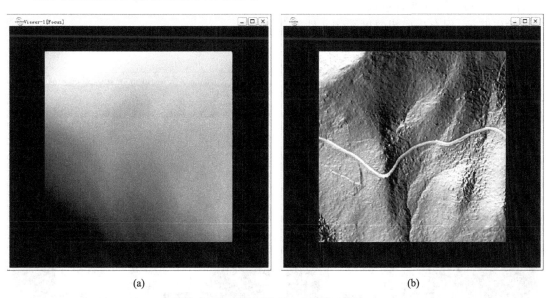

(a)   (b)

图 8.6 数字高程模型(a)和坡向图(b)

8.4 粗糙度分析

粗糙度是反映地表起伏变化和侵蚀程度的重要指标之一,一般定义为地表单元的曲面面积与其在水平面上的投影面积之比。

（1）单击地形→粗糙度,弹出界面如图 8.7 所示。

粗糙度

输入TIFF文件 ▼

C:/1_ALSData/ALSData_数字高程模型.tif

➕
➖
✏

输出路径: C:/1_ALSData/ALSData_数字高程模型_粗糙度.tif　...

确定　取消

图 8.7　粗糙度分析界面

（2）参数设置如下:

输入 TIFF 文件:输入格式为 *.tif 的 DEM 文件。通过下拉框选择已经在 LiDAR360 软件中打开的 TIFF 数据,也可以通过单击 ➕ 按钮加载 Tiff 数据,单击 ➖ 按钮删除选中数据,单击 ✏ 按钮清除所有数据。

输出路径:保存生成粗糙度图像文件的路径。

数字高程模型和粗糙度图如图 8.8 所示。

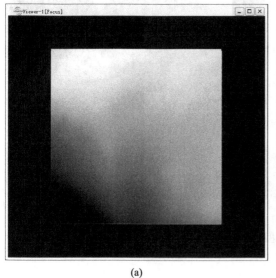

(a)

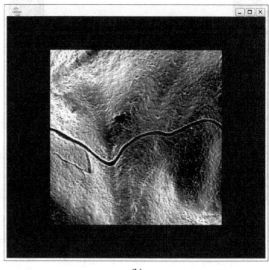

(b)

图 8.8　数字高程模型(a)和粗糙度图(b)

8.5　断面分析

断面分析功能主要用于沿断面线提取点云和生成横纵断面图。在 LiDAR360 软件中进行断面分析的具体步骤如下：

（1）将点云数据加载到当前激活窗口，单击地形→断面分析，窗口中将出现图 8.9 所示的断面分析工具条。从左到右依次为：编辑器、创建折线、导入折线、保存折线、沿断面提取点云、生成断面正交、生成断面图、显示 \ 隐藏矢量工具、清除工具和退出工具。

图 8.9　断面分析工具条

（2）单击编辑器→开始编辑，选择待分析的文件（图 8.10）。

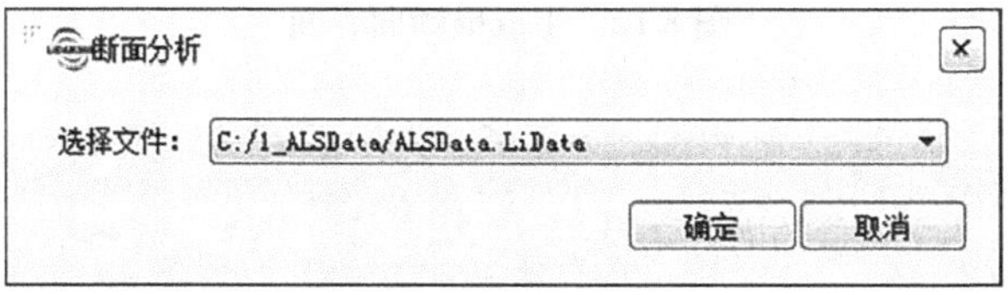

图 8.10　选择文件

（3）创建断面线或者外部导入断面线。

创建断面线：单击工具条的创建断面线按钮 ⊠，通过画折线的方式绘制断面参考线。支持绘制多条断面参考线。

导入断面线：单击工具条的导入断面线按钮 ＋，可导入已有的断面线文件。支持文本文件（∗.txt）、图形文件（∗.dxf）和矢量文件（∗.shp）。文本文件格式为：X、Y、Z。读取 ∗.dxf 格式的断面时，如果读取的断面线节点数大于 2 则默认为纵断面；否则，为横断面。支持读取矢量文件中的多段线、闭合环作为纵断面。

保存断面线：单击工具条的保存断面线按钮 ⊡，可将创建的断面线数据保存为 ∗.txt 或 ∗.shp 格式文件。

（4）沿断面线提取点云。单击工具条的沿断面线提取点云按钮 ⩔，弹出图 8.11 所示的沿断面提取点云界面。

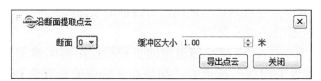

图 8.11　沿断面提取点云界面

断面：选择要参考的纵断面线。

缓冲区大小（单位为米）：垂直断面线的缓冲距离，如设置 100 m，则断面线两端各缓冲 50 m。

导出点云：将所选的断面线缓冲区范围内的点云导出为 *.LiData 格式。

（5）生成横断面。单击工具条的生成横断面按钮 $\bigvee$，可根据创建的断面中心线生成正交断面线（图 8.12）。

宽度（单位为米）：设置生成正交断面线的长度。

步长（单位为米）：生成正交断面线的步长。

导出断面：保存当前生成的正交断面线为文本文件（*.txt）或矢量文件（*.shp）格式。

生成的横断面如图 8.13 所示。

图 8.12　生成横断面界面

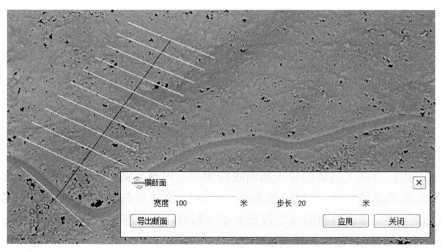

图 8.13　生成横断面效果图

（6）生成断面图。单击工具条的生成断面图按钮 $\smile$，弹出图 8.14 所示的生成断面图功能界面。断面图生成之后，在断面图中按住鼠标左键左右移动，可以实时查看鼠标所在位置对应断面的相关信息。

断面厚度（单位为米）：生成断面图使用点云数据沿断面线宽度。

源类别：参与生成断面的点云类别。

断面步长（单位为米）：剖面将按照设定的步长根据距离阈值进行分段精简，断面会在断面步长整数倍位置采用线性插值方式插值点。若该值设置为 0，则对断面进行整体精简。

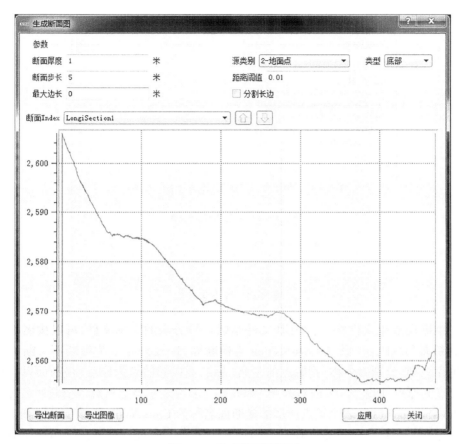

图 8.14　生成断面图界面

距离阈值：剖面将根据该参数使用道格拉斯算法进行精简，该值越大，则保留的点越少，越精简；反之，则保留的点和细节越多。

类型：按高程类型取断面数据生成断面图。选择"底部"取断面数据的最低点生成断面图；选择"顶部"则取断面数据的最高点生成断面图。

最大边长（单位为米）：最大线段边长阈值，需要与分割长边联合使用，在分割长边勾选状态下，若断面图中两点之间的距离大于该值，则将断开为两段。默认值为 0，即不分段。

分割长边：是否根据线段边长阈值分割多个线段（需要配合最大边长阈值）。选择"是"则根据线段边长阈值分割多个线段；选择"否"则不根据线段边长阈值分割多个线段。

断面 Index：选择在对话框中显示的断面图，选中的断面图会在窗口中高亮显示。

导出断面：当前生成的断面线可保存成三维断面或二维断面（图 8.15），可保存的文件格式包括 ASCII 文件（*.txt）和矢量文件（*.shp）。多个断面线可保存至一个文件或多个文件，当导出多个文件时，所有的纵断面和横断面将分别输出成单独的文件；当导出单个文件时，所有属于同一纵断面的横断面将被整合成一个文件，所有的纵断面仍然将被输出成单独的文件。

图 8.15 导出断面

- 二维断面成果文件格式：ASCII 文件是以逗号分隔的文本文件，可以按名称区分为横断面和纵断面（默认 CrossSection 为横断面，LongiSection 为纵断面），断面文件中包含三列，分别为名称、到原点的距离（纵断面以起始点为原点；横断面以与纵断面交点为原点，向左为负，向右为正）和高程。名称表示该点所属的横断面名称，例如，CrossSection1（0），表示该点所属的横断面名称为 CrossSection1，该横断面和 0 号纵断面正交。高程记录了该点在三维坐标系下的真实高度。图 8.16 为 ASCII 格式二维断面成果示例。当导出格式为矢量文件时，Distance 和 Height 将分别作为 x 和 y，顺次相连，形成一系列多边形，每一个多边形分别对应一条断面，断面名称将作为属性值保存在文件中。

- 三维断面成果文件格式：3D 断面文件格式是逗号间隔的文本文件，其中包含四列，分别为：名称（Name）、X、Y 和 Z 坐标，名称相同的点属于同一个断面。图 8.17 为 ASCII 格式三维断面成果示例。当导出格式为矢量文件时，X、Y、Z 将作为坐标值被顺次相连，形成一系列多边形，每一个多边形分别对应一条断面，断面名称将作为属性值保存在文件中。

```
Name, Distance, Height
CrossSection0(0), 3.373, 6.243
CrossSection0(0), 3.380, 6.224
CrossSection0(0), 3.392, 6.245
CrossSection0(0), 3.406, 0.015
CrossSection0(0), 3.415, 6.247
CrossSection0(0), 3.426, 6.268
CrossSection0(0), 3.458, 6.257
CrossSection0(0), 3.476, 0.009
CrossSection0(0), 3.501, 0.101
CrossSection0(0), 3.504, 6.272
```

图 8.16 ASCII 格式二维断面成果示例

```
Name, X, Y, Z
CrossSection0(0), -5.679, -26.280, 6.243
CrossSection0(0), -5.683, -26.274, 6.224
CrossSection0(0), -5.689, -26.264, 6.245
CrossSection0(0), -5.697, -26.252, 6.247
CrossSection0(0), -5.702, -26.244, 6.257
CrossSection0(0), -5.708, -26.235, 6.260
CrossSection0(0), -5.725, -26.208, 6.234
CrossSection0(0), -5.734, -26.193, 6.246
CrossSection0(0), -5.748, -26.171, 6.299
CrossSection0(0), -5.749, -26.169, 6.312
CrossSection0(0), -5.766, -26.142, 6.304
```

图 8.17 ASCII 格式三维断面成果示例

导出图像：保存当前生成的断面图为图片（*.pdf格式），可在导出界面设置导出断面图的高度、宽度和分辨率（图 8.18）。

（7）显示/隐藏矢量。单击工具条的显示/隐藏按钮 👁，根据需要选择显示或隐藏矢量，其中包括画线、正交线、断面线及所有矢量。

（8）清除矢量。单击工具条的清除矢量按钮 ✏，根据需要选择是否清除矢量，其中包括清除画线、清除正交线、清除断面线及清除所有。

（9）退出。单击工具条的退出按钮 ✖ 退出断面分析。

图 8.18　保存画布界面

8.6　偏　差　分　析

偏差分析可用于计算两个点云之间的距离，被比较点云的每个点相对基准点云的距离将作为附加属性输出。该功能可用于计算三维空间中任意姿态点云之间的距离，并用于点云间的偏差分析。

（1）单击地形→偏差分析，弹出图 8.19 所示的偏差分析界面。

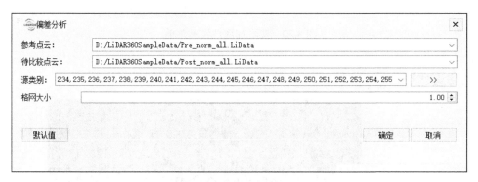

图 8.19　偏差分析界面

（2）参数设置如下：

参考点云：通过下拉菜单选择在窗口打开的参考点云。

待比较点云：通过下拉菜单选择在软件中打开的待比较点云，待比较点云相对于参考点云的变化量将作为附加属性"Distance"写入待比较点云中。

源类别：参与偏差分析的点云类别。

格网大小：计算点云间距离的三维网格体素边长。此值设置得越小，点云之间的偏差分析越细致；反之，越粗糙。

计算完成后，在待比较点云数据上单击鼠标右键，在弹出的右键菜单中选择显示→按附加属性显示（图 8.20），将弹出图 8.21 所示的按附加属性显示窗口。在该窗口可选择要显示的附加属性，显示效果可利用软件随机生成的颜色（可设置随机生成的颜色数）或通过下拉框选择颜色条。最小值和最大值为显示的属性值范围，可进行调整。单击应用按钮，可在点云窗口查看附加属性显示效果。

图 8.20　按附加属性显示菜单

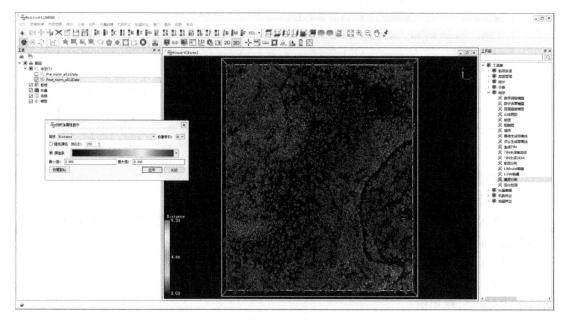

图 8.21　按附加属性显示效果

8.7　变 化 检 测

计算两期点云在高度上的相对变化量,并输出为 *.tiff 格式影像和 *.html 格式报告。影像中,红色代表增加,绿色代表减少,其他部分以高程值按灰度显示。两期点云的相对变化量将作为附加属性添加到相应 LiData 文件中(例如,待比较点云相对于参考点云的高程变化量将作为附加属性写出到待比较点云中)。此功能可以用于灾情分析、违章建筑比较、植被生长变化分析等。

(1)单击地形→变化检测,出现图 8.22 所示的变化检测界面。

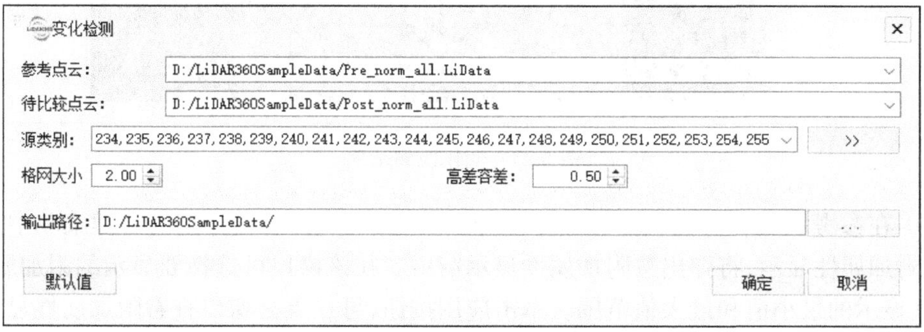

图 8.22　变化检测界面

(2)参数设置如下:

参考点云:参考点云是待比较点云的基准,其相对于待比较点云的变化量(目前为 Z 值)将作为附加属性"DistanceReference"写入参考点云中,在影像中将以绿色表示。

待比较点云:待比较点云相对于参考点云的变化量(目前为 Z 值)将作为附加属性"DistanceCompare"写入待比较点云中,在影像中将以红色表示。

源类别:参与变化检测的起始点云类别,两个点云中每个类别将分别进行比较。

格网大小:将点云格网化的网格边长。此值设置得越小,点云之间的变化检测越细致;反之,越粗糙。

高差容差:高程值变化量大于此阈值时点云才被赋以对应的距离值,小于此阈值则认为没有发生变化。

输出路径:中间结果和报告输出路径。

注意:参考点云和待比较点云的 LiData 版本必须均为 2.0 以上。低版本的 LiData 可以使用"转换 LiData 为 LiData"功能(数据管理→格式转换→转换 LiData 为 LiData)转换到更高版本。

(3)计算完成后,软件会提示是否加载计算结果,单击 Yes 按钮将 TIFF 数据加载到软件中如图 8.23 所示(软件中,红色表示增加,绿色表示减少)。

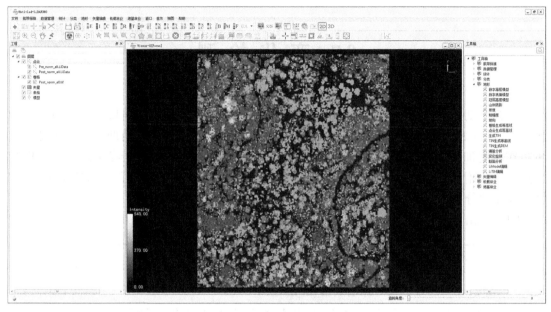

图 8.23　变化检测结果

（4）在参考点云和待比较点云数据上分别单击鼠标右键,在弹出的右键菜单中选择显示→按附加属性显示,将弹出按附加属性显示窗口。在该窗口可选择要显示的附加属性、显示效果、显示的最小值和最大值范围。单击应用按钮,可在点云窗口查看附加属性显示效果（图 8.24）。

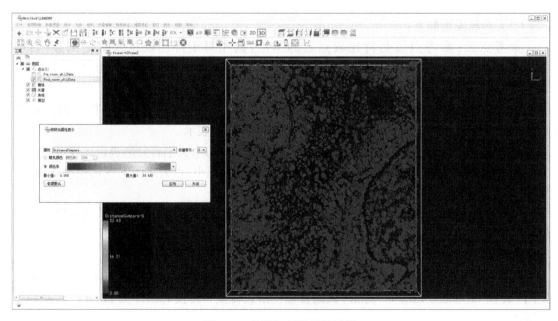

图 8.24　按附加属性显示效果

第 9 章

矢 量 编 辑

矢量编辑功能完成数字线划图流程中矢量化部分,以点云和影像数据为背景,点云出色的显示效果可提高不同地物类型的对比,能够清晰分辨房屋、植被区域、道路、路灯、水域、桥梁等地物。生成 Shp 和 DXF 格式的矢量化成果,支持与 ArcGIS、AutoCAD 等第三方软件对接。

提供点、直线、多段线、矩形、多边形和圆形作为基础的实体要素,完成主要关键地物矢量化。采用图层方式管理上述地物实体要素,每个图层用 Shp 文件加以存储组织。提供图层合并导出功能,可将矢量化结果整合到一个 DXF 文件,输入其他测图软件,加以符号化与修整,输出符合各种规范的测绘成果。

注意:为了使地物类别更加清晰可辨,在矢量化之前可对点云数据进行 PCV 处理(参见第 4.7 节相关内容)。图 9.1a 为点云高程 +EDL 显示效果,图 9.1b 为 PCV 处理后混合显示效果。

(a) (b)

图 9.1 高程 +EDL 显示(a)和 PCV 处理后混合显示(b)

通过单击矢量编辑→矢量编辑,打开矢量编辑窗口。下面从图层管理和矢量化两方面进行介绍。

9.1　图　层　管　理

矢量编辑以图层进行管理,一个文件即为一个图层。单击 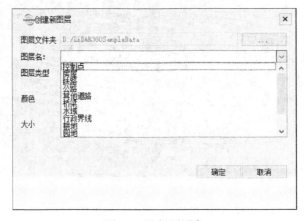 按钮的下拉菜单(图9.2),包括新建文件、打开文件、保存文件、移除文件和导出文件功能。

9.1.1　新建文件

将待处理点云数据加载到软件中,单击新建文件按钮,弹出图9.3所示的创建新图层界面。

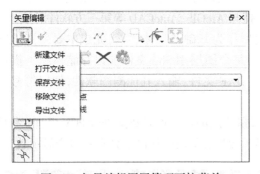

图9.2　矢量编辑图层管理下拉菜单

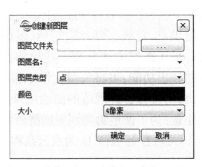

图9.3　创建新图层

(1)单击 ┃ … ┃ 按钮选择图层所在文件夹。

(2)通过下拉菜单选择图层名或直接输入图层名(图9.4),下拉菜单选项包括控制点、房屋、铁路、公路、其他道路、桥梁、水域、行政界线、耕地、园地、林地、草地和其他植被。

图9.4　选择图层名

（3）选择图层类型。包括点类型和线类型两种。新建点图层需设置图层颜色及点直径（1 ~ 10 像素）；新建线图层需设置线的颜色、线宽（1 ~ 10 像素）和线类型（实线、点线和微点线）（图 9.5）。

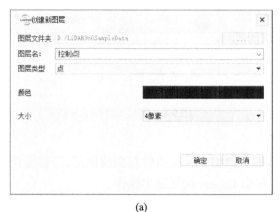

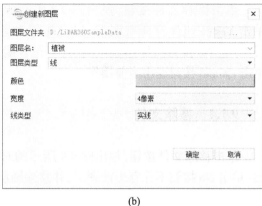

（a）

（b）

图 9.5　创建点图层（a）和线图层（b）

（4）新建的图层将被添加到矢量编辑窗口对应的点图层和线图层列表中（图 9.6）。

9.1.2　打开文件

此功能支持 *.shp 和 *.dxf 文件格式。若选择 *.shp 文件，读取 *.shp 文件格式，判断文件的类型（点类型和线类型），加入点或者线图层列表中。若选择 *.dxf 文件，则弹出选择图层对话框，选择需要打开的图层，根据图层的类型，加入点或者线图层列表中。图层 0 是 DXF 文件中默认必须有的一个特殊图层，用于临时实体，可以根据实际情况选择是否导入，默认为不导入（图 9.7）。

图 9.6　点图层和线图层列表

图 9.7　打开 DXF 文件选择图层对话框

9.1.3　保存文件

单击保存文件按钮,弹出图 9.8 所示的对话框。
单击 Yes 按钮保存所有图层,包含显示和隐藏的图
层;单击 No 按钮只保存显示图层,不包含隐藏图层;
单击 Cancel 按钮退出当前操作。

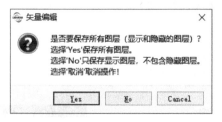

图 9.8　保存文件提示对话框

9.1.4　移除文件

单击移除文件按钮,弹出图 9.9 所示的对话框。单击 Yes 按钮保存当前图层,并移除图
层;单击 No 按钮不保存当前图层,并移除图层;单击 Cancel 按钮退出操作。

图 9.9　移除文件提示对话框

9.1.5　导出文件

导出当前包含的矢量图层为 *.dxf 文件,单击导出文件按钮,弹出图 9.10 所示的对话
框,选择需要导出的图层。单击确定按钮后,指定保存 *.dxf 文件的路径和文件名。

图 9.10　导出文件对话框

9.1.6　基础功能

基础功能包括顶点编辑、属性查询、回退、重做、删除实体、缩放全图和设置参数。

（1）顶点编辑 ⌖：编辑实体的顶点位置。鼠标左键选择实体，拖动实体上的顶点移动到其他位置。

（2）属性查询 ◈：实体几何属性查询。鼠标左键选择实体，在弹出对话框中显示实体的几何属性。

（3）回退 ↰：撤销上次编辑操作。编辑过程不能执行此操作。

（4）重做 ↱：重做上次编辑操作。编辑过程不能执行此操作。

（5）删除实体 ✕：删除场景内选中的多个实体。

（6）缩放全图 ⤢：缩放场景，使相机正好包含场景内所有实体。

（7）设置参数 ⚙：配置图 9.11 所示的相关参数，具体包括：

显示十字线：该参数定义是否显示屏幕中心位置十字线。默认为显示，取消勾选则不显示。

鼠标左键双击结束编辑：该参数定义是否通过双击鼠标左键结束当前编辑。默认为选中状态。

显示右键菜单：绘制矢量过程中是否显示右键菜单。

捕捉距离（默认 15 像素）：设置捕捉距离。

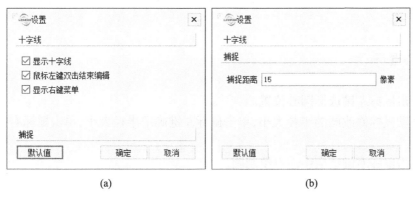

(a)　　　　　　　　　　　　(b)

图 9.11　参数设置

9.2　矢　量　化

实体矢量化，包括对点、直线、圆形、多段线和多边形实体的矢量化，也提供对多段线和多边形的矢量编辑功能。

注意：点图层只能添加点对象，不能添加直线、圆形、多段线和多边形对象。线图层不能添加点实体，只能添加直线、圆形、多段线和多边形对象。

9.2.1 点要素

单击 ✍ 按钮，通过单击鼠标左键绘制实体点，操作步骤如下：
（1）单击鼠标左键选中点实体位置。
（2）重复步骤一绘制下一个点实体。
（3）单击鼠标右键结束绘制点实体。

9.2.2 直线要素

单击 ✍ 按钮绘制线段实体，操作步骤如下：
（1）单击鼠标左键选中线段实体起点位置，或单击鼠标右键结束绘制线段实体。
（2）单击鼠标左键选中线段实体终点位置，或单击鼠标右键回退到步骤（1）。
（3）单击鼠标右键结束绘制线段实体。

9.2.3 圆形要素

单击 ◎ 绘制圆形要素，有四种方式创建圆形实体：中心点、两点、三点、圆心与半径。

1）中心点 ◎

（1）单击鼠标左键选择圆心位置。
（2）移动鼠标修改圆的半径大小，单击鼠标左键确定半径大小，单击鼠标右键可以回退到步骤（1）。
（3）单击鼠标右键结束中心点绘制圆。

2）两点 ◌

（1）单击鼠标左键确定圆上一个点的位置。
（2）移动鼠标修改圆的大小，单击鼠标左键确定，单击鼠标右键可以回退到步骤（1）。
（3）单击鼠标右键结束两点绘制圆。

3）三点 ⌓

（1）单击鼠标左键选中圆上一点 A。
（2）单击鼠标左键选中圆上一点 B，单击鼠标右键可以回退步骤（1）。
（3）单击鼠标左键选中圆上一点 C，单击鼠标右键可以回退步骤（2）。
（4）单击鼠标右键可以退出三点画圆。

4）中心半径 ⊙

（1）单击鼠标左键选择圆心位置。
（2）可以修改半径值，重复步骤（1）。
（3）单击鼠标右键可以退出中心半径画圆。

9.2.4　多段线要素

ᐬ 提供一种方式绘制多段线，并提供添加节点、追加节点和删除节点功能。

1）绘制多段线 ⌁

（1）单击鼠标左键选中点，或单击鼠标右键退出绘制多段线。
（2）重复步骤一添加点，或单击鼠标右键结束当前多段线绘制，重复步骤（1）开始新的多段线绘制。
（3）单击鼠标右键可以退出绘制多段线。

2）添加节点 ⚙

（1）单击鼠标左键选中要编辑的多段线实体，或单击鼠标右键退出编辑多段线。
（2）单击鼠标左键多段线实体位置，在该位置添加节点，或单击鼠标右键结束当多段线编辑，重复步骤（1）开始新的多段线编辑。
（3）单击鼠标右键退出多段线添加节点。

3）追加节点 ⚙

（1）单击鼠标左键选中要编辑的多段线实体，或单击鼠标右键退出编辑多段线。
（2）单击鼠标左键选择点，根据距离判断点插入的位置，如果离起始点更近，在起点前添加点，否则在终点后添加点；或单击鼠标右键结束多段线编辑，重复步骤（1）开始新的多段线编辑。

（3）单击鼠标右键退出多段线追加节点。

4）删除节点 ☜

（1）单击鼠标左键选中要编辑的多段线实体,或单击鼠标右键退出编辑多段线。
（2）单击鼠标左键多段线实体节点,删除该节点,或单击鼠标右键结束当前多段线编辑,重复步骤（1）开始新的多段线编辑。
（3）单击鼠标右键退出多段线删除节点。

9.2.5　多边形要素

提供三种方式绘制多边形,包括画多边形、两点画矩形和三点画矩形,并提供添加节点和删除节点编辑功能。

1）画多边形

通过鼠标交互绘制多段线:
（1）单击鼠标左键选中点,或单击鼠标右键退出绘制多边形。
（2）重复步骤（1）添加点,或单击鼠标右键结束当前多边形绘制,重复步骤（1）开始新的多边形绘制。
（3）单击鼠标右键退出绘制多边形。

2）两点画矩形

通过鼠标交互选取两点绘制与坐标轴平行矩形:
（1）单击鼠标左键选中点 A,或单击鼠标右键退出两点画矩形。
（2）单击鼠标左键选中点 B,或单击鼠标右键回退到步骤一重新开始画矩形。
（3）单击鼠标右键可以退出两点画矩形。

3）三点画矩形

通过鼠标交互选取三点绘制与坐标轴不平行矩形:
（1）单击鼠标左键选中点 A,或单击鼠标右键退出三点画矩形。
（2）单击鼠标左键选中点 B,或单击鼠标右键回退到步骤（1）。
（3）单击鼠标左键选中点 C,继续下一个矩形绘制,或单击鼠标右键回退到步骤（2）。
（4）单击鼠标右键退出三点画矩形。

4）添加节点 ✂

通过鼠标交互编辑多边形,添加节点。

（1）单击鼠标左键选中要编辑的多边形实体,或单击鼠标右键退出编辑多边形。

（2）单击鼠标左键多边形实体位置,在该位置添加节点,或单击鼠标右键结束当前多边形编辑,重复步骤（1）开始新的多边形编辑。

（3）单击鼠标右键退出多边形添加节点。

5）删除节点 ✂

通过鼠标交互编辑多边形,删除节点。

（1）单击鼠标左键选中要编辑的多边形实体,或单击鼠标右键编辑多边形。

（2）单击鼠标左键多边形实体节点,删除该节点,或单击鼠标右键结束当前多边形编辑,重复步骤（1）开始新的多边形编辑。

（3）单击鼠标右键可以退出多边形删除节点。

9.2.6 实体修改

↖ 为基础功能,包括复制、平移和旋转。

1）复制

对实体进行复制平移多份或者一份,创建不同位置的相同的实体,可以利用递增偏移来创建多个实体。

（1）选中需要复制的实体。

（2）单击复制,单击鼠标左键选中基准点位置。

（3）单击鼠标左键,选中移动到的位置点,弹出图 9.12 所示的对话框。

删除原始:删除原始实体,保留移动后实体。

保留原始:保留原始实体,保留移动后实体。

倍数拷贝:保留原始实体,复制多份实体,设置复制实体份数,多份实体按照相同的平移偏移量递增偏移。

图 9.12 复制实体对话框

2）旋转

对实体进行旋转多份或者一份,创建不同旋转角度的相同的实体,可以利用递增旋转角度来创建多个实体。操作步骤如下:

（1）选中需要旋转的实体。

（2）单击复制，单击鼠标左键选中旋转中心位置。

（3）单击鼠标左键，确定旋转最终角度位置，弹出图 9.13 所示的对话框。

删除原始：删除原始实体，保留移动后实体。

保留原始：保留原始实体，保留移动后实体。

倍数拷贝：保留原始实体，复制多份实体，设置复制实体份数，多份实体按照相同的旋转偏移量递增偏移。

角度（单位为度）：设置旋转的角度。

图 9.13　旋转实体对话框

3）缩放

对实体进行缩放多份或者一份，创建不同位置的不同大小的实体，利用相同的缩放比例来创建多个实体。操作步骤如下：

（1）选中需要缩放的实体。

（2）单击复制，单击鼠标左键选中缩放中心点位置，弹出图 9.14 所示的对话框。

删除原始：删除原始实体，保留移动后实体。

保留原始：保留原始实体，保留移动后实体。

倍数拷贝：保留原始实体，复制多份实体，设置复制实体份数，多份实体按照相同的缩放偏移量递增偏移。

图 9.14　缩放实体对话框

等比例缩放：该参数定义了 X 与 Y 方向缩放比例，可以约束 XY 方向缩放比例，选中等比例缩放表示 X 方向和 Y 方向缩放比例相同。

比例缩放 X：设置 X 方向缩放的比例。

比例缩放 Y：设置 Y 方向缩放的比例。

9.2.7　实体选择

对矢量化地物要素进行选择，包括选择所有、取消选择所有、选择实体、（取消）选择线、窗口选择、取消窗口选择、选择相交实体、取消选择相交实体、选择图层和反选。

（1）选择所有 ⊡：选择场景内所有实体。

（2）取消选择所有 ⊿：取消场景内所有被选择实体。

（3）选择实体 ⊿：通过鼠标左键单击选中实体。

（4）（取消）选择线 ⊞：通过鼠标左键单击选中首尾连接的实体对象，如连接的线段。

（5）窗口选择 ⊡：通过鼠标左键交互画一个矩形范围，在此范围内实体将被选中。

（6）取消窗口选择 ▱：通过鼠标左键交互画一个矩形范围，在此范围内选中实体将被取消选中。

（7）选择相交实体 🐾 ：通过鼠标左键交互画一条直线，与直线相交的实体将被选中。

（8）取消选择相交实体 🐾 ：通过鼠标左键交互画一条直线，与直线相交的选中实体将被取消选中。

（9）选择图层 🖐 ：通过鼠标左键选中实体，该实体所在图层内所有实体将被选中。

（10）反选 🖐 ：场景内所有被选中的实体，将取消选中。

9.2.8　实体捕捉

捕捉功能（图9.15）包括自由捕捉、端点捕捉、实体上的点捕捉、中心点（圆心）捕捉、中点捕捉、距离捕捉（需设置捕捉距离）、交点捕捉、垂直捕捉、水平捕捉、点云捕捉，可以对鼠标单击点进行控制，提高矢量化精确性。

图9.15　实体捕捉工具条

（1）自由捕捉 ＋ ：自由绘制点，优先级最低的捕捉。

（2）端点捕捉 ✒ ：捕捉端点，例如直线起始点，圆的上下左右端点。

（3）实体上的点捕捉 ✒ ：捕捉实体离鼠标位置最近的实体上的点，可以实现沿着实体移动。

（4）中心点（圆心）捕捉 ✒ ：捕捉实体中心点，例如圆形实体的圆心。

（5）中点捕捉 ✒ ：捕捉实体中点，例如线段中点，圆形1/4点。

（6）距离捕捉 ✒ ：捕捉一定距离的捕捉点，与其他捕捉配合使用，限制其他捕捉的范围。

（7）交点捕捉 ✕ ：捕捉多个实体的相交点，例如两条线段交点。

（8）垂直捕捉 ∦ ：捕捉垂直方向的点，限制垂直方向移动。

（9）水平捕捉 ⊸ ：捕捉水平方向的点，限制水平方向移动。

（10）点云捕捉 ⣿ ：捕捉点云上的点（如房屋角点），精细画房子的拐点。

第 10 章

点云与影像融合处理

LiMapper 是集数据自动化处理、高效稳定运行、成果专业级精度等优势于一体的航空摄影测量软件,能够基于重叠的影像数据恢复出物体精细的三维几何结构,并生成一系列标准的测绘成果。这源于 LiMapper 实现了摄影测量及计算机视觉领域的前沿算法,并采用中央处理器(CPU)多核计算、图形处理器(GPU)高性能计算技术加速数据的处理。在长期的工程实践中,软件持续优化自动算法,不仅能够处理传统航测的大框幅影像,还能够克服无人机影像姿态不稳定、畸变大等问题。交互界面简洁易用,具有一键式的处理流程,使用便捷。

LiMapper 支持在一个项目中处理 10 000 幅以上的影像,可处理的数据类型为下视、倾斜和多光谱影像。核心功能包括特征点提取匹配、区域网平差、相机自检校、密集点云重建、数字高程模型/数字表面模型生成、正射影像智能镶嵌、真正射影像生成、拼接线编辑和数据可视化分析等。

10.1　生成正射影像

LiMapper 支持单/多相机、单/多架次正射影像处理,已广泛应用于地质灾害监测、测绘调查、林业分析和环境保护等领域。

10.1.1　新建工程

(1)单击侧边菜单中的"新建"选项,进入新建工程界面(图 10.1)。
(2)单击任意一模板进入图 10.2 所示的新建工程向导界面,设置:
工程名称:输入工程名称。

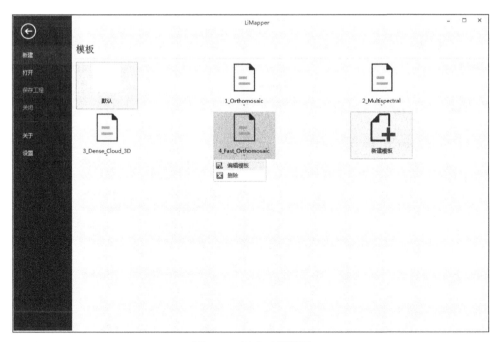

图 10.1　新建工程界面

图 10.2　新建工程向导

工程路径：输入或浏览工程路径。

工程模板：已选择的工程模板，此处可更改工程模板。

（3）单击下一步按钮，进入图 10.3 所示的加载影像界面。

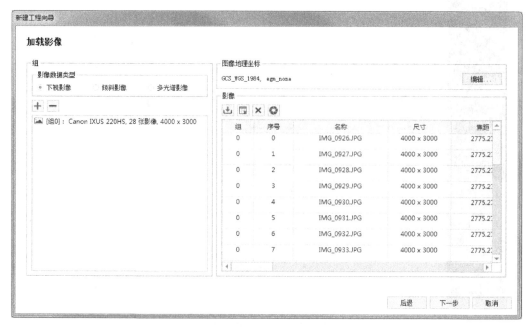

图 10.3   加载影像

LiMapper 支持的影像数据类型包括：① 下视影像：适用于航飞下视相机数据。② 倾斜影像：适用于航飞倾斜相机数据。③ 多光谱影像：适用于多光谱相机数据。

在"组"选项卡中，每个相机组内的所有影像共用一套相机参数，每个工程至少添加一组影像。

- 添加组➕：选择至少一张影像，然后添加。
- 删除组➖：选中组列表中的一组或多组，然后删除。

添加组之后，在组的右键菜单中单击 🖼 按钮向该组内添加更多影像。

编辑影像按钮包括：

- 导入 POS ⬇：参见使用 POS 流程相关内容。
- 重置 POS 🔲：重置影像位置和姿态。
- 删除影像 ✕：选择一张或多张影像，然后删除。
- 相机校正 ◎：参见相机校正相关内容，多光谱影像可在此处设置主波段。

（4）单击下一步按钮，出现图 10.4 所示的选择输出坐标系界面。软件会根据影像 GPS 信息给出计算结果坐标系的推荐值。

水平坐标系：推荐值为 UTM 投影坐标系。用户可以单击选框展开下拉菜单，选择其他坐标系（比如高斯–克吕格投影系）或自定义坐标系。此外，选择的坐标系必须能够从导入的 POS 坐标系转换得到，软件内部会做出判断，不可转换时会提示重新选择。

垂直坐标系：可选值为 EGM2008、EGM96、EGM84 以及自定义大地水准面差距值。推荐使用 EGM2008，精度较高。

图 10.4 选择输出坐标系

单击高级按钮可展开设置地理变换参数界面,用户可以输入自定义的七参数或三参数、四参数,用于将 POS 数据转换到选定的水平坐标系下,以获得高精度的 POS 坐标。

10.1.2 一键运行

新建工程完成后,即可一键运行生成所需的成果。如图 10.5 所示,单击工具栏中的 ▶ 按钮开始一键运行影像对齐、密集点云、地形、拼图。

图 10.5 一键运行

需要处理的步骤在选择模板时已经确定,此处可通过去除勾选来仅运行部分步骤。需要注意的是,不同的步骤之间存在依赖关系,若依赖关系不满足,则 ▶ 按钮将呈不可用状态;步骤计算完成会呈未勾选状态,重新勾选此步骤然后单击开始按钮会重新计算此步骤;单击 ⚙ 按钮可以对已经勾选的步骤进行参数设置,下面将详细介绍各个步骤的参数设置。

1）影像对齐

影像对齐是基于原始图像、地理位置信息（GNSS、GCP，可选）、初始相机内参（可选）恢复拍摄时刻相机的位置姿态及稀疏三维场景结构的过程。影像对齐流程通常包括特征点检测、特征点匹配和平差解算三部分。如果选择外部导入 Inpho 工程，则在 LiMapper 中不再进行平差计算，相机的内外参不变。影像对齐界面如图 10.6 所示。

图 10.6　影像对齐参数设置界面

（1）特征点检测。

最大影像尺寸：支持的最大影像尺寸有三种，分别是"大""中""小"。根据选择的最大影像尺寸的不同，在处理过程中会对原始影像进行不同层级的采样（上采样或者下采样）。大尺寸检测到的特征点数目最多，处理结果相较于"中""小"尺度更具鲁棒性，消耗时间最长；中尺寸检测到的特征点数目比大尺寸少，处理过程消耗时间比大尺度少；小尺寸检测到的特征点数目比"大""中"尺寸少，处理过程消耗时间最短。注意，在一定数目范围内，特征点数目的增加会提升处理结果的鲁棒性（特征点数目过多亦会引入更多的噪声）。本软件算法已对处理效率、鲁棒性进行了权衡，大部分情况下保持默认选项"大"即可获得更好的结果。

最大特征数量（默认为 8192）：是指参与后续处理流程的每张图像所包含的特征点数量上限值。上限值越大，后续处理流程消耗时间越长；反之，越短。注意，特征过少会影响后续流程的鲁棒性,所以处理数据时不能仅考虑效率因素。本软件算法已对效率和鲁棒性进行权衡,大部分情况下保持默认值即可获得较好的结果。

（2）特征点匹配。

像对筛选模式:为了提升特征点匹配的效率,在特征点匹配之前会选择一个预匹配像对集合,后续的匹配只在该集合中的像对间进行。目前支持的像对筛选模式有三种:一般、暴力和地理参考。一般模式指在正式匹配之前对原始影像进行下采样,对低分辨率的影像进行匹配,缩小匹配范围,然后再进行精细匹配。暴力模式指采用穷举法对所有影像进行穷举匹配(这个过程较为耗时)。地理参考模式指根据影像的地理位置信息,从可交换图像文件格式(exchangeable image file format, EXIF)中读取或从外部导入,仅选取离待匹配影像最近的一部分影像生成预匹配像对集合,从而缩小匹配范围。

注意:"地理参考模式"仅在地理位置信息存在的情况下有效。大部分情况下保持默认选项"一般"即可获得较好的结果,如果影像对齐结果出现明显错误,可尝试"暴力"模式。

最大连接点数量(默认为 1024):是指处理过程中每两幅影像之间的最大连接点个数。连接点个数过少会影响处理结果的精度甚至会导致处理失败。大部分情况下保持默认选项"1024"可获得较好的结果。

（3）外部导入。目前仅支持导入 Inpho 工程。

（4）平差。

内参是否优化(默认全部优化):支持的内参有相机焦距(f),像主点(cx, cy),径向畸变参数($k1$, $k2$, $k3$),切向(偏心)畸变参数($p1$, $p2$),像平面畸变参数($b1$, $b2$)。在没有初始内参的情况下,通过软件内部的自标定算法可以获得较好的内参估计值。另外,也支持使用已标定的相机内参。如果外部导入的内参准确性很高,可不勾选内参优化,这样在平差过程中将保持内参数值不变。

外参是否优化(默认全部优化):支持的外参有旋转参数/外方位角元素(R)、平移参数/外方位线元素(T)。在没有准确外部导入相机外参的情况下,请务必勾选,否则会导致影像对齐失败。

是否估计安置误差(默认全部不估计):支持的安置参数有 GPS 安置误差(沿 x, y, z 三个坐标轴的偏移值,GPS →相机),IMU 安置误差(包括 heading、pitch、roll 三个角度偏移值,IMU →相机)。上述安置参数默认为 0(即默认 GPS、IMU 无安置误差)。其中,GPS 安置误差仅在 GPS 精度较高且有准确控制点情况下才能准确估计,在不能保证 GPS 精度或无控制点情况下不要勾选,否则将严重影响对齐结果。

外点阈值(默认为 6.00):是指平差过程中重投影误差上限值(单位为像素),超过误差上限的特征点及其对应场景点会被剔除。该策略可以有效抑制外点对平差结果的影响。

2）生成密集点云

基于影像对齐优化计算的相机内参、位置及姿态,利用多视立体匹配算法能够生成影像覆盖区域的密集点云。密集点云可以直接用来分析物体的几何信息,或者作为生成 DEM/DSM 的输入数据。生成密集点云参数设置界面如图 10.7 所示。

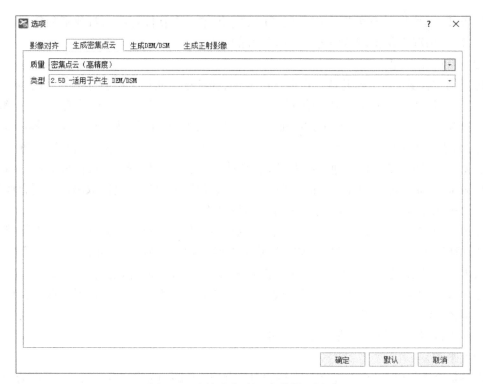

图 10.7   生成密集点云参数设置界面

可设置的密集点云生成参数如下:

质量:该参数定义了输入影像的金字塔层级。质量越高,输入影像的尺寸越大,匹配所消耗的时间越长。

- 超高精度:用原始尺寸影像进行匹配并生成密集点云。相较于高精度,该选项能够重建更加丰富的物体细节,尤其是在容易匹配的区域(如城市)。该选项消耗的时间最长。
- 高精度(默认):用 1/2 尺寸影像进行匹配并生成密集点云。
- 中精度:用 1/4 尺寸影像进行匹配并生成密集点云。相较于高精度,该选项生成的物体细节更少。但是在难以匹配的区域(如植被),能够生成更完整的点云。该选项消耗的时间较短。
- 低精度:用 1/8 尺寸影像进行匹配并生成密集点云。相较于高精度和中精度,该选项生成的物体细节最少。但是在难以匹配的区域(如植被),能够生成更完整的点云。该选项消耗的时间最短。

类型:该参数定义了输出密集点云的类型。

- 2.5D(默认):输出 2.5D 栅格化的结果,不包含物体侧面点云。该选项为默认参数,适用于产生 DEM/DSM。
- 3D:输出 3D 结果,包含物体侧面点云。该选项适用于产生更加完整的密集点云。

3）生成 DEM/DSM

基于物体三维点构建 DEM 或 DSM。如果已经生成密集点云，则采用密集点云作为输入数据；如果未生成密集点云，则采用影像对齐后的连接点作为输入数据。DEM/DSM 可以直接作为输出成果，或者作为生成正射影像的输入数据。生成 DEM/DSM 参数设置界面如图 10.8 所示。

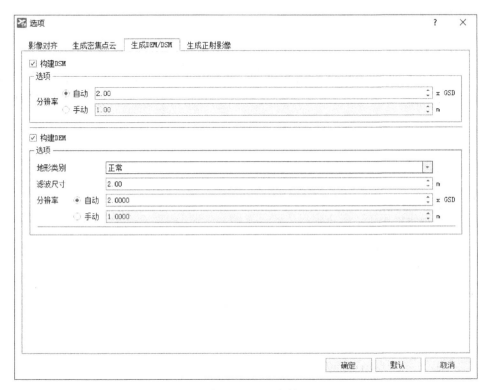

图 10.8　生成 DEM/DSM 参数设置界面

可选择的模式及其相关参数如下。

（1）构建 DEM。

该模式利用布料模拟滤波算法（Zhang et al., 2016）提取输入数据中的地面点，然后使用地面点进行反距离加权插值构建 DEM。

地形类型（默认为正常）：该参数定义了区域内的地面起伏程度，有平坦、正常和起伏很大三个可选项。请参照区域内实际地形类型设置该参数（推荐城区设置为平坦或正常，山区设置为起伏很大）。

滤波尺度（默认为 2.0）：该参数定义了滤波时的布料网格大小，通常情况下保持默认即可，当地形较为陡峭时可适当调小（例如，山区设置为 0.5 ～ 1.0）。

分辨率：该参数定义了输出 DEM 的空间分辨率（单位为米）。数值越小，分辨率越高，消耗时间越长。默认自动使用当前项目最高有效分辨率的倍数值，默认倍数为 2。也可选择手动输入分辨率。

（2）构建 DSM。

该模式使用输入数据的全部点进行反距离加权插值构建 DSM。

分辨率：该参数定义了输出 DSM 的空间分辨率（单位为米）。数值越小，分辨率越高，消耗时间越长。默认自动使用当前项目最高有效分辨率的倍数值，默认倍数为 2。也可以手动输入分辨率。

4）生成正射影像

该模块利用影像内外方位元素以及生成的 DEM 和 DSM 将拍摄的原始图像进行正射校正并将校正后的图像进行拼接和融合。模块内涉及的过程包括畸变校正、正射校正、图像曝光补偿、色彩增强、图像拼接与融合。生成正射影像参数设置界面如图 10.9 所示。

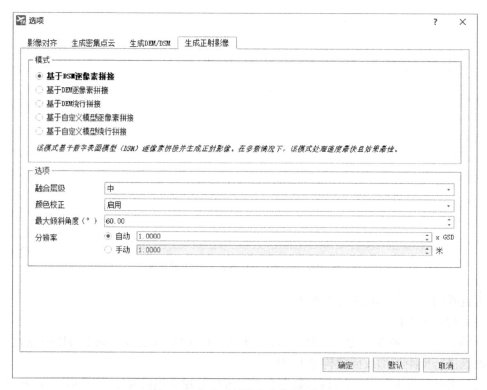

图 10.9　生成正射影像参数设置界面

（1）生成模式。

生成模式包括 5 种类型（图 10.9），根据数据源和拼接方式进行划分。其中，数据源包括生成的 DSM、DEM 以及用户外部导入。一般而言，DSM 精度高，使得正射校正过程中较容易恢复正确的像素位置，从而得到质量较好的正射影像。例如，在城市区域，建筑高差大，采用 DEM 生成的正射影像中，建筑往往是倾斜的，而在一些较为平坦、高差不大的区域，使用 DEM、DSM 进行正射校正效果可能差异不大。软件提供了逐像素与智能绕行两种拼接方式。逐像素拼接方式按影像最佳正射区域加权拼接,要求使用的 DSM、DEM 精度高,与实际地面情况吻合,否则容易出现扭曲和拉花现象。智能绕行方式通过生成绕行地物的智能拼接线,减小几何变形,该方法是利用 DEM 生成正射影像的一种传统方法,可作为备选方案。

- 基于 DSM 逐像素拼接(默认推荐):基于 DSM 逐像素拼接生成正射影像。在多数情况下,该模式处理速度最快且效果最佳。
- 基于 DEM 逐像素拼接:该模式基于 DEM 逐像素拼接生成正射影像,在一些高大树冠的森林中具有良好的效果。由于使用的是 DEM,在正射影像中地物的位置精度可能会下降。
- 基于 DEM 绕行拼接:该模式采用 DEM 生成正射影像,通过生成智能绕行的拼接线减小变形,在农田、草地以及灌丛等植被环境中具有良好的效果。当采用 DSM 逐像素拼接效果不佳时,该模式可作为一种备选方案。注意,该模式处理时间较长。
- 基于自定义模型逐像素拼接:采用自定义的 DEM 或 DSM 逐像素拼接,推荐使用 DSM。
- 基于自定义模型绕行拼接:采用自定义的 DEM 或 DSM 逐像素拼接,推荐使用 DEM。

注意:用户在选择模式时,需要在生成 DEM/DSM 中生成对应的 DEM、DSM,或者从外部导入对应的 DEM、DSM,否则会因为没有数据导致计算中断。导入的 DEM、DSM 的坐标系将会自动转换到当前项目坐标系;否则,需要在导入时设置。

(2)参数选项。

融合层级(默认高):包括“高”“中”“低”“非常低”“无”五个选项,其中“无”表示不融合。当单张正射影像宽高较大(超过 3 000 像素 × 3 000 像素)时,融合层级越高,则融合效果越好。当生成的正射影像较小(小于 1 000 像素 × 1 000 像素)时,较高的融合层级容易导致整体灰暗,此时需要适当降低融合层级。

颜色校正(默认启用):如果启用该功能,模块将在正射校正过程中重新调整原始影像亮度、对比度、饱和度以及白平衡。在大多数情况下,启用该功能有利于生成清晰、亮度适中以及色彩鲜艳的正射影像图。若输入影像为多光谱影像,该功能被禁用。

最大倾斜角度(默认为 60°):大于该角度的影像将被排除,不参与正射校正、拼接与融合。一般优先考虑使用倾角较小的影像,因为倾角大的影像生成的正射影像质量较差,且非常耗费计算资源,导致效率低下。

分辨率:该参数定义了输出正射影像的空间分辨率(单位为米)。数值越小,分辨率越高,消耗时间越长。默认自动使用当前项目最高有效分辨率的倍数值,默认倍数为 1。也可以手动输入分辨率。

如果需要使用额外的输出数据,可参考使用 POS、使用地面控制点(ground control point,GCP)/手工连接点(manual tie point,MTP)、使用已标定的相机内参以及设置多光谱相机的主波段。

5）使用 POS

可利用 POS 信息加速图像处理流程,确定图像在真实世界中的位置。LiMapper 支持的
POS 类型见表 10.1。

表 10.1   LiMapper 支持的 POS 类型

工具箱名称	影像内嵌 EXIF	*.txt, *.csv 文件
位置	经度、纬度、高程	经度、纬度、高程 /X、Y、Z
姿态		Roll, Pitch, Heading/Omiga, Phi, Kappa

（1）导入 POS。

导入影像内嵌 EXIF 格式的 POS 信息:目前,大部分集成了 GNSS 接收机的无人机系
统拍摄影像时会自动在影像中写入 EXIF 格式的 WGS84 坐标系经纬高信息,导入这种影
像时,软件会自动读取其经纬高信息,并根据第一张影像的经纬高信息定位对应的 UTM 投
影系。

导入 *.txt, *.csv 格式的 POS 文件:① 可在新建工程向导的加载影像界面单击 ⬇ 按
钮导入 POS,在影像信息面板单击 ⬇ 按钮导入 POS,或者单击菜单栏的 ⬇ 按钮导入 POS。
② 在弹出的打开 POS 文件窗口中选择要导入的 POS 文件,单击打开按钮,进入 POS 编辑器
界面,在该界面需注意以下配置项:

- 分隔符调整:若加载 POS 文件后,列表未对文件进行有效显示,可以通过调整表格下
  方的分隔符有效的分割显示数据。目前支持 TAB、"\t"、"\n" 和 "," 四种类型分隔符
  及四种类型分割符组成的联合分隔符。默认使用联合分隔符分割 POS 数据。若文件
  的分隔符不是上述四种,可以在分隔符的文本框中输入合适的分隔符来有效的划分
  数据。
- 旋转角类型(可选):根据导入数据设置角度类型。若不想利用角度信息,则将表格
  中角度的列标题设置为忽略。
- 跳过无效行(可选):通过界面调整忽略 POS 文件的前 N 行。默认不跳行。
- 坐标系(必选):导入数据的坐标系,单击编辑按钮可进行更改,水平坐标系可选
  项有任意坐标系、地理坐标系和投影坐标系三类,垂直坐标系可选项有 EGM2008、
  EGM96、EGM84 以及自定义大地水准面差距值。
- 列标题(必选):若列标题与当前列数据不一致,可以点开列标题的下拉列表选择当
  前列合适的列标题。

（2）POS 的作用。POS 信息在 LiMapper 中主要有三个方面的作用:① 可应用于影像
匹配过程中的像对筛选过程(地理参考),增加处理速度。② 应用于更新对齐过程(单击
♺ 按钮)。③ 作为权重因子,参与平差优化,增加处理结果的鲁棒性。

在处理大范围、高分辨率影像时,仅考虑影像信息进行影像对齐有些时候可能

无法获得一个最优的结果（误匹配产生的外点，影像的畸变参数估计的误差等无法避免）。

为了提升影像对齐结果的鲁棒性，在影像对齐过程中采用了 POS 同影像联合平差的策略，在这过程中 POS 精度的设置就显得尤为重要。

注意：在使用的外部相机内参精度不够或原始影像质量较差的情况下，影像对齐结果中的相机位置可能严重偏离对应 GPS 值，此时通过调节 POS 权重可显著提升影像对齐结果。

（3）导入 POS 后续步骤。对于新建立的工程，导入 POS 完成后，可一键运行生成所需的成果，POS 会被直接应用；对于之前已生成过密集点云、DEM/DSM 和正射影像的工程，历史数据会被清除，但影像对齐的结果会被保留下来，如果选择利用之前的影像对齐结果，可直接单击菜单栏中的处理流程→更新对齐按钮 🔧 应用导入的 POS，然后一键运行生成所需的成果。

6）使用 GCP/MTP

使用地面控制点能够提升影像对齐的质量和绝对精度。在影像对齐后，使用手工连接点可以手工注册困难区域不能自动注册的影像，让整个项目的结果更加完整。GCP/MTP 面板（图 10.10）用于导入、导出以及编辑地面控制点和手工连接点。GCP/MTP 面板包含三个列表，从上到下分别为点列表、2D 观测点列表和 2D 预测点列表。

（1）点列表：用于显示和编辑控制点、检查点及手工连接点。列表属性包括：

名称：点名称（可编辑）。

标识：点标识（可编辑），支持的选项为控制点（用于绝对定向）、检查点（用于检查绝对定向精度）、连接点（用于注册困难区域影像）。

类型：点类型（可编辑），支持的选项为 XYZ（平高点）、XY（平面点）、Z（高程点）。

wX、wY、wZ：点在物方空间中的 3D 坐标（可编辑）。

wError：点在绝对定向后的 3D 误差。

相关影像：观测过该点的相关影像。

注意：若某点标识为连接点，则该点的类型与 3D 坐标将变为不激活状态。

（2）点列表上方的工具栏，包含如下功能：

导入控制点 / 连接点 ⬇️：从文件导入控制点 / 连接点。

导出控制点 / 连接点 ⬆️：导出点列表中的控制点 / 连接点到文件，支持 *.txt、*.xml 格式。

添加控制点 / 连接点 ＋：在点列表中添加新点。

删除控制点 / 连接点 ━：删除点列表里选中的一个或多个点。

控制点设置 🔧：设置控制点坐标系。

更新对齐 🔧：若已经完成影像对齐，且点列表中含有至少 4 个有效控制点，可基于控制点进行绝对定向。

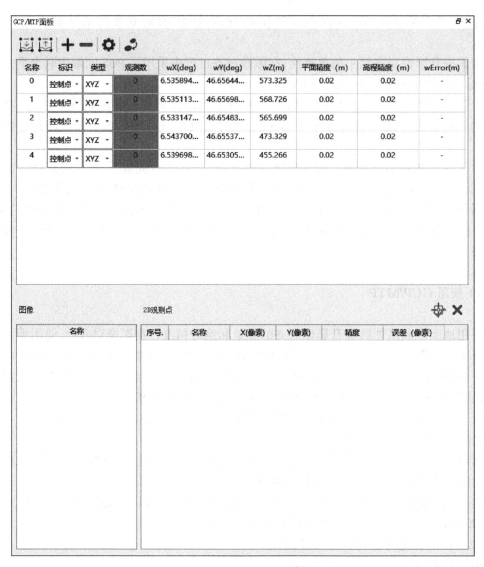

图 10.10　GCP/MTP 面板

（3）2D 观测点列表：当点列表中的某点处于被选中状态，2D 观测点列表显示该点在一张或多张影像上的 2D 观测点。列表属性包括：

序号：影像序号。

名称：影像名称。

X、Y：该点在影像上的观测值（即像素坐标）。

误差：绝对定向后观测值的误差。

（4）2D 观测点列表上方的工具栏，包含如下功能：

添加 2D 观测点 ：在推荐图像列表中双击相关影像，并在影像显示窗口单击该点对应的像素坐标位置之后，可添加此观测值。单击后的观测值（像素坐标）位置在图中显示为红色十字（图 10.11a），通过单击 成功添加观测值后红色十字变绿（图 10.11b）。

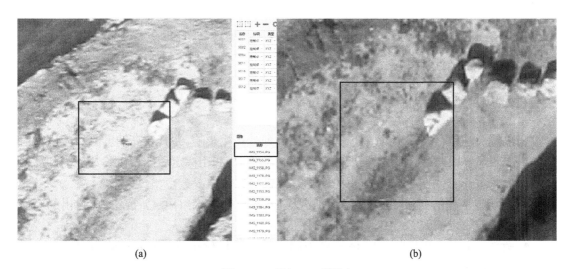

(a)　　　　　　　　　　　　　(b)

图 10.11　添加 2D 观测点

删除 2D 观测点 ✖ : 删除选中的观测点。

（5）推荐图像列表。当点列表中的某点处于被选中状态时,推荐图像列表中将显示与该点相关性较强的图像（图像按相关性强弱顺序从上到下排列）。单击列表中的影像,影像显示窗口将快速跳转至对应影像,并且在影像上智能标识当前选中点对应的 2D 观测点位置（已选取的 2D 观测点数目大于 3 后,标识精度较为可靠）,从而辅助人工选点,减轻人工查找的工作量。预测值位置在图 10.12 中显示为"×"和圆圈。

图 10.12　预测点位置

（6）使用 GCP。切换到 GCP/MTP 面板后,编辑控制点的步骤如下:① 添加或导入控制点:参见 GCP/MTP 面板点列表的使用方式。② 添加控制点 2D 观测点:参见 GCP/MTP 面板 2D 观测点列表的使用方式。

在完成控制点编辑后,有如下两种方式使用控制点:

● 直接运行影像对齐;

● 若影像对齐已经完成,可单击 GCP/MTP 面板中的 🔧 按钮进行更新对齐。

注意:需要至少 4 个均匀分布的控制点,并且每个点需要至少在 2 幅影像上进行观测。

（7）使用 MTP。切换到 GCP/MTP 面板后,编辑手工连接点的步骤如下:① 添加或导入 MTP:参见点列表的使用方式,注意需要将点标识改为连接点。② 添加 MTP 的 2D 观测点:参见 2D 观测点列表的使用方式,在未注册以及成功注册的影像上添加 MTP 的 2D 观测点。

完成 MTP 的编辑后,可在影像面板中选中相关未注册影像,运行更新对齐功能。

注意,在一张未注册的影像上,需要添加至少 4 个 MTP,并且每个 MTP 需要在至少 2 幅已注册的影像上进行观测。

7）使用已标定的相机内参

相机镜头难免存在一定的畸变,这将对影像处理产生影响,尤其在高精度测量应用方面影响更加明显。因此,在使用时需要标定相机各项参数,利用标定后的相机参数提高计算精度。在影像对齐前,用户可以通过以下两种方式设置相机内参:

- 在新建工程的"加载影像"界面加载影像后,单击影像组内 ⚙ 按钮,在弹出的对话框中进行设置。
- 新建工程后,单击"主页"标签页中的工具→相机校正,在弹出的对话框(图 10.13)中进行设置。

图 10.13　相机校正面板

8）设置多光谱相机的主波段

对于多光谱数据，由于不同波段的相机之间存在刚性变换关系，且各波段的特征各不相同，所以影像对齐时往往先选取其中一个波段作为主波段进行对齐，然后再用刚性约束关系将其他波段的影像对齐到主波段。密集匹配时也只使用主波段的影像进行计算。

设置方法：单击"主页"标签页中的工具→相机校正，在弹出的对话框（图 10.14）中设置。对于常见的多光谱相机，如"Micasense RedEdge"，推荐使用绿波段作为主波段。

图 10.14　设置主波段

10.1.3　生成质量报告

一键运行中的任意一个步骤完成后,都可以生成质量报告,质量报告中包含工程的基本信息、已完成步骤的参数设置信息、成果信息以及运行时间等。

单击"主页"标签页中的质量报告按钮,将出现图 10.15 所示的生成质量报告界面。可生成 *.pdf 格式的质量报告,报告将自动输出到工程目录下的 1_Report 文件夹,并自动调用 PDF 阅读器打开。

图 10.15　生成质量报告界面

10.1.4　导出成果

（1）导出相机参数:在影像对齐完成后,如果需要将优化完的相机参数导出供其他软件使用,单击"主页"标签页中的导出→相机。

（2）导出无畸变影像:在影像对齐完成后,单击"主页"标签页中的导出→相机→无畸变影像。

（3）导出点云:在影像对齐或生成密集点云完成后,可通过如下方式导出点云:

● 单击"主页"标签页中的导出→点云。

● 在工作区面板"成果"中的"连接点"或"密集点云"条目的右键菜单里单击"导出点云"。

（4）导出 DEM/DSM:在生成 DEM/DSM 完成后,可通过如下方式导出 DEM/DSM:

- 单击"主页"标签页中的导出→ DEM/DSM。
- 在工作区面板"成果"中的"DEM/DSM"条目的右键菜单里单击"导出 DEM/DSM"。
（5）导出正射影像：在生成正射影像完成后，可通过如下方式导出正射影像：
- 单击"主页"标签页中的导出→正射影像。
- 在工作区面"成果"中的"DOM"条目的右键菜单里单击"导出正射影像"。
（6）导出拼接线：在生成正射影像完成后，可通过如下方式导出拼接线：
- 单击"主页"标签页中的导出→拼接线。
- 在工作区面"成果"中的 DOM 条目的右键菜单里单击"导出拼接线"。

10.2 点云与影像融合

对于同一区域的点云和影像数据，通过 LiDAR360 软件中的纹理映射工具可将多波段影像数据颜色值 RGB 映射到对应点云数据颜色值属性中。在 LiDAR360 软件中进行点云与影像融合的具体步骤如下：

（1）单击数据管理→点云工具→纹理映射，弹出对话框如图 10.16 所示。

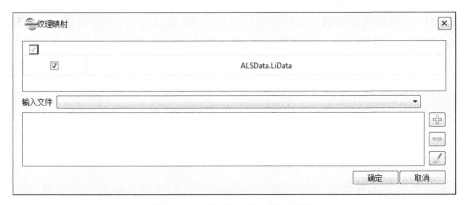

图 10.16 纹理映射工具对话框

（2）参数设置如下：

输入点云数据：输入一个或多个点云数据文件。文件格式：*.LiData。

输入文件：输入与点云具有相同地理位置的多波段影像数据。 如果影像数据已经在软件中打开，单击下拉按钮选择数据；也可以单击 ✚ 打开外部影像数据。单击 ━ 移除选中的数据，单击 ✎ 清空影像数据列表。文件格式：*.tif。

（3）处理完成后，点云数据的显示方式将自动变为按 RGB 显示（也可单击工具栏的按RGB 显示点云按钮 ）。

第 11 章

森林结构参数提取

森林结构参数的提取是定量化森林生态系统结构、格局与功能的重要前提,在森林碳源汇估算、森林管理与经营、生物多样性研究与保护等方面有着重要作用。传统测量方法主要依赖地面调查与遥感影像估算,但估算精度有限。激光雷达作为一种主动遥感技术为上述林业参数的提取提供了一种新的技术手段。在过去十几年中,激光雷达在林业结构参数的提取方面发展迅速,已取得了一系列重要进展。本章主要介绍基于不同平台的激光雷达扫描数据,提取群落冠层结构参数(如森林冠层高度变量、强度变量、冠层覆盖度和叶面积指数等)和个体水平林业结构参数(如树高、胸径等),以及利用提取的森林结构参数进行生物量反演。

11.1 群落水平林业结构参数

群落垂直结构是群落生态学研究的重要内容之一,对于研究群落光合作用、群落物种组成结构、动植物生境质量量化评估等均具有重要意义。激光雷达所获取的波形或点云数据可以直观、定量地反映森林群落的垂直结构。利用激光雷达数据可估算一系列群落尺度结构参数,如森林冠层平均高、最大高和高度百分位数等参数(庞勇等,2005;郭庆华等,2014;李增元等,2015;Naesset et al.,2004;Wulder et al.,2012)。估算生物量、蓄积量等参数的较为通用的方法是建立点云的高度等变量与地面实测群落高度之间的回归关系,以进行大尺度外推(Fang et al.,2001;Boudreau et al.,2008;Asner and Mascaro,2014;Hu et al.,2016;Su et al.,2016a,b)。

11.1.1 高度变量

高度变量功能是利用点云高程值计算与高程相关的 46 个统计参数,以及与点云密度相关的 10 个参数。首先,在 x、y 方向根据一定的距离将点云空间划分成不同的网格,然后根据指定的高度间隔将其进一步分割成不同的"层"。如果点云中包含很多小方块,可以用每个方块内点的高程值计算高度变量,并且每个方块都生成一条记录,存储在 *.csv 文件或一组 *.tif 文件中。各个高度变量计算原理介绍如下。

平均绝对偏差:

$$V = \frac{\sum_{i=1}^{n}(|Z_i - \bar{Z}|)}{n} \tag{11.1}$$

式中,Z_i 为每一统计单元内第 i 个点的高度值,$\bar{Z}$ 为每一统计单元内所有点的平均高度,n 为每一统计单元内的总点数。

冠层起伏率:

$$V = \frac{\text{mean} - \text{min}}{\text{max} - \text{min}} \tag{11.2}$$

式中,mean 为每一统计单元内所有点的平均高度,min 为每一统计单元内所有点的最小高度值,max 为每一统计单元内所有点的最大高度值。

累积高度百分位数(15 个):某一统计单元内,将其内部所有归一化的激光雷达点云按高度进行排序并计算所有点的累积高度,每一统计单元内 $X\%$ 的点所在的累积高度,即为该统计单元的累积高度百分位数。在 LiDAR360 中,统计的累积高度百分位数包含 15 个,即 1%、5%、10%、20%、25%、30%、40%、50%、60%、70%、75%、80%、90%、95% 和 99%。

累积高度百分位数四分位数间距(accumulate interquartile height, AIH):

$$V = \text{AIH75\%} - \text{AIH25\%} \tag{11.3}$$

式中,AIH75% 为 75% 累积高度百分位数,AIH25% 为 25% 累积高度百分位数。

变异系数:某一统计单元内,所有点的 Z 值的变异系数。

$$V = \frac{Z_{\text{std}}}{Z_{\text{mean}}} \times 100\% \tag{11.4}$$

式中,Z_{std} 为每一统计单元内所有点高度值的标准差,Z_{mean} 为每一统计单元内所有点的平均高度。

密度变量(10 个):将点云数据从低到高分成十个相同高度的切片,每层回波数的比例就是相应的密度变量。

峰度:某一统计单元内,所有点的 Z 值分布的平坦度。

$$\text{Kurtosis} = \frac{\frac{1}{n-1}\sum_{i=1}^{n}(Z_i - \bar{Z})^4}{\sigma^4} \tag{11.5}$$

式中,Z_i 为每一统计单元内第 i 个点的高度值,$\bar{Z}$ 为每一统计单元内所有点的平均高度,n 为每一统计单元内的总点数,σ 为统计单元内点云高度分布的标准差。

中位数绝对偏差的中位数:中位数绝对偏差的中位数。

最大值:某一统计单元内,所有点的 Z 值的最大值。

最小值:某一统计单元内,所有点的 Z 值的最小值。

平均值:某一统计单元内,所有点的 Z 值的平均值。

中位数:某一统计单元内,所有点的 Z 值的中位数。

二次幂平均:

$$V=\sqrt[2]{\frac{\sum_{i=1}^{n} Z_i^2}{n}} \tag{11.6}$$

式中, Z_i 为每一统计单元内第 i 个点的高度值, n 为每一统计单元内的总点数。

三次幂平均:

$$V=\sqrt[3]{\frac{\sum_{i=1}^{n} Z_i^3}{n}} \tag{11.7}$$

式中, Z_i 为每一统计单元内第 i 个点的高度值, n 为每一统计单元内的总点数。

高度百分位数(15 个):某一统计单元内,将其内部所有归一化的激光雷达点云按高度进行排序,然后计算每一统计单元内 $X\%$ 的点所在的高度,即为该统计单元的高度百分位数。在 LiDAR360 中,统计的高度百分位数包含 15 个,即 1%、5%、10%、20%、25%、30%、40%、50%、60%、70%、75%、80%、90%、95% 和 99%。

高度百分位数四分位数间距:

$$V=\text{Elev75\%}-\text{Elev25\%} \tag{11.8}$$

式中,Elev75% 为 75% 高度百分位数,Elev25% 为 25% 高度百分位数。

偏斜度(偏态):某一统计单元内,所有点的 Z 值分布的对称性。

$$\text{Skewness}=\frac{\frac{1}{n-1}\sum_{i=1}^{n}(Z_i-\bar{Z})^3}{\sigma^3} \tag{11.9}$$

式中, Z_i 为每一统计单元内第 i 个点的高度值, $\bar{Z}$ 为每一统计单元内所有点的平均高度, n 为每一统计单元内的总点数, σ 为统计单元内点云高度分布的标准差。

标准差:某一统计单元内,所有点的 Z 值的标准差。

方差:某一统计单元内,所有点的 Z 值的方差。

1)提取高度变量

在 LiDAR360 软件中提取高度变量的具体步骤如下。

(1)单击机载林业→森林参数→高度变量,弹出高度变量界面如图 11.1 所示。

(2)参数设置如下:

输入数据:输入文件可以是单个点云数据文件,也可以是多数据文件;待处理数据必须在 LiDAR360 软件中打开。文件格式:*.LiData。应确保每一个输入的点云数据都是归一化的数据(图 11.2a)。

XSize(单位为米):栅格尺寸的长,该值应大于单木冠幅,对于大多数森林类型而言,栅格尺寸应大于 15 m。

图 11.1　高度变量参数设置对话框

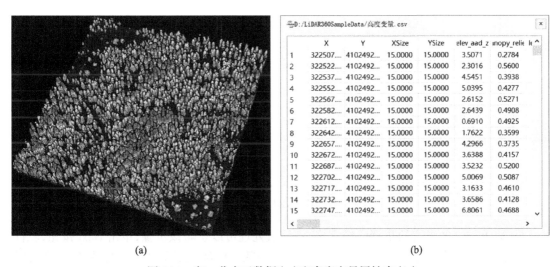

(a)　　　　　　　　　　　　　　　　(b)

图 11.2　归一化点云数据（a）和高度变量属性表（b）

YSize（单位为米）：栅格尺寸的宽，该值应大于单木冠幅，对于大多数森林类型而言，栅格尺寸应大于 15 m。

高度阈值（单位为米）：将点云分成不同层的阈值，高度超过该阈值的点才参与运算，默认值为 2 m。

输出路径：输出路径运行后，每一个输入的点云数据文件都会生成一个对应的 *.csv 文件（图 11.2b）或一组 *.tif 文件，可以在回归分析中作为自变量。

注意：只有当软件中加载了点云数据时，才能使用高度变量功能；否则，软件会弹出 "There is no point cloud data meet the conditions of calculation!" 的提示信息。如果点云的最大 Z 值大于 200 或者最大 Z 值减去最小 Z 值大于 200，软件会认为该数据没有被归一化，此时会弹出如图 11.3 所示的提示信息，单击 Yes 按钮，这种类

图 11.3　高度变量提示对话框

型的数据仍然参与运算；单击 No 按钮，这种类型的数据将不参与运算，用户可重新选择满足条件的数据。

2）流程化批处理提取高度变量

如果要实现单个或多个点云数据流程化提取高度变量，可以采用森林参数批处理的功能，在 LiDAR360 软件中针对单个或多个文件流程化提取高度变量的具体步骤如下。

（1）单击机载林业→批处理→森林参数批处理，弹出如图 11.4 所示的界面。界面上显示了批量提取森林参数要遵循的一系列步骤。

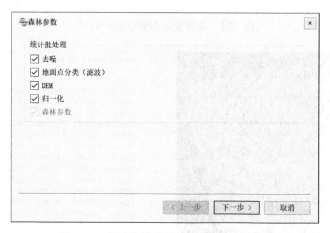

图 11.4 森林参数批处理参数设置对话框

（2）（可选）如果有的步骤已经完成，则该次处理可以忽略该步骤，单击 Next 按钮，软件会出现如图 11.5 所示的提示框"确定未选中的步骤是已经完成的吗？"如果确定，则可以单击 OK 按钮进入下一步设置。

图 11.5 森林参数批处理未勾选步骤提示框

（3）待处理文件列表为软件中打开的所有点云数据,通过数据名称前面的复选框决定数据是否参与运算。默认情况下,每个点云数据将分开处理,如果勾选"合并为一个文件",则软件会先将参与运算的点云数据合并为一个文件,再进行后续处理(图11.6)。

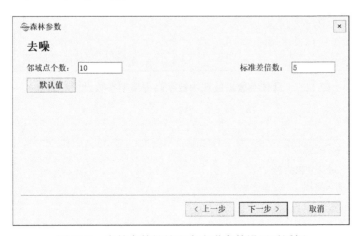

图 11.6　选择提取森林参数的点云数据

（4）单击下一步按钮,为批处理过程中涉及的所有步骤输入适当参数。其中,去噪步骤的参数设置可参见第 4.1 节相关内容(图11.7)。

图 11.7　森林参数批处理中去噪参数设置对话框

（5）地面点分类的参数设置可参见第 6.1 节相关内容(图11.8)。

（6）生成数字高程模型的参数设置可参见第 7.1 节相关内容(图11.9)。

（7）在输入数字高程模型文件步骤中,可以使用上一步生成的数字高程模型文件,或者人工选择已有的数字高程模型文件(图11.10)。

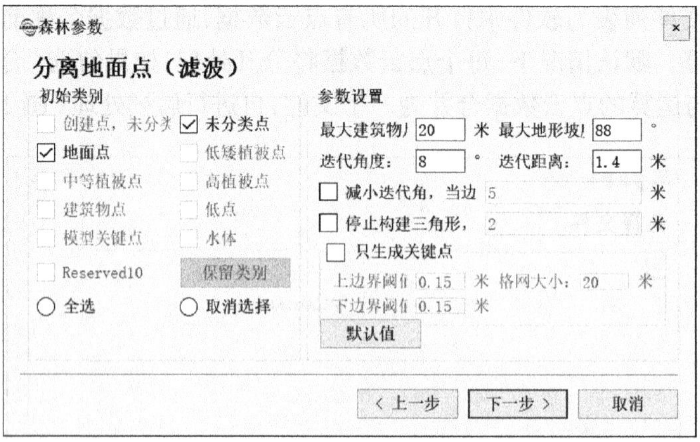

图 11.8　森林参数批处理中滤波参数设置对话框

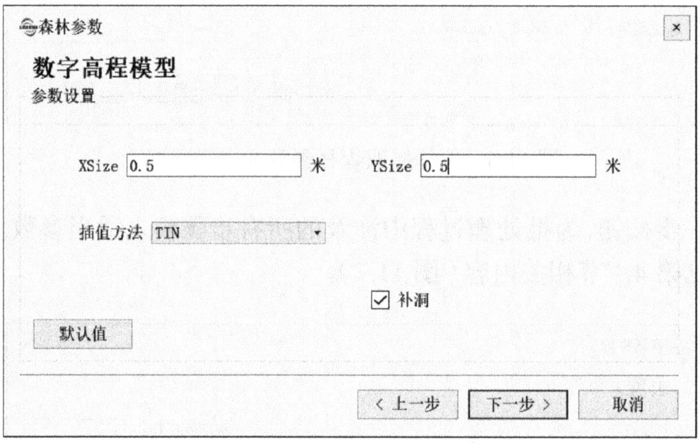

图 11.9　森林参数批处理中数字高程模型参数设置对话框

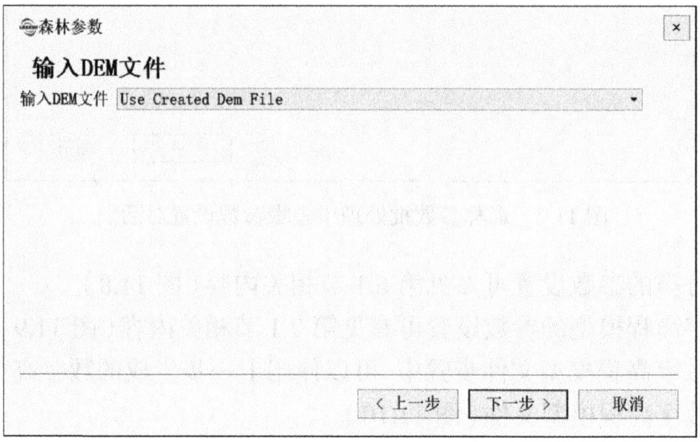

图 11.10　DEM 文件选择

（8）单击下一步按钮,选择要提取的森林参数类型为高度变量、强度变量、覆盖度、叶面积指数或间隙率（图 11.11）,并根据选择的森林参数类型,设置相应的参数。

图 11.11　森林参数类型选择对话框

（9）单击完成按钮,开始进行多文件、流程化批处理。

3）基于多边形提取高度变量

通常,还需要计算样地内某个样方的高度变量,这时可以根据指定多边形（封闭的多边形）来计算样方范围内点云数据的高度变量。在 LiDAR360 软件中基于多边形计算高度变量的具体步骤如下:

（1）单击机载林业→森林参数→基于多边形计算高度变量,弹出基于多边形计算高度变量界面如图 11.12 所示。

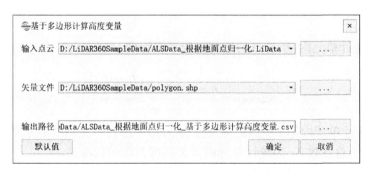

图 11.12　基于多边形计算高度变量对话框

（2）参数设置如下:

输入数据:通过下拉按钮选择已经在软件中打开的点云数据,或者单击 按钮加载外部点云数据,应确保每一个输入的点云数据都是归一化的数据。

矢量文件:计算高度变量的多边形矢量文件,该矢量文件必须为闭合多边形,通过下拉按钮选择已经在软件中打开的矢量数据,或者单击 [...] 按钮加载外部矢量数据。

输出路径:运行后,每一次计算都会生成一个对应 *.csv 格式的文件。

11.1.2　强度变量

强度变量计算与高度变量计算类似,不同的是强度变量计算使用的是点的强度值而非高度值。因此,只有当点云数据包含强度信息时,才能使用该功能。从激光雷达点云数据中共可以计算 42 个与强度相关的统计变量,首先,在 x、y 方向根据一定的距离将点云空间划分成不同的网格,用点云强度值计算出每部分的强度变量,并生成每一小部分的记录,计算结果存储在 *.csv 文件或一组 *.tif 文件中。各个强度变量的计算原理如下:

平均绝对偏差:

$$V = \frac{\sum_{i=1}^{n} (\mid I_i - \overline{I} \mid)}{n} \tag{11.10}$$

式中 I_i 为每一统计单元内第 i 个点的强度值,$\overline{I}$ 为每一统计单元内所有点的平均强度,n 为每一统计单元内的总点数。

累积强度百分位数(15 个):某一统计单元内,将其内部所有归一化的激光雷达点云按强度进行排序并计算所有点的累积强度,每一统计单元内 $X\%$ 的点的累积强度,即为该统计单元的累积强度百分位数。在 LiDAR360 中,统计的累积强度百分位数包含 15 个,即 1%、5%、10%、20%、25%、30%、40%、50%、60%、70%、75%、80%、90%、95% 和99%。

变异系数:某一统计单元内,所有点的强度值的变异系数。

$$V = \frac{I_{std}}{I_{mean}} \times 100\% \tag{11.11}$$

式中,I_{std} 为每一统计单元内所有点强度值的标准差,I_{mean} 为每一统计单元内所有点的平均强度。

峰度:某一统计单元内,所有点的强度值的平坦程度。

$$\text{Kurtosis} = \frac{\frac{1}{n-1} \sum_{i=1}^{n} (I_i - \overline{I})^4}{\sigma^4} \tag{11.12}$$

式中,I_i 为每一统计单元内第 i 个点的强度值,$\overline{I}$ 为每一统计单元内所有点的平均强度,n 为每一统计单元内的总点数,σ 为统计单元内点云高度分布的标准差。

中位数绝对偏差的中位数:中位数绝对偏差的中位数。

最大值:某一统计单元内,所有点的强度值的最大值。

最小值:某一统计单元内,所有点的强度值的最小值。

平均值:某一统计单元内,所有点的强度值的平均值。

中位数:某一统计单元内,所有点的强度值的中位数。

偏斜度:某一统计单元内,所有点的强度值分布的对称程度。

$$\text{Skewness} = \frac{\dfrac{1}{n-1}\sum_{i=1}^{n}(I_i - \overline{I})^3}{\sigma^3} \tag{11.13}$$

式中,I_i 为每一统计单元内第 i 个点的强度值,$\overline{I}$ 为每一统计单元内所有点的平均强度,n 为每一统计单元内的总点数,σ 为统计单元内点云高度分布的标准差。

标准差:某一统计单元内,所有点的强度值的标准差。

方差:某一统计单元内,所有点的强度值的方差。

强度百分位数(15 个):某一统计单元内,将其内部所有归一化的激光雷达点云按强度进行排序,然后计算每一统计单元内 $X\%$ 的点的强度,即为该统计单元的强度百分位数。在 LiDAR360 中,统计的强度百分位数包含 15 个,即 1%、5%、10%、20%、25%、30%、40%、50%、60%、70%、75%、80%、90%、95% 和 99%。

强度百分位数四分位数间距:

$$V = \text{Int}75\% - \text{Int}25\% \tag{11.14}$$

式中,Int75% 为 75% 强度百分位数,Int25% 为 25% 强度百分位数。

1)提取强度变量

在 LiDAR360 软件中提取强度变量的具体步骤如下。

(1)单击机载林业→森林参数→强度变量,弹出强度变量界面如图 11.13 所示。

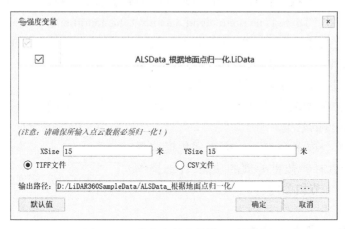

图 11.13　强度变量参数设置对话框

(2)参数设置如下:

输入数据:输入文件可以是单个点云数据文件,也可以是多数据文件;待处理数据必须在 LiDAR360 软件中打开。文件格式:*.LiData。请确保每一个输入的点云数据都是归一化的数据并且有强度信息(图 11.14a)。

XSize(单位为米):栅格尺寸的长,该值应大于单木冠幅,对于大多数森林类型而言,栅格尺寸应大于 15 m。

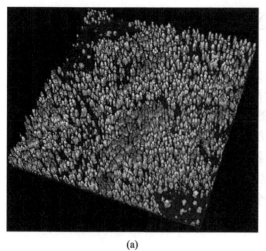

图 11.14　归一化点云数据（a）和强度变量属性表（b）

YSize（单位为米）：栅格尺寸的宽，该值应大于单木冠幅，对于大多数森林类型而言，栅格尺寸应大于 15 m。

输出路径：先输出路径，等待运行后，每一个输入的点云数据文件都会生成一个对应的 *.csv 文件（图 11.14b）或一组 *.tif 文件，可以在回归分析中作为自变量。

注意：只有当点云数据中包含强度信息时，才能运行该功能；否则，软件将弹出 "The file doesn't have intensity" 的报错信息。只有当软件中加载了点云数据时，才能使用强度变量功能；否则，软件会弹出 "There is no point cloud data meet the conditions of calculation!" 的提示信息。如果点云的最大 Z 值大于 200 或者最大 Z 值减去最小 Z 值大于 200，软件会认为该数据没有被归一化，此时会弹出如图 11.15 所示的提示信息，单击 Yes 按钮，这种类型的数据仍然参与运算；单击 No 按钮，这种类型的数据将不参与运算，用户可重新选择满足条件的数据。

如果要实现单个或多个点云数据流程化提取强度变量，可以采用森林参数批处理的功能，详细操作步骤可参见第 11.1.1 节相关内容。

图 11.15　强度变量提示对话框

2）基于多边形提取强度变量

通常，还需要计算样地内某个样方的强度变量，这时可以根据指定多边形（封闭的多边形）来计算样方范围内点云数据的强度变量。在 LiDAR360 软件中基于多边形计算强度变量的具体步骤如下：

（1）单击机载林业→森林参数→基于多边形计算强度变量，弹出基于多边形计算强度变量界面如图 11.16 所示。

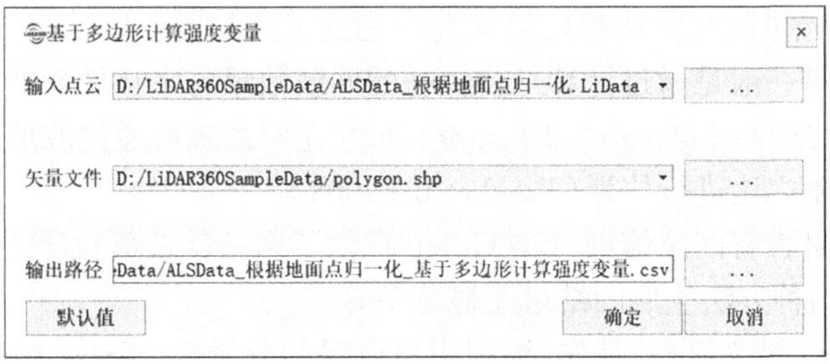

图 11.16　基于多边形计算强度变量对话框

（2）参数设置如下：

输入数据：通过下拉按钮选择已经在软件中打开的点云数据，或者单击 ⌧⌧⌧ 按
钮加载外部点云数据，应确保每一个输入的点云数据都是归一化的数据而且包含强度
信息。

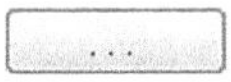

矢量文件：计算强度变量的多边形矢量文件，该矢量文件必须为闭合多边形，通过下拉
按钮选择已经在软件中打开的矢量数据，或者单击 ⌧⌧⌧ 按钮加载外部矢量数据。

输出路径：运行后，每一次计算都会生成一个对应 *.csv 格式的文件。

11.1.3　覆盖度

覆盖度是林分冠层的垂直投影占林地面积的百分比（Jennings et al., 1999）
（图 11.17），是森林调查中十分重要的因子，也是反映森林结构和环境的重要因子。传统的
测量方式主要分为目测法、树冠投影法、样线法、样点法、抬头望法、观测管法、照片法以及遥
感图像判读法。

图 11.17　森林覆盖度观测方式

激光雷达技术作为一种新型主动遥感技术，在提取森林生态系统功能参数（如覆盖度、
叶面积指数及生物量等）方面，相较于传统技术手段也具有很大的优势。目前，无论是大光

斑激光雷达还是小光斑激光雷达都已经成功应用到了森林覆盖度估算中。其中,基于小光斑系统的郁闭度估算一般是通过计算来自植被的回波数量与来自地面的回波数量之间的比值(Korhonen et al., 2011;Solberg et al., 2009),而大光斑系统可通过波形中来自植被的回波能量与全部回波能量之比进行估算(Farid et al., 2008)。

根据点云数据是否有回波信息,LiDAR360 提供了两种计算覆盖度的方法。根据(Ma et al., 2017)的研究,两种方法生成的结果无显著差异。

如果点云数据有回波信息,首先,根据用户设置的分辨率(XSize 和 YSize)将点云空间划分成不同的网格,对于每个网格,郁闭度的值为首次回波的植被点数(大于指定的高度阈值)与首次回波点数的比值,计算公式为

$$CC = \frac{n_{\text{vegfirst}}}{n_{\text{first}}} \tag{11.15}$$

式中,CC 为覆盖度,n_{vegfirst} 为首次回波的植被点数,n_{first} 为首次回波的总点数。

如果点云数据没有回波信息,首先,根据用户设置的分辨率(XSize 和 YSize)将点云空间划分成不同的网格,对于每个网格,覆盖度为植被点数与总点数的比值。与间隙率的计算类似,在计算过程中大于高度阈值的点都被认为是植被点,计算公式为

$$CC = \frac{n_{\text{veg}}}{n_{\text{total}}} \tag{11.16}$$

式中,CC 为覆盖度,n_{veg} 是植被点数,n_{total} 是总点数。

1)提取覆盖度

在 LiDAR360 软件中提取覆盖度的具体步骤如下:

(1)单击机载林业→森林参数→覆盖度,弹出界面如图 11.18 所示。

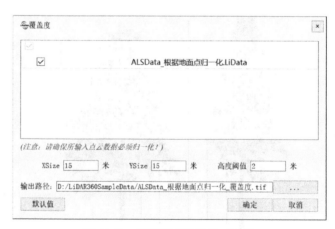

图 11.18 覆盖度参数设置对话框

(2)参数设置如下:

输入数据:输入文件可以是单个点云数据文件,也可以是多数据文件;待处理数据必须在 LiDAR360 软件中打开。文件格式:*.LiData。应确保每一个输入的点云数据都是归一化

的数据。

XSize（单位为米）：栅格尺寸的长，该值应大于单木冠幅，对于大多数森林类型而言，栅格尺寸应大于 15 m。

YSize（单位为米）：栅格尺寸的宽，该值应大于单木冠幅，对于大多数森林类型而言，栅格尺寸应大于 15 m。

高度阈值（单位为米）：区分地面点和树木点的阈值，高度值小于高度阈值的点不参与计算，默认值是 2 m。

输出路径：先设置输出路径，等待运行后，每一个输入的点云数据文件都会生成一个对应的栅格文件（*.tif 格式）。

注意：只有当软件中加载了点云数据时，才能使用覆盖度功能；否则，软件会弹出"There is no point cloud data meet the conditions of calculation!"的提示信息。如果点云的最大 Z 值大于 200 或者最大 Z 值减去最小 Z 值大于 200，软件会认为该数据没有被归一化，此时会弹出如图 11.19 所示的提示信息，单击 Yes 按钮，这种类型的数据仍然参与运算；单击 No 按钮，这种类型的数据将不参与运算，用户可重新选择满足条件的数据。

图 11.19　覆盖度提示对话框

如果要实现单个或多个点云数据流程化提取覆盖度，可以采用森林参数批处理的功能，详细操作步骤可参见第 11.1.1 节相关内容。

2）基于多边形提取覆盖度

通常，还需要计算样地内某个样方的覆盖度，这时可以根据指定多边形（封闭的多边形）来计算样方范围内点云数据的覆盖度。在 LiDAR360 软件中基于多边形计算覆盖度的具体步骤如下：

（1）单击机载林业→森林参数→基于多边形计算覆盖度，弹出如图 11.20 所示的界面。

图 11.20　基于多边形计算覆盖度对话框

（2）参数设置如下：

输入数据：通过下拉按钮选择已经在软件中打开的点云数据，或者单击 [　　　] 按钮加载外部点云数据,应确保每一个输入的点云数据都是归一化的数据。

　　矢量文件:计算覆盖度的多边形矢量文件,该矢量文件必须为闭合多边形,通过下拉按钮选择已经在软件中打开的矢量数据,或者单击 [　...　] 按钮加载外部矢量数据。

　　高度阈值(单位为米):区分地面点和植被点的阈值,小于高度阈值的点不计为植被点,默认是 2 m。

　　输出路径:运行后,每一次计算都会生成一个对应 *.csv 格式的文件。

11.1.4　叶面积指数

　　叶面积指数(leaf area index, LAI)定义为单位地表面积上所有叶片表面积的一半(Chen and Black, 1991),它是表征植被冠层结构最基本的参量之一,同时也是植被冠层对全球变化响应过程的关键参数之一,它控制着植被的许多生物、物理过程,如光合、呼吸、蒸腾、碳循环和降水截获等(Parker, 1995)。提取 LAI 的理论原理如图 11.21 所示。

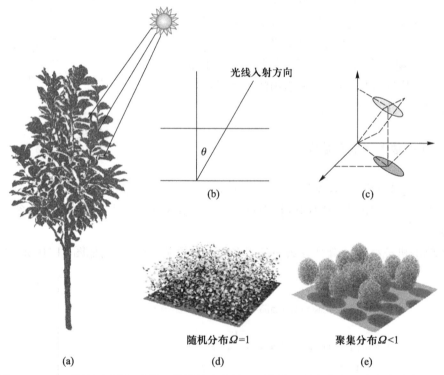

图 11.21　LAI 原理示意图:光线入射植被(a)的天顶角指入射光线与垂直方向夹角(b),
叶片在垂直方向的投影(c),描述消光系数(d)和聚集系数(e)

　　目前,机载激光雷达和地基激光雷达技术均已应用到 LAI 的提取,并很好地解决了传统鱼眼和遥感技术提取 LAI 遇到的问题(Zhao and Popescu, 2009; Li et al., 2016; Luo et al., 2017)。下面将分别介绍基于机载和地基点云提取 LAI 的原理与流程。

1）基于机载点云数据提取叶面积指数

基于机载激光雷达点云提取 LAI 的计算公式为

$$LAI = \frac{COS(ang) \times \ln(GF)}{k} \qquad (11.17)$$

式中,ang 是平均扫描角,GF 是间隙率,k 是消光系数,消光系数与树冠的叶倾角分布紧密相关,ln 是自然对数（Richardson et al., 2009）。其中,平均扫描角计算公式为

$$ang = \frac{\sum_{i=1}^{n} angle_i}{n} \qquad (11.18)$$

式中,ang 是平均扫描角,n 是点数,$angle_i$ 是第 i 个点的扫描角。另外,间隙率的计算公式为

$$GF = \frac{n_{ground}}{n} \qquad (11.19)$$

式中,n_{ground} 是提取的 Z 值低于高度阈值的地面点数,n 是总点数。

在 LiDAR360 软件中,基于机载激光雷达点云数据提取叶面积指数的具体步骤如下:

（1）单击机载林业→森林参数→叶面积指数,弹出如图 11.22 所示的界面。

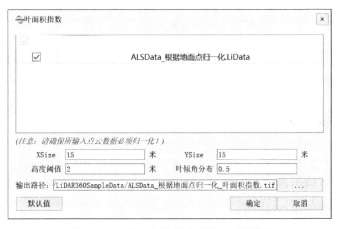

图 11.22　叶面积指数参数设置对话框

（2）参数设置如下:

输入数据:输入文件可以是单个点云数据文件,也可以是多数据文件;待处理数据必须在 LiDAR360 软件中打开。文件格式: *.LiData。应确保每一个输入的点云数据都是归一化的数据。

XSize（单位为米）:栅格尺寸应大于单木冠幅,对于大多数森林类型而言,栅格尺寸应大于 15 m。

YSize（单位为米）:栅格尺寸应大于单木冠幅,对于大多数森林类型而言,栅格尺寸应大于 15 m。

高度阈值（单位为米）:区分地面点和树木点的阈值,高度值小于高度阈值的点不参与

计算,默认值是 2 m。

叶倾角分布:三维空间中叶片概率分布的一种数学表达式,与植被类型、叶倾角和波束方向相关。用户可以根据经验公式,并结合森林的实际情况确定叶倾角分布的值。已有研究表明,叶倾角的椭圆分布可能适用于大部分森林的实际情况,值为 0.5。

输出路径:运行后,每一个输入的点云数据文件都会生成一个对应的栅格文件(*.tif 格式)。

注意:只有当软件中加载了点云数据时,才能使用叶面积指数功能;否则,软件会弹出 "There is no point cloud data meet the conditions of calculation!" 的提示信息。如果点云的最大 Z 值大于 200 或者最大 Z 值减去最小 Z 值大于 200,软件会认为该数据没有被归一化,此时会弹出如图 11.23 所示的提示信息,单击 Yes 按钮,这种类型的数据仍然参与运算;单击 No 按钮,这种类型的数据将不参与运算,用户可重新选择满足条件的数据。

图 11.23　叶面积指数提示对话框

如果要实现单个或多个点云数据流程化提取叶面积指数,可以采用森林参数批处理的功能,详细操作步骤可参见第 11.1.1 节相关内容。

2)基于多边形提取叶面积指数

通常,还需要计算样地内某个样方的叶面积指数,这时可以根据指定多边形(封闭的多边形)来计算样方范围内点云数据的叶面积指数。在 LiDAR360 软件中基于多边形计算叶面积指数的具体步骤如下:

(1)单击机载林业→森林参数→基于多边形计算叶面积指数,弹出如图 11.24 所示的界面。

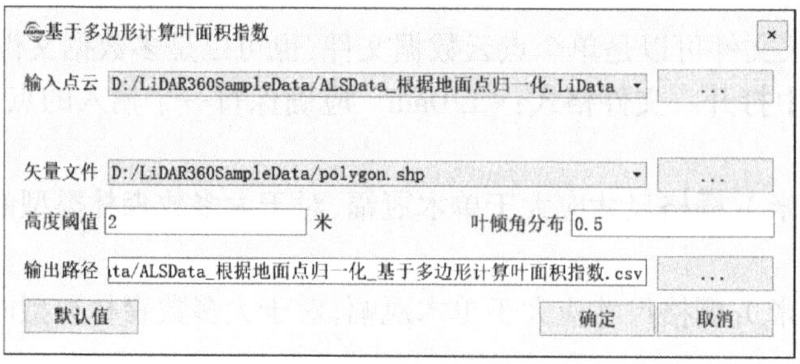

图 11.24　基于多边形计算叶面积指数对话框

（2）参数设置如下：

输入数据：通过下拉按钮选择已经在软件中打开的点云数据，或者单击 [.....] 按钮加载外部点云数据，应确保每一个输入的点云数据都是归一化的数据。

矢量文件：计算叶面积指数的多边形矢量文件，该矢量文件必须为闭合多边形，通过下拉按钮选择已经在软件中打开的矢量数据，或者单击 [.....] 按钮加载外部矢量数据。

高度阈值（单位为米）：区分地面点和植被点的阈值，小于高度阈值的点不计为植被点，默认是 2 m。

叶倾角分布：三维空间中叶片概率分布的一种数学表达式，与植被类型、叶倾角和波束方向相关。用户可以根据经验公式，并结合森林的实际情况确定叶倾角分布的值。已有研究表明，叶倾角的椭圆分布可能适用于大部分森林的实际情况，值为 0.5。

输出路径：运行后，每一次计算都会生成一个对应 *.csv 格式的文件。

3）基于地基点云数据提取叶面积指数

在 LiDAR360 软件中，基于地基点云数据提取 LAI 的流程如下：对于每一统计单元，首先根据点云的平均点间距，以 1.5 倍点云平均点间距构建三维网格，然后根据构建的三维网格，统计每一层内三维网格的总数及包含激光点的网格数量，计算每一层激光点的频率，计算公式为

$$N(s) = \frac{n_I(s)}{n_T(s)} \tag{11.20}$$

式中，$N(s)$ 为第 s 层激光点频率，$n_I(s)$ 为第 s 层包含激光点的格网总数，$n_T(s)$ 为第 s 层的三维格网总数。

然后计算第 s 层的叶面积指数，计算公式为

$$l(s) = \alpha(\theta)N(s) \tag{11.21}$$

式中，$\alpha(\theta)$ 为叶片倾斜度改正因子，通常设为 1.1。

最后，将各层的叶面积指数进行累加，得到整个统计单元内的叶面积指数，计算公式为

$$\text{LAI} = \sum_{s-1}^{n} l(s) = 1.1 \times \sum_{s-1}^{n} \frac{n_I(s)}{n_T(s)} \tag{11.22}$$

在 LiDAR360 软件中，基于地基激光雷达点云数据提取叶面积指数的具体步骤如下：

（1）单击地基林业→叶面积指数，弹出如图 11.25 所示的界面。

（2）参数设置如下：

输入数据：输入文件可以是单个点云数据文件，也可以是多数据文件；待处理数据必须在 LiDAR360 软件中打开。文件格式：*.LiData。应确保每一个输入的点云数据都是归一化的数据。

XSize（单位为米）：栅格尺寸的长，该值应大于单木冠幅，对于大多数森林类型而言，栅格尺寸应大于 15 m。

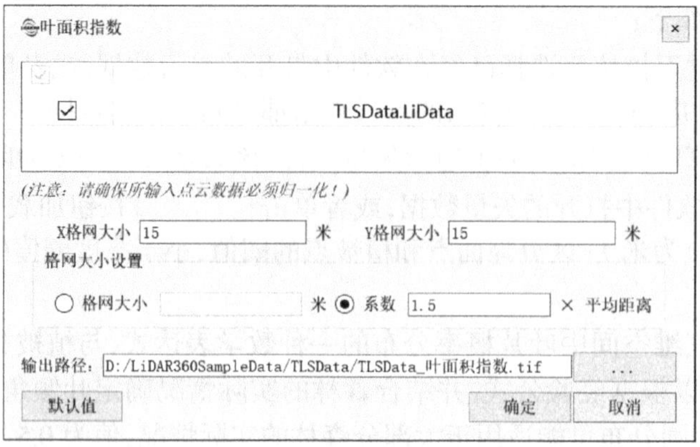

图 11.25　TLS 叶面积指数参数设置对话框

YSize（单位为米）：栅格尺寸的宽，该值应大于单木冠幅，对于大多数森林类型而言，栅格尺寸应大于 15 m。

格网大小设置：将统计单元内的点云划分为三维网格的网格大小，可直接设置格网大小或者设置一个系数，软件将自动统计点云平均间距，并以"系数值 × 点云平均间距"作为格网大小。

输出路径：运行后，每一个输入的点云数据文件都会生成一个对应的 *.tif 格式的文件，可以在回归分析中作为自变量。

11.1.5　间隙率

间隙率主要是指森林群落中老龄树死亡或者因为偶然因素导致成熟阶段优势树种死亡，从而在林冠层造成空隙的现象，间隙率的计算方法参见第 11.1.4 节中公式（11.19）。值得注意的是，归一化的点云数据中所有低于高度阈值（该值默认设置为 2 m）的点在间隙率的计算过程中都被视为地面点（Richardson et al., 2009）。

1）提取间隙率

在 LiDAR360 软件中提取间隙率的具体步骤如下：

（1）单击机载林业→森林参数→间隙率，弹出如图 11.26 所示的界面。

（2）参数设置如下：

输入数据：输入文件可以是单个点云数据文件，也可以是多数据文件；待处理数据必须在 LiDAR360 软件中打开。文件格式：*.LiData。请确保每一个输入的点云数据都是归一化的数据。

XSize（单位为米）：栅格尺寸的长，该值应大于单木冠幅，对于大多数森林类型而言，栅格尺寸应大于 15 m。

图 11.26 间隙率参数设置对话框

YSize（单位为米）：栅格尺寸的宽，该值应大于单木冠幅，对于大多数森林类型而言，栅格尺寸应大于 15 m。

高度阈值（单位为米）：区分地面点和树木点的阈值，高度值小于高度阈值的点不参与计算，默认值是 2 m。

输出路径：先输出路径，等待运行后，每一个输入的点云数据文件都会生成一个对应的栅格文件（*.tif 格式）。

注意：只有当软件中加载了点云数据时，才能使用间隙率功能；否则，软件会弹出"There is no point cloud data meet the conditions of calculation!"的提示信息。如果点云的最大 Z 值大于 200 或者最大 Z 值减去最小 Z 值大于 200，软件会认为该数据没有被归一化，此时会弹出如图 11.27 所示的提示信息，单击 Yes 按钮，这种类型的数据仍然参与运算；单击 No 按钮，这种类型的数据将不参与运算，用户可重新选择满足条件的数据。

图 11.27 间隙率提示对话框

如果要实现单个或多个点云数据流程化提取间隙率，可以采用森林参数批处理的功能，详细操作步骤可参见第 11.1.1 节相关内容。

2）基于多边形提取间隙率

通常，还需要计算样地内某个样方的间隙率，这时可以根据指定多边形（封闭的多边形）来计算样方范围内点云数据的间隙率。在 LiDAR360 软件中基于多边形计算间隙率的具体步骤如下：

（1）单击机载林业→森林参数→基于多边形计算间隙率，弹出图 11.28 所示的界面。

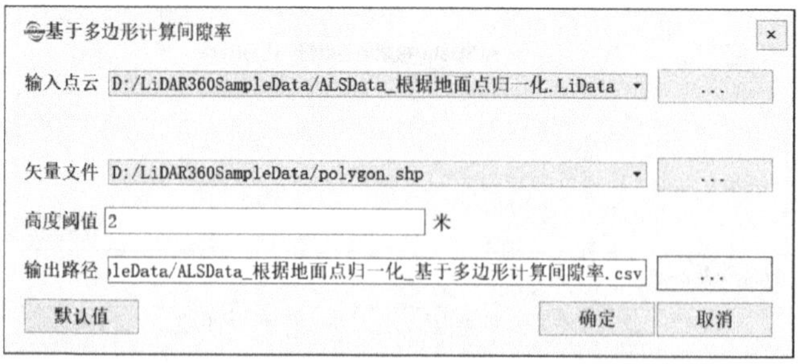

图 11.28 基于多边形计算间隙率对话框

（2）参数设置如下：

输入数据：通过下拉按钮选择已经在软件中打开的点云数据，或者单击 [...] 按钮加载外部点云数据，应确保每一个输入的点云数据都是归一化的数据。

矢量文件：计算间隙率的多边形矢量文件，该矢量文件必须为闭合多边形，通过下拉按钮选择已经在软件中打开的矢量数据，或者单击 [...] 按钮加载外部矢量数据。

高度阈值（单位为米）：区分地面点和植被点的阈值，小于高度阈值的点不计为植被点，默认是 2 m。

输出路径：运行后，每一次计算都会生成一个对应 *.csv 格式的文件。

11.1.6 生物量

森林生物量包括林木的生物量（根、茎、叶、花果、种子和凋落物等的总质量）和林下植被层的生物量，通常以单位面积或单位时间积累的干物质量或能量来表示，是描述森林生态系统功能和生产力的重要生物物理参数（Dubayah et al., 2000），是森林生态系统碳汇潜力评估的重要基础。

LiDAR360 软件采用统计分析的方法建立回归模型进行估测，首先在样方水平建立冠层结构参数和激光雷达脉冲统计信息间的回归模型，然后利用激光雷达获取的冠层结构参数以及所构建的回归模型估计样方或更大区域的森林蓄积量和生物量等参数。目前，采用较多的冠层结构参数主要包括平均树高、冠幅、树冠高度、胸高断面积和样方单木数量等。研究表明，林分回归法可以达到很高的精度（Popescu and Wynne, 2004），但是构建回归模型需要大量真实的测量数据。LiDAR360 中用于生物量反演的回归方法有线性回归、支持向量机、快速神经网络模型和随机森林模型等，下面将具体介绍每种回归方法的实现过程。

1）线性回归

本工具使用 Python 语言包 scikit-learn 和 NumPy 建立线性回归模型，如图 11.29 所示。

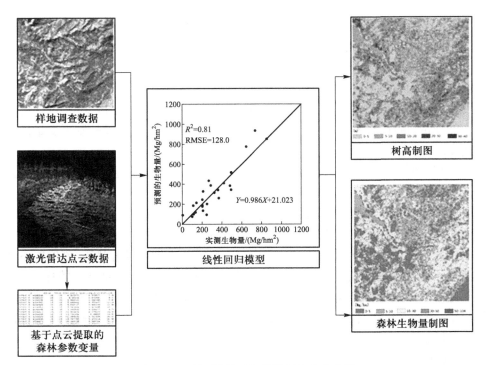

图 11.29　利用线性回归估算树高和生物量

在 LiDAR360 软件中进行线性回归分析的具体步骤如下：

（1）单击机载林业→回归分析→线性回归，弹出界面如图 11.30 所示。

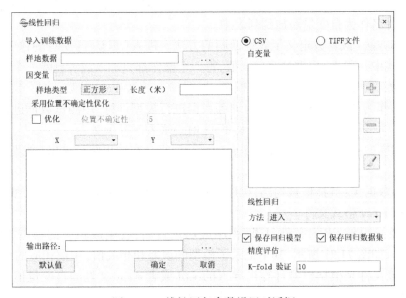

图 11.30　线性回归参数设置对话框

（2）参数设置如下：

导入训练数据：所有的回归分析方法都需要训练数据（训练数据可以由地面调查得到

或者由地基 / 背包激光雷达扫描得到），以训练回归分析模型。训练数据为 *.txt 格式的文本文件，且必须包含描述数据信息的文件头。前两列为样地中心的 X 和 Y 坐标，后面是任意因变量（每次回归分析只使用一个因变量）。单击样地数据输入框旁边的   ... ，选择训练数据。

因变量：该参数定义了回归分析中使用的因变量，每次使用一个因变量，可选选项为样本数据中的变量，例如，样本数据中包含样地坐标 X、Y 和树高三个字段，则因变量的下拉选项中可选 X、Y 和树高。

样地类型：该参数定义了样地类型，根据样地调查的实际情况进行选择，可选正方形或圆形。

长度（单位为米）：当样地类型为正方形时，需设置样地的边长。

半径（单位为米）：当样地类型为圆形时，需设置样地的半径。

采用位置不确定性优化：勾选优化后，位置不确定性变为可设置状态，该位置不确定性中的数值表示范围查询的精度值，模型内部根据该范围查询所有满足条件的样本点（样本点数如果超过 50，会选择前 50 个点作为样本），然后根据这些样本点选择模型最优的点作为分析数据；不勾选优化，位置不确定性变为不可设置状态，模型内部会根据样本点选择最近点作为分析数据。

X：样地中心坐标 X。

Y：样地中心坐标 Y。

自变量：回归分析的自变量可以是 *.csv 格式数据或者是 *.tif 数据。其中，*.csv 数据格式中必须包含 X, Y, XSize, YSize 四个字段信息，并且每列信息会作为自变量被添加到列表中，注意的是只能添加一个 *.csv 数据；而 *.tif 数据可以添加多个，每个添加成功的 *.tif 数据，都会以文件名作为自变量添加到列表中。

线性回归方法：该参数定义了线性回归的方法。进入（默认）：所有的自变量一次性全部"进入"公式中。逐步：根据计算的 p 值，每一个操作都只加入或者删除一个独立变量。

精度评价：采用 K–Fold 交叉评价模型，根据输入的 K–Fold 参数，将样本分为 K 类，依次取其中一份作为测试数据，其他作为训练数据进行模型训练，用测试数据进行测试，选择出误差最小的模型作为最佳模型使用，K–Fold 值必须大于等于 2。

保存回归模型：选择框被勾选，程序成功运行后将会在输出路径输出（线性回归 .model）model 模型。

保存回归数据集：选择框被勾选，程序成功运行后将会在输出路径输出（线性回归 .csv）训练数据模型 *.csv 格式文件。

输出路径：选择输出的文件目录，程序成功运行后，会生成相应的模型报告（线性回归 .html）文件，如图 11.31 所示，其中记录了模型的误差和相关值；生成相应的结果文件（线性回归 .tif），该文件是根据模型计算出导入的 *.tif 或者 *.csv 文件的自变量值，预测出相应的因变量生成的结果；并根据勾选情况，选择生成回归模型和数据集。

注意，导入的样本数据必须包含在导入的自变量数据范围内；导入的所有 *.tif 格式的自变量数据范围和尺度必须一致；在分析过程中，最好样本的数量要大于因变量的个数，否则导致矩阵求解过程中存在无穷解。

Linear Regression Summary

Regress Type	LINEAR				
	a1	a2	a3	a4	a5
	0.42594355501	-0.920513309986	1.08612214327	0.515717171997	-3.89992128691
	a6	a7	a8	a9	a10
Linear Regression Coffs	5.32208922164	-2.03571577184	2.55419044528	-4.50899390082	-3.43392046593
	a11	a12	a13		
	5.46055222409	1.08123669727	-0.575347246215		
K-Fold	10				
R	0.944891274743				
R Square	0.892819521086				
RMSE	0.00853442112782				
Probability Value	0.0				
The Result of K-fold Test Insignificant	Yes				

Dependent and Independent Variable

Dependent Variable	Biomass	
	elev_percentile_5th	elev_percentile_10th
	elev_percentile_20th	elev_percentile_25th
	elev_percentile_30th	elev_percentile_40th
Independent Variable	elev_percentile_50th	elev_percentile_60th
	elev_percentile_70th	elev_percentile_75th
	elev_percentile_80th	elev_percentile_90th
	elev_percentile_95th	

图 11.31　线性回归模型输出结果报告

2）支持向量机

使用 Python 语言包 scikit-learn 和 NumPy 建立支持向量机回归模型，如图 11.32 所示。

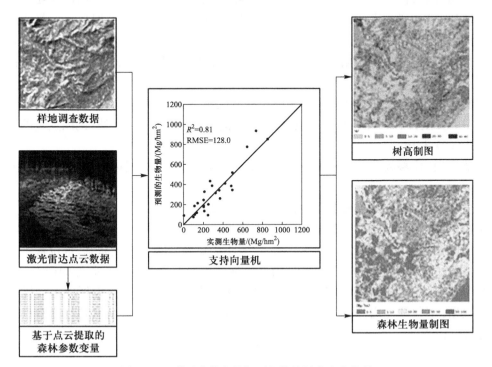

图 11.32　利用支持向量机回归估算树高和生物量

在 LiDAR360 软件中进行支持向量机回归的具体步骤如下：

（1）单击机载林业→回归分析→支持向量机，弹出图 11.33 所示的界面。

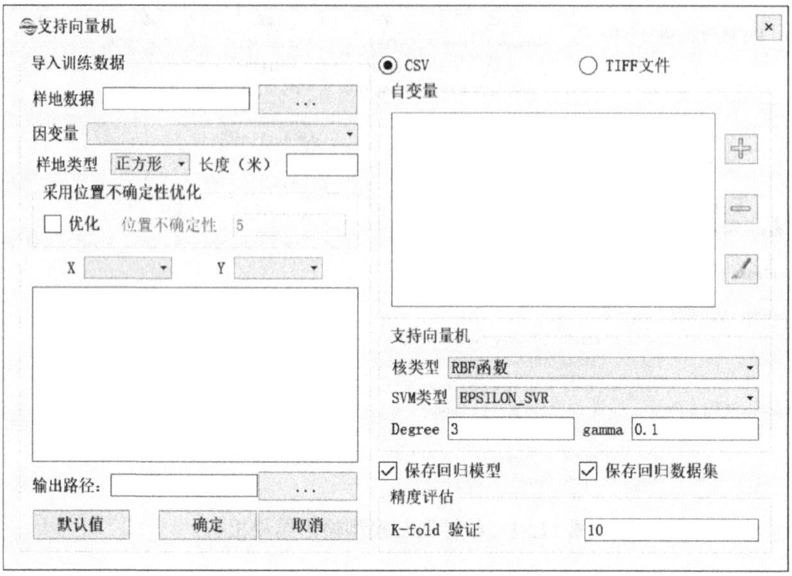

图 11.33　支持向量机参数设置对话框

（2）参数设置如下：

导入训练数据：所有的回归分析方法都需要训练数据（训练数据可以由地面调查得到或者由地基/背包激光雷达扫描得到），以训练回归分析模型。训练数据为 *.txt 格式的文本文件，且必须包含描述数据信息的文件头。前两列为样地中心的 X 和 Y 坐标，后面是任意因变量（每次回归分析只使用一个因变量）。单击样地数据输入框旁边的 [　　…　　]，选择训练数据。

因变量：该参数定义了回归分析中使用的因变量，每次使用一个因变量，可选选项为样本数据中的变量，例如：样本数据中包含样地坐标 X、Y 和树高三个字段，则因变量的下拉选项中可选 X、Y 和树高。

样地类型：该参数定义了样地类型，根据样地调查的实际情况进行选择，可选正方形或圆形。

长度（单位为米）：当样地类型为正方形时，需设置样地的边长。

半径（单位为米）：当样地类型为圆形时，需设置样地的半径。

采用位置不确定性优化：勾选优化后，位置不确定性变为可设置状态，该位置不确定性中的数值表示范围查询的精度值，模型内部根据该范围查询所有满足条件的样本点（样本点数如果超过 50，会选择前 50 个点作为样本），然后根据这些样本点选择模型最优的点作为分析数据；不勾选优化，位置不确定性变为不可设置状态，模型内部会根据样本点选择最近点作为分析数据。

X：样地中心坐标 X。

Y：样地中心坐标 Y。

自变量：回归分析的自变量可以是 *.csv 格式数据或者是 *.tif 数据。其中，*.csv 数据格式中必须包含 X，Y，XSize，YSize 四个字段信息，并且每列信息会作为自变量被添加到列表中，注意的是只能添加一个 *.csv 数据；而 *.tif 数据可以添加多个，每个添加成功的 *.tif 数据，都会以文件名作为自变量添加到列表中。

核类型：该参数定义了核函数类型。

- 径向基函数（radical basis function，RBF）（默认）：$\exp(-\gamma|x-x'|^2)$，其中，$\gamma > 0$。
- 线性：$\langle x, x' \rangle$
- 多项式：$(\gamma \langle x, x' \rangle + r)^{\text{degree}}$，其中，$\gamma > 0$。
- Sigmoid：$\tanh(\gamma \langle x, x' \rangle + r)$

SVM 类型：

- EPSILON_SVR（默认）：EPSILON SVR（ϵSVR）。
- NU_SVR：NU SVR（νSVR）

Degree：内核函数的参数。

Gamma：内核函数的参数。

精度评价：采用 K–Fold 交叉评价模型，根据输入的 K–Fold 参数，将样本分为 K 类，依次取其中一份作为测试数据，其他作为训练数据进行模型训练，用测试数据进行测试，选择出误差最小的模型作为最佳模型使用，K–Fold 值必须大于等于 2。

保存回归模型：选择框被勾选，程序成功运行后将会在输出路径输出（支持向量机 .model）model 模型。

保存回归数据集：选择框被勾选，程序成功运行后将会在输出路径输出（支持向量机 .csv）训练数据模型 *.csv 格式文件。

输出路径：选择输出的文件目录，程序成功运行后，会生成相应的模型报告（支持向量机 .html）文件，如图 11.34 所示。其中记录了模型的误差和相关值；生成相应的结果文件（支持向量机 .tif），该文件是根据模型计算出导入的 *.tif 或者 *.csv 文件的自变量值，预测出相应的因变量生成的结果；并根据勾选情况，选择生成回归模型和数据集。

注意，导入的样本数据必须包含在导入的自变量数据范围内；导入的所有 *.tif 格式的自变量数据范围和尺度必须一致；在分析过程中，最好样本的数量要大于因变量的个数，否则导致矩阵求解过程中存在无穷解。

Support Vector Regression Summary

Degree	3
Gama	0.10000000149
K-Fold	10
R	0.801855560156
R Square	0.642972339353
RMSE	0.0284289120661
Probability Value	0.0
The Result of K-fold Test Insignificant	No

Dependent and Independent Variable

Dependent Variable	Biomass	
Independent Variable	elev_percentile_1st	elev_percentile_5th
	elev_percentile_10th	elev_percentile_20th
	elev_percentile_25th	elev_percentile_30th
	elev_percentile_40th	elev_percentile_50th
	elev_percentile_60th	elev_percentile_70th
	elev_percentile_75th	elev_percentile_80th
	elev_percentile_90th	elev_percentile_95th
	elev_percentile_99th	

图 11.34　支持向量机模型输出结果报告

3）快速人工神经网络

使用 Python 语言包 scikit–learn 和 NumPy 建立人工神经网络回归模型，如图 11.35 所示。

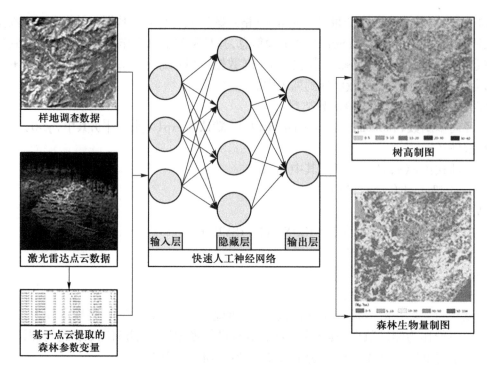

图 11.35   利用人工神经网络估算树高和生物量

在 LiDAR360 软件中进行快速人工神经网络回归分析的具体步骤如下：

（1）单击机载林业→回归分析→快速人工神经网络，弹出图 11.36 所示的界面。

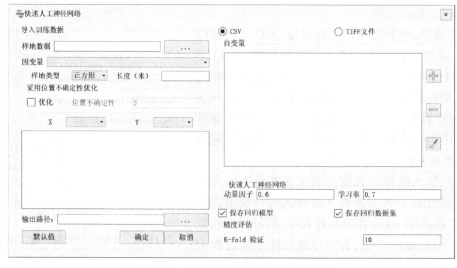

图 11.36   人工神经网络参数设置对话框

（2）参数设置如下：

基本参数设置与支持向量机方法相似。

动量因子：将之前权重更新的分数动量 m 添加到当前权重更新中。

学习率：训练网络的全局学习率。

保存回归模型：选择框被勾选，程序成功运行后将会在输出路径输出（快速人工神经网络回归 .model）model 模型。

保存回归数据集：选择框被勾选，程序成功运行后将会在输出路径输出（快速人工神经网络回归 .csv）训练数据模型 *.csv 格式文件。

输出路径：选择输出的文件目录，程序成功运行后，会生成相应的模型报告（快速人工神经网络回归 .html）文件，如图 11.37 所示。其中记录了模型的误差和相关值；生成相应的结果文件（快速人工神经网络回归 .tif），该文件是根据模型计算出导入的 *.tif 或者 *.csv 文件的自变量值，预测出相应的因变量生成的结果；并根据勾选情况，选择生成回归模型和数据集。

注意，导入的样本数据必须包含在导入的自变量数据范围内；导入的所有 *.tif 格式的自变量数据范围和尺度必须一致；在分析过程中，最好样本的数量要大于因变量的个数，否则导致矩阵求解过程中存在无穷解。

Artificial Neural Network Regression Summary

Learning Rate	0.699999988079
Momentum Rate	0.600000023842
K-Fold	10
R	0.89832207752
R Square	0.80698255496
RMSE	0.0153693301027
Probability Value	0.0
The Result of K-fold Test Insignificant	Yes

Dependent and Independent Variable

Dependent Variable		
Independent Variable	elev_max_z	elev_min_z
	elev_mean_z	elev_median_z
	elev_percentile_1st	elev_percentile_5th
	elev_percentile_10th	

图 11.37　人工神经网络模型
输出结果报告

4）随机森林回归

使用 Python 语言包 scikit-learn 和 NumPy 建立随机森林模型。

在 LiDAR360 软件中进行随机森林回归分析的具体步骤如下：

（1）单击机载林业→回归分析→随机森林，弹出图 11.38 所示的界面。

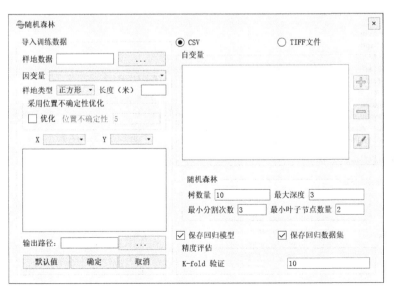

图 11.38　随机森林回归参数设置对话框

（2）参数设置如下：

基本参数设置与支持向量机方法相似。

随机森林：该参数定义了随机森林的参数值。

树个数：随机森林模型中树的数量。

最大深度：随机森林模型中最大深度。

最小分割次数：随机森林模型中最小分割次数。

最小叶子节点数：随机森林模型中最小叶子节点数量。

保存回归模型：选择框被勾选，程序成功运行后将会在输出路径输出（随机森林回归 .model）model 模型。

保存回归数据集：选择框被勾选，程序成功运行后将会在输出路径输出（随机森林回归 .csv）训练数据模型 *.csv 格式文件。

输出路径：选择输出的文件目录，程序成功运行后，会生成相应的模型报告（随机森林回归 .html）文件，如图 11.39 所示。其中记录了模型的误差和相关值；生成相应的结果文件（随机森林回归 .tif），该文件是根据模型计算出导入的 *.tif 或者 *.csv 文件的自变量值，预测出相应的因变量生成的结果；并根据勾选情况，选择生成回归模型和数据集。

注意：导入的样本数据必须包含在导入的自变量数据范围内；导入的所有 *.tif 格式的自变量数据范围和尺度必须一致；在分析过程中，最好样本的数量要大于因变量的个数，否则导致矩阵求解过程中存在无穷解。

5）利用已有回归模型对森林参数进行回归预测

在 LiDAR360 软件中利用已有的回归模型进行回归预测的具体步骤如下：

（1）单击机载林业→回归分析→回归预测，弹出图 11.40 所示的界面。

Random Forest Regression Summary

Tree Num	10
Max Depth	3
Min Split	3
Min Leaf	2
K-Fold	10
R	0.965381896766
R Square	0.931962206603
RMSE	0.0054176207024
Probability Value	0.0
The Result of K-fold Test Insignificant	Yes

Dependent and Independent Variable

Dependent Variable	Biomass	
Independent Variable	elev_percentile_1st	elev_percentile_5th
	elev_percentile_10th	elev_percentile_20th
	elev_percentile_25th	elev_percentile_30th
	elev_percentile_40th	elev_percentile_50th
	elev_percentile_60th	elev_percentile_70th
	elev_percentile_75th	elev_percentile_80th
	elev_percentile_90th	elev_percentile_95th
	elev_percentile_99th	

图 11.39　随机森林模型输出结果报告

图 11.40　回归预测对话框

（2）参数设置如下：

基本参数设置与支持向量机方法相似。

导入模型文件：导入选择通过线性回归、支持向量机、快速人工神经网络或者随机森林回归等功能生成的回归模型文件（*.model 格式）。

输出路径：预测成功后会在该路径下，生成回归预测 .tif 文件和回归预测 .html 模型报告，其中 *.tif 文件是模型预测的结果。

注意，导入的自变量数据一定要与导入模型的自变量相一致，否则会导致预测失败或者误差较大。

11.2　单木水平结构参数提取

单木分割，即从激光雷达点云数据中识别出每棵树，是提取树高、胸径、冠幅等单木尺度林业参数的重要前提。本节将介绍机载和地基点云的自动分割算法以及对单木分割结果的人工检查和编辑，以自动分割加人工检查和编辑的方式提高单木分割精度，进而提升单木水平结构参数提取的准确性。

11.2.1　机载点云单木分割

机载点云单木分割可以分为两大类：基于 CHM 的单木分割和直接基于点云的单木分割。CHM 分割是采用分水岭分割算法（Chen et al.，2006）识别和分割单棵树，从而获取单木位置、树高、冠幅直径、冠幅面积和树木边界。点云分割算法是通过分析点的高程值以及与其他点间的距离，以确定待分割的单木，从而获取单木位置、树高、冠幅直径、冠幅面积、冠幅体积等属性信息。Yang 等（2019）选取 120 个不同的样方，探讨了森林类型、叶面积指数、覆盖度、树木密度和树高变异系数对单木分割精度的影响，该研究结果可指导用户在实际应用中合理选择单木分割的方法。

1）CHM 分割

CHM 分割算法原理如图 11.41 所示，如果自下而上查看，CHM 的高点处可以看做山峰，低点处可以看做山谷。如果用水填充，不同山谷的水将开始汇合，为了避免这种情况，在水汇合的地方建立屏障，这些屏障将决定分割的结果。

在 LiDAR360 软件中进行 CHM 分割的具体步骤如下：

（1）单击机载林业→单木分割→ CHM 分割，弹出图 11.42 所示的界面。

（2）参数设置如下：

输入数据：输入文件可以是单个 CHM 文件，也可以是多个 CHM 文件，生成 CHM 的方法参见第 7.3 节生成 CHM 相关内容；待处理数据必须在 LiDAR360 软件中打开。

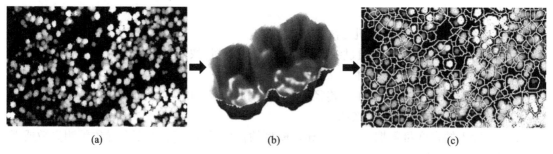

图 11.41 （a）CHM;（b）分水岭分割算法;（c）CHM 分割结果

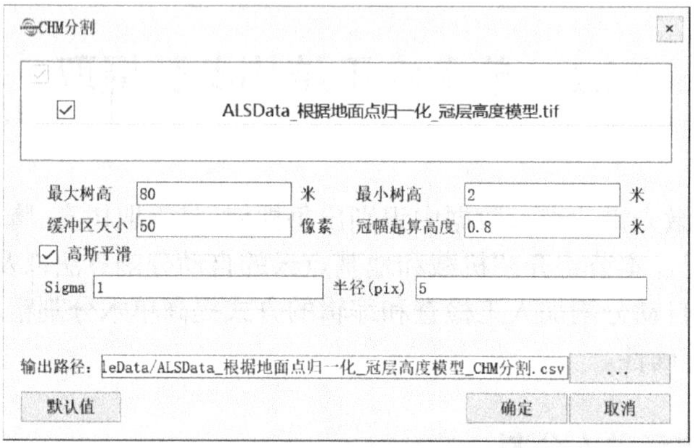

图 11.42 CHM 分割参数设置对话框

最大树高（单位为米）: 分割单木的最大树高范围阈值,高于该值认为不是树木。

最小树高（单位为米）: 分割单木的最小树高范围阈值,小于该值认为不是树木。

缓冲区大小（单位为像素）: 当待分割数据的行列数超过 1 500 时,会进行分块处理,该值是分块的缓冲区阈值,可设置为待分割数据中最大冠幅直径除以栅格分辨率。

冠幅起算高度（单位为米）: 冠层范围的起算高度。合理设置起算高度可以使冠层边界和面积更加精确。设置起算高度后,冠层矢量边界将使用高于该值的像素生成,低于该值的栅格点将不参与分割。对于不同的树种和植被生长状况,应适当增减该值以得到最佳结果。

高斯平滑: 是否进行高斯平滑。一般而言,建议勾选高斯平滑选项,去除噪点影响。

Sigma: 高斯平滑因子,该值越大,平滑程度越高;反之,越低。平滑程度影响分割出的树木株数,如果出现欠分割,建议将该值调小（如 0.5）,反之,如果出现过分割,建议将该值调大（如 1.5）;除了高斯平滑因子,CHM 分割结果还受 CHM 分辨率影响。要调整 CHM 分辨率,需调整 DEM 和 DSM 分辨率。

半径（单位为像素）: 高斯平滑使用的窗口大小,该值为奇数;一般可设置为平均冠幅直径大小。

输出路径: 保存 CHM 分割结果。

注意: 只有当软件中加载了栅格数据时,才能使用 CHM 分割功能;否则,软件会弹出"There is no raster data!"的提示信息。

（3）CHM 分割结果。CHM 分割完成后,每个输入的 CHM 将生成一个 *.csv 格式的表

格文件和一个 *.shp 格式的矢量文件。表格中包含树的 ID、x、y 坐标位置、树高、树冠直径和树冠面积属性。矢量文件中包含每棵树的边界范围,属性表中包含每棵树的 ID、x、y 坐标位置、树高、树冠直径和树冠面积属性。可将 CHM 与表格文件和矢量文件叠加显示,如图 11.43 所示。

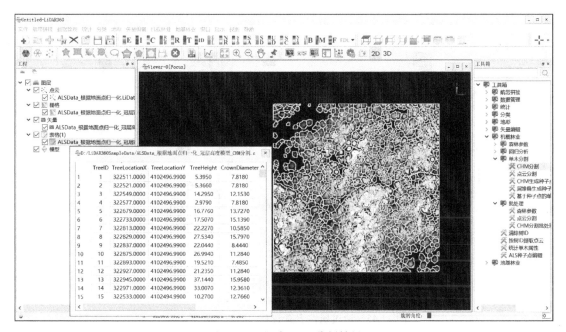

图 11.43 查看 CHM 分割结果

将 *.csv 文件按表格打开,如图 11.44 所示,分别选择 X、Y、Z 对应的列为表格中的 TreeLocationX、TreeLocationY 和 TreeHeight,并勾选显示标签(如果标签文字过多,遮挡其他数据,影响显示效果,可以先移除数据,再次打开的时候,不勾选显示标签),单击应用按钮,可在软件中打开 *.csv 文件。

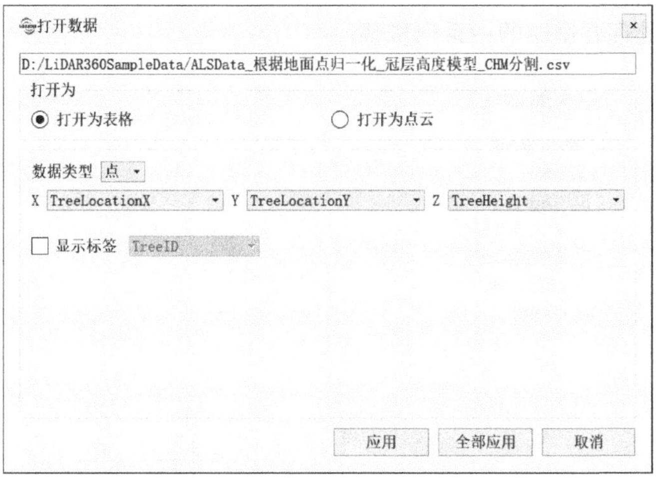

图 11.44 打开属性表参数设置对话框

在 *.csv 文件名上单击鼠标右键,选择打开属性表,可以查看单木属性信息,在每一行的任意位置双击鼠标左键,可以跳转到对应位置。图 11.45 显示了 CHM 数据和 *.csv 文件叠加显示的效果,打开 *.csv 文件的属性表,双击左键跳转到选中的行。

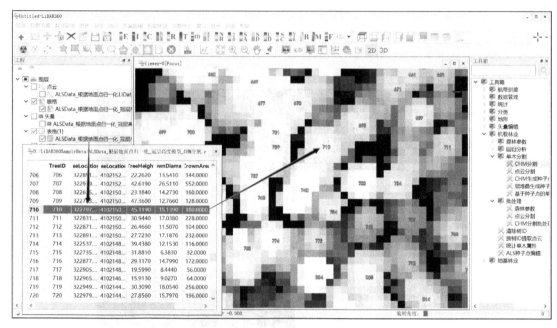

图 11.45　通过属性表查看对应的单木分割结果

2）CHM 分割批处理

如果要实现单个或多个点云数据流程化进行 CHM 分割,可以采用 CHM 分割批处理的功能。在 LiDAR360 软件中进行 CHM 分割批处理的具体步骤如下:

（1）单击机载林业→批处理→ CHM 分割批处理,弹出图 11.46 所示的界面,界面上显示了 CHM 分割批处理要遵循的一系列步骤。

图 11.46　CHM 分割批处理参数设置对话框

（2）（可选）如果有的步骤已经完成,则该次处理可以忽略该步骤,单击 Next 按钮,软件会出现如图 11.47 所示的提示框"确定未选中的步骤是已经完成的吗?"如果确定,则可以单击 OK 按钮进入下一步设置。

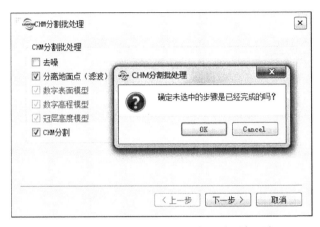

图 11.47　CHM 分割批处理未勾选步骤提示框

（3）待处理文件列表为软件中打开的所有点云数据,通过数据名称前面的复选框决定数据是否参与运算。默认情况下,每个点云数据将分开处理,如果勾选"合并为一个文件",则软件会先将参与运算的点云数据合并为一个文件,再进行后续处理（图 11.48）。

图 11.48　选择 CHM 分割的点云数据

（4）单击下一步按钮,为批处理过程中涉及的所有步骤输入适当参数。其中,去噪步骤的参数设置可参见第 4.1 节噪点去除的相关内容（图 11.49）。

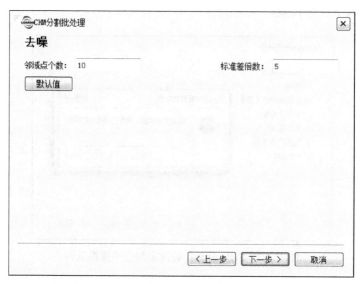

图 11.49　CHM 分割批处理中去噪参数设置对话框

（5）地面点分类的参数设置参见第 6.1 节地面点分类的相关内容（图 11.50）。

（6）生成数字表面模型的参数设置参见第 7.2 节插值生成 DSM 的相关内容（图 11.51）。

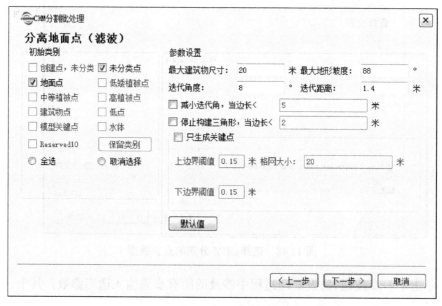

图 11.50　CHM 分割批处理中滤波参数设置对话框

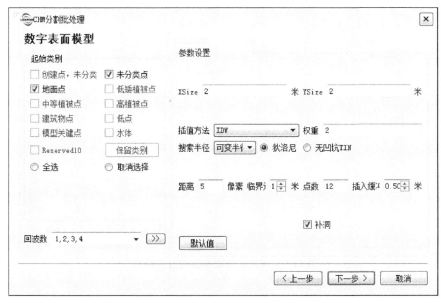

图 11.51 CHM 分割批处理中数字表面模型参数设置对话框

（7）生成数字高程模型的参数设置参见第 7.1 节插值生成 DEM 的相关内容（图 11.52）。

（8）单击下一步按钮，设置 CHM 分割参数（图 11.53）。

（9）单击完成按钮开始多文件、流程化批处理。

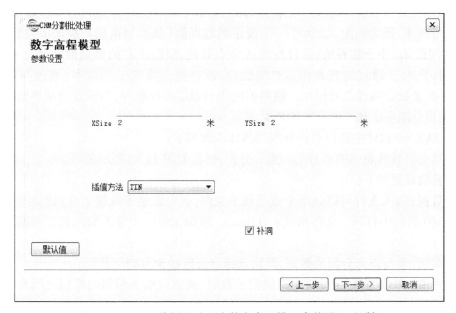

图 11.52 CHM 分割批处理中数字高程模型参数设置对话框

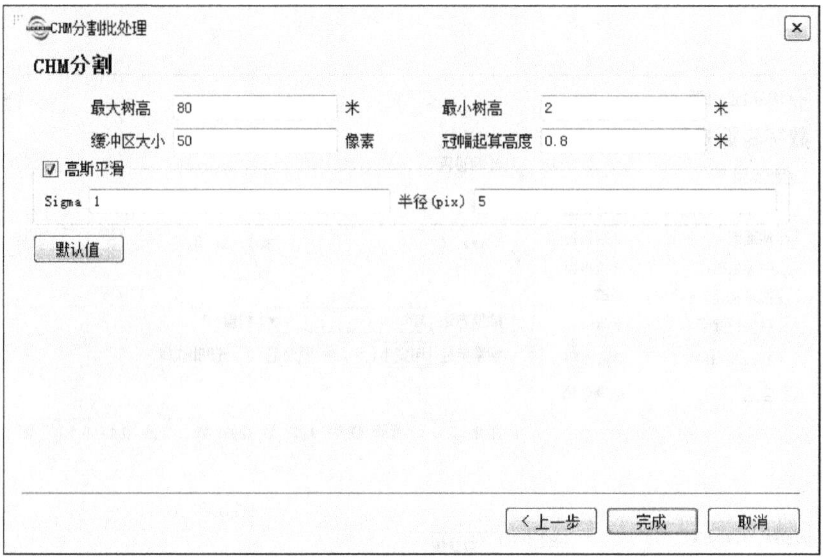

图 11.53 CHM 分割参数设置对话框

3）点云分割

Li 等（2012）提出了一种基于点云分割单木的算法，将单棵树木从点云中一株一株地分割开，算法原理如图 11.54 所示。该算法从种子点 A（即全局最高点）开始，根据间距临界值和最小间距规则，通过对更低的点进行估计，将种子点 A 发展为一个树聚类。例如，点 A 是最高点，因此将点 A 视作一号树木的树顶，然后对低于 A 的点相继进行分类。首先，点 B 被分类成二号树木，因为间距 d_{AB} 大于一个设定的临界值（该参数由用户决定）。然后设置点 C，点 C 的间距 d_{AC} 小于临界值，通过与点 A 和点 B 的比较，点 C 的类别被设定为一号树木，因为 d_{AC} 小于 d_{BC}。通过与点 B 和点 C 的比较，点 D 被分类成二号树木；通过与点 C 和点 D 的比较，点 E 被分类成二号树木。临界值应当与冠层半径相等，当设置的临界值太大或太小时，会出现分割不足和过度分割的情况。

在 LiDAR360 软件中进行点云分割的具体步骤如下：

（1）单击机载林业→单木分割→点云分割，弹出如图 11.55 所示的界面。

（2）参数设置如下：

输入数据：输入文件可以是单个点云数据文件，也可以是多数据文件；待处理数据必须在 LiDAR360 软件中打开。文件格式：*.LiData。应确保每一个输入的点云数据都是归一化的数据。

初始类别：参与点云分割的类别，默认选择点云数据含有的全类别。

距离阈值（单位为米）：设置距离阈值参数时，阈值应低于相邻两棵树之间允许的最小 2D 欧氏距离。

离地面高度（单位为米）：低于阈值的点，被认为不是树的一部分，在分割过程中将被忽略。

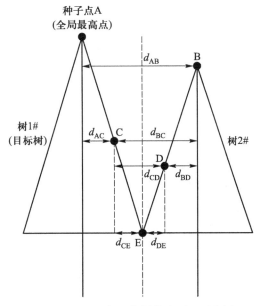

图 11.54　基于点云分割算法原理示意图

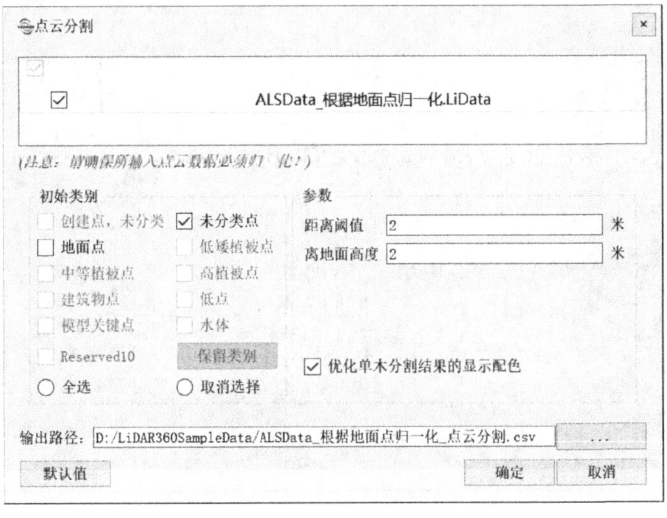

图 11.55　点云分割参数设置对话框

　　优化单木分割结果的显示配色（默认选中）：通过重新排列单木分割后的 ID 信息，能够极大解决相邻树木赋同一颜色问题。

　　输出路径：保存点云分割结果。

　　注意，只有当软件中加载了点云数据时，才能使用点云分割功能；否则，软件会弹出"There is no point cloud data meet the conditions of calculation!"的提示信息。如果点云的最大 Z 值大于 200 或者最大 Z 值减去最小 Z 值大于 200，软件会认为该数据没有被归一化，此时会弹出如图 11.56 所示的提示信息，单击 Yes 按钮，这种类型的数据仍然参与运算；单击 No 按钮，这种类型的数据将不参与运算，用户可重新选择满足条件的数据。

图 11.56　点云分割提示对话框

（3）点云分割结果。基于点云数据分割单木后，树木 ID 信息将保存在 *.LiData 文件中，同时会生成一个 *.csv 格式的表格文件，其中包含树 ID、树的位置、树高、树冠直径、树冠面积和树冠体积属性，可在窗口查看分割结果。将分割过的点云数据加载到 3D 窗口中，确保该窗口处于激活状态，并在颜色条工具栏中单击按树 ID 显示按钮 ┇ID，分割后的单木将被赋予随机颜色，单木分割效果如图 11.57 所示。

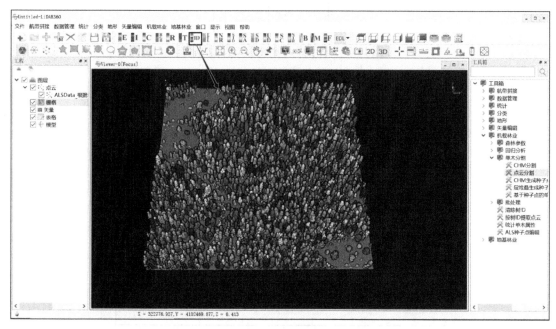

图 11.57　按树 ID 显示的单木分割结果

单击工具栏的单点选择按钮 ┽，在点云窗口单击鼠标左键选择单个点可以查询树 ID 属性，如图 11.58 所示。

单木分割生成的 *.csv 文件可以与点云叠加显示，将 *.csv 文件按表格打开，显示如图 11.59 所示，分别选择 X、Y、Z 对应的列为 *.csv 表格中的 TreeLocationX、TreeLocationY、TreeHeight，并勾选显示标签（如果标签文字过多，遮挡其他数据，影响显示效果，可以先移除数据，再次打开的时候，不勾选显示标签），单击应用按钮，可在软件中打开 *.csv 文件。

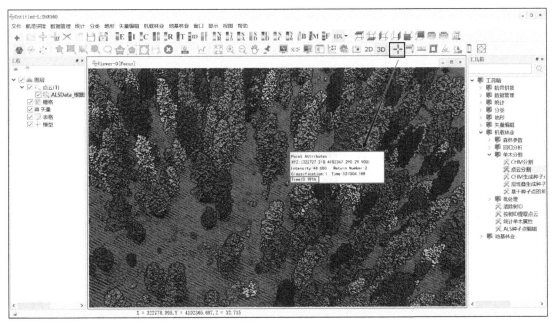

图 11.58　查询每个点的树 ID 属性

图 11.59　打开数据参数设置对话框（可勾选显示标签）

在 *.csv 文件名上单击鼠标右键,选择打开属性表,可以查看单木属性信息,在每一行的任意位置双击鼠标左键,可以跳转到对应位置。图 11.60 显示了点云数据和 *.csv 文件叠加显示的效果,并且打开 *.csv 文件的属性表,双击左键跳转到选中的行。

4）点云分割批处理

如果要实现单个或多个点云数据流程化进行点云分割,可以采用点云分割批处理的功能,在 LiDAR360 软件中进行点云分割批处理的具体步骤如下:

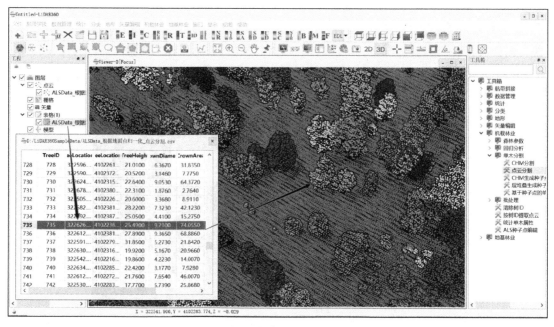

图 11.60　基于点云分割结果示意图

（1）单击机载林业→批处理→点云分割批处理，弹出图 11.61 所示的界面，界面上显示了点云分割批处理要遵循的一系列步骤。

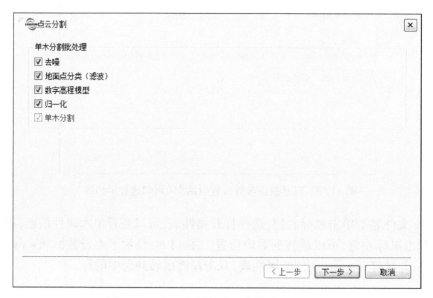

图 11.61　点云分割批处理参数设置对话框

（2）（可选）如果有的步骤已经完成，则该次处理可以忽略该步骤，单击 Next 按钮，软件会出现如图 11.62 所示的提示框"确定未选中的步骤是已经完成的吗？"如果确定，则可以单击 OK 按钮进入下一步设置。

图 11.62　点云分割批处理未勾选步骤提示框

（3）待处理文件列表为软件中打开的所有点云数据,通过数据名称前面的复选框决定数据是否参与运算。默认情况下,每个点云数据将分开处理,如果勾选"合并为一个文件",则软件会先将参与运算的点云数据合并为一个文件,再进行后续处理(图 11.63)。

图 11.63　选择点云分割的点云数据

（4）单击下一步按钮,为批处理过程中涉及的所有步骤输入适当参数。其中,去噪步骤的参数设置可参见第 4.1 节噪点去除的相关内容(图 11.64)。

（5）地面点分类的参数设置参见第 6.1 节地面点分类的相关内容(图 11.65)。

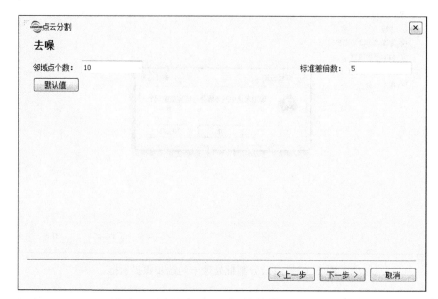

图 11.64 点云分割批处理中去噪参数设置对话框

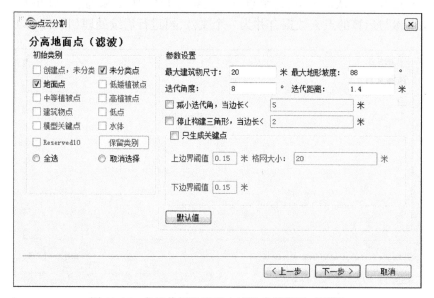

图 11.65 点云分割批处理中滤波参数设置对话框

（6）生成数字高程模型的参数设置参见第 7.1 节插值生成 DEM 的相关内容（图 11.66）。

（7）在输入数字高程模型文件步骤中，可以使用上一步生成的数字高程模型文件，或者人工选择已有的数字高程模型文件（图 11.67）。

（8）单击下一步按钮，设置点云分割参数（图 11.68）。

（9）单击完成按钮开始多文件、流程化批处理。

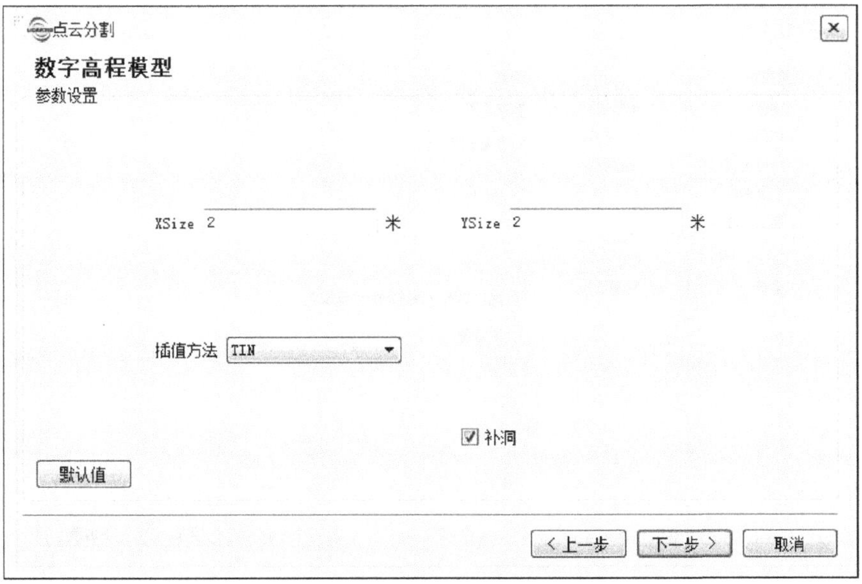

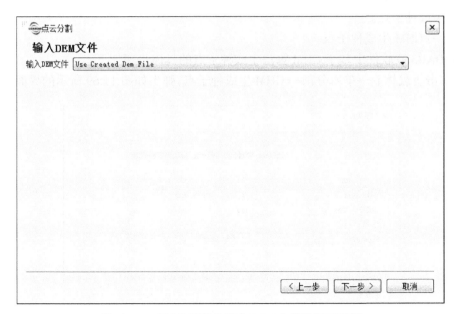

图 11.66 点云分割批处理中数字高程模型参数设置对话框

图 11.67 点云分割批处理中 DEM 文件选择对话框

5）基于种子点的单木分割

点云单木分割算法以全局最高点作为初始树木位置点，进而基于距离阈值对其他点进行分割。若在单木分割前输入树的位置信息，以这些信息作为种子点对点云进行单木分割，可提高单木分割精度。种子点的获取可基于 CHM 分割算法或层堆叠算法，下面将分别进行介绍。

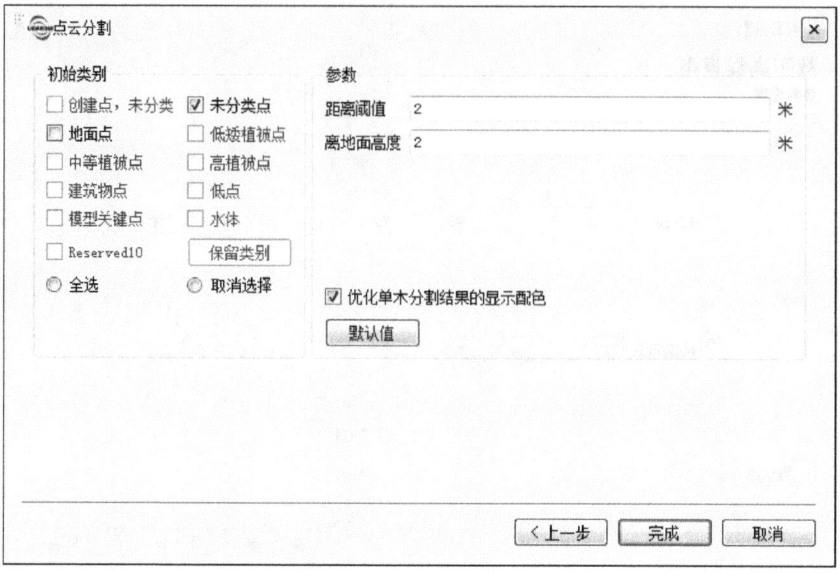

图 11.68   点云分割参数设置对话框

（1）生成种子点。

方法一：CHM 生成种子点。

在 LiDAR360 软件中基于 CHM 算法生成种子点的具体步骤如下：

① 单击机载林业→单木分割→CHM 生成种子点，弹出如图 11.69 所示的界面。

图 11.69   CHM 生成种子点参数设置对话框

② 参数设置如下：

输入文件可以是单个 CHM 文件，也可以是多个 CHM 文件，生成 CHM 的方法参见第 7.3 节生成 CHM 相关内容；待处理数据必须在 LiDAR360 软件中打开。

最大树高（单位为米）：分割单木的最大树高范围阈值，高于该值认为不是树木。

最小树高（单位为米）：分割单木的最小树高范围阈值，小于该值认为不是树木。

缓冲区大小（单位为像素）：当待分割数据的行列数超过 1 500 时，会进行分块处理，该值是分块的缓冲区阈值,可设置为待分割数据中最大冠幅直径除以栅格分辨率。

高斯平滑:是否进行高斯平滑。一般而言,建议勾选高斯平滑选项,去除噪点影响。

Sigma:高斯平滑因子,该值越大,平滑程度越高;反之,越低。平滑程度影响分割出的树木株数,如果出现欠分割,建议将该值调小(如0.5);反之,如果出现过分割,建议将该值调大(如1.5)。除了高斯平滑因子,CHM分割结果还受CHM分辨率影响。要调整CHM分辨率,需调整DEM和DSM分辨率。

半径(单位为像素):高斯平滑使用的窗口大小,该值为奇数;一般可设置为平均冠幅直径大小。

输出路径:运行后,每个CHM将生成对应的种子点文件(逗号分隔的*.csv),其中包含树的ID和x、y、z坐标。

注意:CHM生成种子点的功能界面和参数设置与CHM分割完全相同,两者的区别在于:CHM分割之后将生成包括树木ID、树的X、Y坐标、树高、冠幅直径和冠幅面积属性的*.csv文件和包含树木边界与属性信息的*.shp文件,而CHM生成种子点只生成包括树木ID、树的X、Y、Z坐标的种子点文件(*.csv)。

方法二:层堆叠生成种子点。

在LiDAR360软件中基于层堆叠算法生成种子点的具体步骤如下:

① 单击机载林业→单木分割→层堆叠生成种子点,弹出如图11.70所示的界面。

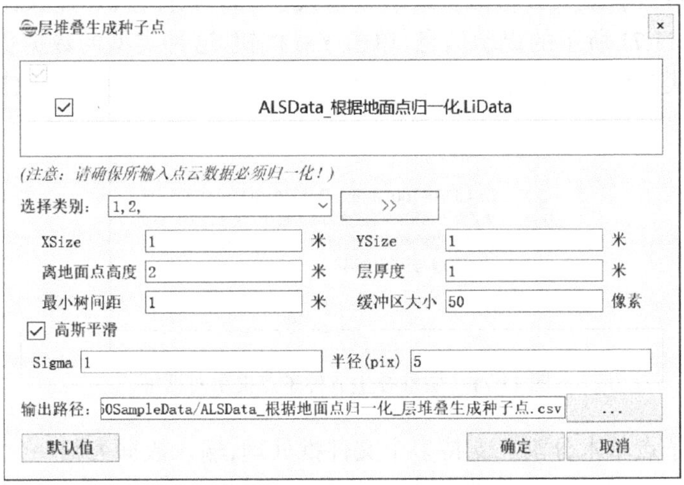

图11.70 层堆叠生成种子点参数设置对话框

② 参数设置如下:

输入数据:输入文件可以是单个点云数据文件,也可以是多数据文件;待处理数据必须在LiDAR360软件中打开。文件格式:*.LiData。请确保每一个输入的点云数据都是归一化的数据。

初始类别:参与生成种子点的点云类别,默认选择点云数据含有的全类别。

XSize(单位为米):格网分辨率,一般可设置为0.3~2 m。

YSize(单位为米):格网分辨率,一般可设置为0.3~2 m。

离地面点高度(单位为米):高于该值的点云数据才进行单木分割,若想分割出低矮树木,需要设置该值小于要分割的最小树高。

层厚度(单位为米):切层厚度,用于进行层堆叠时切层使用的高度,一般设置为 0.5~2.0 m。

最小树间距(单位为米):当前数据为最小树木间的间距,如种子点数据过多或过少可适当调节该参数重新生成。

缓冲区大小(单位为像素):当待分割数据的行列数超过 1 500 时,会进行分块处理,该值是分块的缓冲区阈值,单位为像素数。可设置为待分割数据中最大冠幅直径除以栅格分辨率。

高斯平滑:是否进行高斯平滑,一般而言,建议勾选高斯平滑选项,去除噪点影响。

Sigma:高斯平滑因子,该值越大,平滑程度越高;反之,越低。平滑程度影响分割出的树木株数,如果出现欠分割,建议将该值调小(如 0.5);反之,如果出现过分割,建议将该值调大(如 1.5)。

半径(单位为像素):高斯平滑使用的窗口大小,该值为奇数;一般可设置为平均冠幅直径大小。

输出路径:运行后,每个点云数据将生成对应的种子点文件,为逗号分隔的 *.csv 文件,其中包含四列,依次为:树 ID、X、Y、Z 坐标。

注意,只有当软件中加载了点云数据时,才能使用层堆叠生成种子点功能;否则,软件会弹出 "There is no point cloud data meet the conditions of calculation!" 的提示信息。如果点云的最大 Z 值大于 200 或者最大 Z 值减去最小 Z 值大于 200,软件会认为该数据没有被归一化,此时会弹出如图 11.71 所示的提示信息,单击 Yes 按钮,这种类型的数据仍然参与运算;单击 No 按钮,这种类型的数据将不参与运算,用户可重新选择满足条件的数据。

图 11.71 层堆叠生成种子点提示对话框

(2)基于种子点单木分割。支持多个文件批处理,输入数据为归一化的点云数据和对应的种子点文件,在 LiDAR360 软件中基于种子点进行单木分割的具体步骤如下:

① 单击机载林业→单木分割→基于种子点的单木分割,弹出如图 11.72 所示的界面。

② 参数设置如下:

点云文件:单击 [......] 按钮,选择待处理点云数据,应确保每一个输入的点云数据都是归一化的数据。

种子点文件:单击 [......] 按钮,选择点云数据对应的种子点文件。

➕:默认可以处理五个数据,单击 ➕ 增加待处理文件数量。

➖:删除选中的点云和对应的种子点文件。

🖊:清空文件列表。

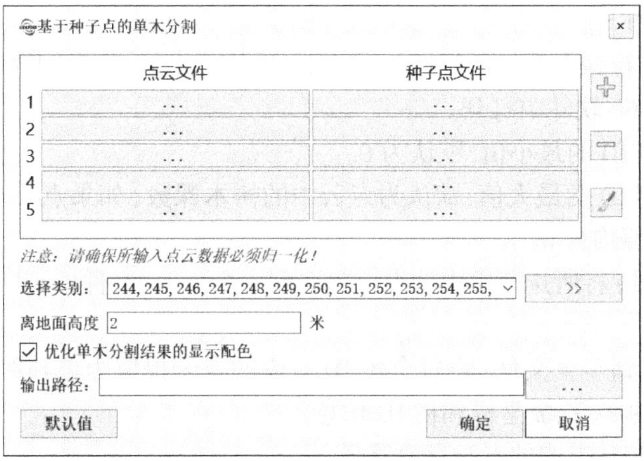

图 11.72　基于种子点的单木分割参数设置对话框

选择类别：参与单木分割的点云类别，默认选择所有类别。

离地面高度（单位为米）：高于该值的点云数据才进行单木分割，若想分割出低矮树木，需要设置该值小于要分割的最小树高。

优化单木分割结果的显示配色（默认选中）：通过重新排列单木分割后的 ID 信息，能够极大解决相邻树木赋同一颜色问题。

注意：勾选优化配色后，新生成的单木分割 *.csv 文件中的 ID 与输入种子点 ID 不严格对应。

输出路径：运行后，每个点云数据将生成对应的分割结果，分割结果为逗号分隔的 *.csv 文件，其中包含树木 ID、树的 X、Y 坐标位置、树高、树冠直径、树冠面积和树冠体积。

6）按树 ID 提取点云

用于从已经分割过的点云中提取部分或所有点云，以供其他软件使用。在 LiDAR360 软件中基于树 ID 提取点云的具体步骤如下：

（1）单击机载林业→按树 ID 提取点云，弹出如图 11.73 所示的界面。

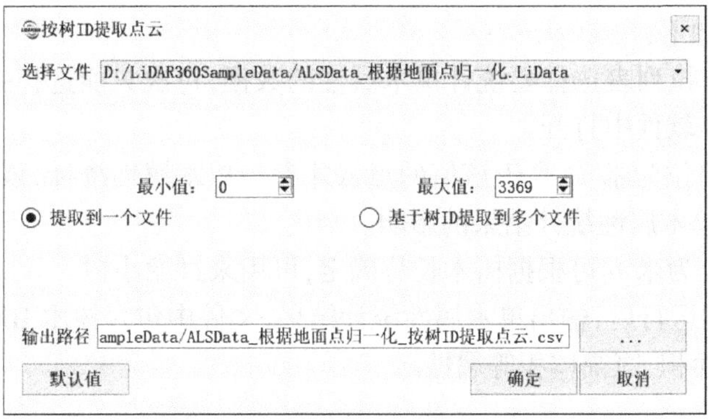

图 11.73　按树 ID 提取点云对话框

（2）参数设置如下：

选择文件：从下拉列表选择要按树 ID 提取点云的数据，每次只能选择一个文件，该文件需要已经在 LiDAR360 软件中打开。

最小值：提取树 ID 的最小值，默认为 0。

最大值：提取树 ID 的最大值，默认为点云中的树木棵数；如果点云未被分割过，则树木 ID 的最小值和最大值均为 0。

提取到一个文件：将所选范围内的点云提取到一个 *.csv 文件中，其中包含 X、Y、Z 坐标和单木 ID 信息。

基于树 ID 提取到多个文件：将每个树 ID 对应的点云提取为单独的 *.csv 文件，其中存储的信息为每棵树的 X、Y、Z 坐标和树 ID 信息。

输出路径：按树 ID 提取的点云存放路径。

7）统计单木属性

主要用于单木点云重新编辑后，针对树高、冠幅等属性进行更新计算。在 LiDAR360 软件中统计单木属性的具体步骤如下：

（1）单击机载林业→统计单木属性，弹出如图 11.74 所示的界面。

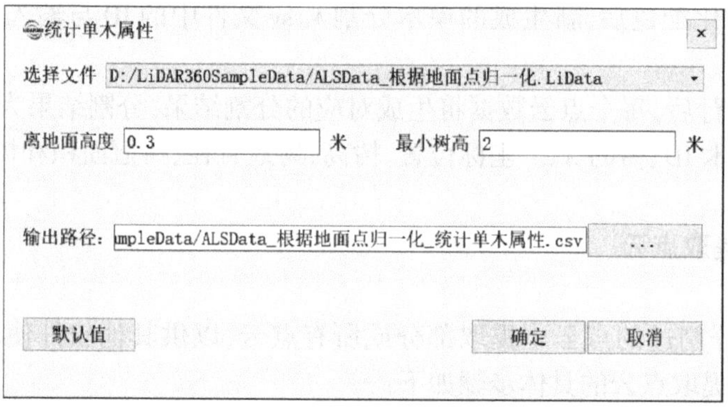

图 11.74　统计单木属性对话框

（2）参数设置如下：

选择文件：从下拉列表选择要统计单木属性的数据，每次只能选择一个文件，该文件需要已经在 LiDAR360 软件中打开。

离地面高度（单位为米）：高于该值的点云才参与单木属性统计，该参数用于减弱地表点云厚度或杂草对单木属性统计结果的影响。

最小树高（单位为米）：可根据树木长势确定，可用来过滤小树。

输出路径：功能运行后，输出单木属性统计结果，文件中包含树木 ID、X、Y 坐标位置、树高、冠幅直径、冠幅面积、冠幅体积等属性。

8）清除树 ID

点云分割之后,树木 ID 信息将保存在 LiData 文件中,如果需要再次对点云进行分割,需要先清除树 ID 信息,在 LiDAR360 软件中清除树 ID 的具体步骤如下:

（1）单击机载林业→清除树 ID,弹出如图 11.75 所示的界面。

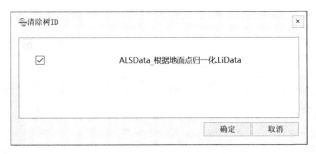

图 11.75　清除树 ID 对话框

（2）选择待处理的点云数据,单击确定按钮,即可清除点云中的树 ID 属性。

11.2.2　机载点云单木分割编辑

通过 ALS 种子点编辑工具对单木分割的结果进行检查,同时,可对种子点进行增加、删除等人工交互编辑,并基于编辑后的种子点再次对点云进行分割,提高单木分割的准确性。自 LiDAR360 3.2 版本起,ALS 种子点编辑功能支持右键快捷菜单,如表 11.1 所示。

表 11.1　ALS 种子点编辑右键菜单

快捷键	描述
Shift + 鼠标左键	剖面平移
↑	向上平移剖面
↓	向下平移剖面
←	向左平移剖面
→	向右平移剖面

在 LiDAR360 软件中进行 ALS 种子点编辑的具体步骤如下:

（1）将要编辑的点云数据加载到窗口中,并以该窗口为激活窗口。单击机载林业→ ALS 种子点编辑,当前激活窗口将出现 ALS 种子点编辑工具条,如图 11.76 所示。从左到右依次为:开始 / 结束编辑、打开种子点文件、保存种子点文件、添加种子点、选择种子点、减选种子点、取消选择、删除选择种子点、清除所有种子点、剖面图、单木筛选、基于种子点的单木分割、清除树 ID、种子点设置、退出。

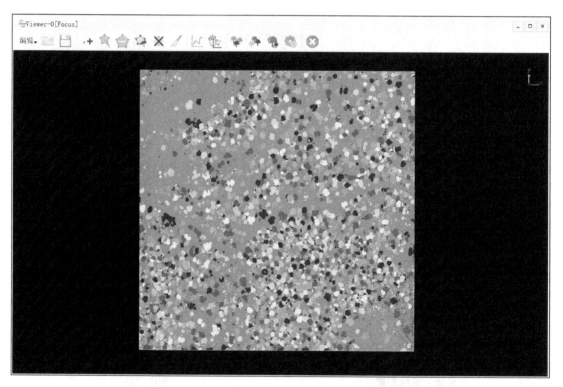

图 11.76 ALS 种子点编辑工具条

（2）开始 / 结束编辑：单击编辑→开始编辑，选择要编辑的数据（要编辑的数据为归一化之后的数据，且每次只能编辑一个数据），单击确定按钮，ALS 种子点编辑工具条的其他功能会被激活（图 11.77）。在编辑的过程中，被选择的数据不能从窗口中移除。编辑完成后，单击结束编辑，结束此次编辑，ALS 种子点编辑工具条其他功能将变灰。

图 11.77 ALS 种子点编辑工具条所有功能被激活

（3）打开种子点文件：单击工具条的打开种子点文件按钮 ，选择种子点文件，种子点文件为逗号分隔的 CSV 文件（∗.csv 扩展名），包含描述数据信息的表头，其中至少包含四列，且这四列依次为：树 ID、X、Y 和 Z 坐标（图 11.78）。

（4）保存种子点文件：种子点编辑完成后，单击 按钮，可以将该文件保存为新的 ∗.csv 文件，而不会覆盖原始文件。

（5）添加种子点：对于欠分割的地方，可以人工添加种子点。单击工具条的添加种子点按钮 ，可以在编辑窗口和剖面窗口添加种子点，一般建议选择树顶点或者靠近树顶点的位置为种子点。

（6）选择种子点：对于过分割的地方，可以通过多边形选择工具 选中这些错误的种子点，然后单击删除选择种子点按钮 或者单击键盘上的 Delete 键来删除这些选中的种子点。

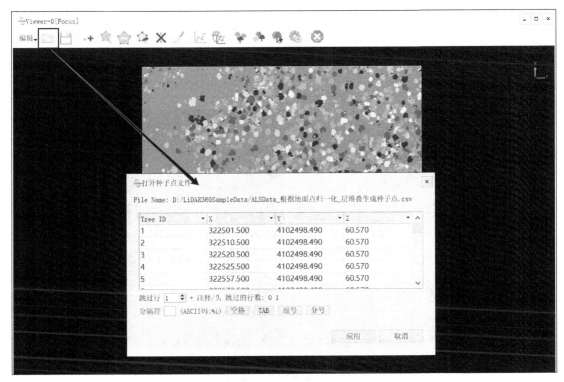

图 11.78　打开种子点文件

（7）减选种子点：如果选择的种子点中包含误选的种子点，可以使用减选工具 将误选的种子点从已经选择的种子点中减去。

（8）取消选择：单击此按钮 ，可以取消选择的种子点。

（9）删除选择种子点：单击此按钮 ，可以删除选择的种子点。

（10）清除所有种子点：单击此按钮 ，可以清除窗口中所有的种子点。

（11）剖面图：打开 ALS 种子点编辑工具条之后，点云所在窗口将变成 2D 模式，单击剖面图按钮 ，开启剖面窗口，在点云所在窗口中绘制一个六边形区域，可实时在剖面窗口中查看选择区域的点云和种子点，如图 11.79 所示。

（12）单木筛选：当点云数据被分割之后，可获取树 ID、树高、冠幅面积等属性，使用单木筛选工具 可以查看指定属性范围内的单木结果（高亮显示），如设定查看一定树高范围的单木，或查看冠幅面积较大或较小的单木用于检查单木分割结果（冠幅面积较大可能存在欠分割，冠幅面积较小一般是枯木或者过分割造成）。

要使用该功能，必须将分割后的点云和分割结果加载到软件中。如图 11.80 所示，按树高筛选点云，设置最小值和最大值分别为 2 m 和 20 m，位于该范围内的点云将高亮显示。

（13）基于种子点的单木分割：单击 按钮，基于编辑后的种子点再次对点云进行分割，具体方法请参考基于种子点的单木分割。

（14）清除树 ID：如果点云已经被分割过，再次分割之前，需要单击 按钮清除树 ID，具体方法参见清除树 ID。

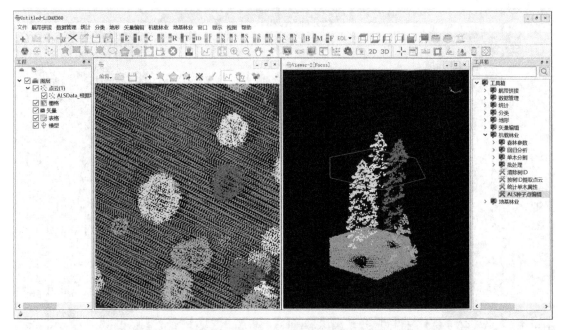

图 11.79   ALS 种子点编辑界面

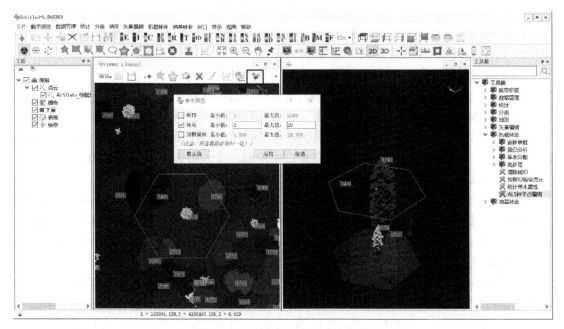

图 11.80   按树高筛选点云示意图

（15）种子点设置：单击此按钮 ，可设置种子点的颜色、种子点大小和透明度（Alpha），是否显示种子点 ID 以及种子点 ID 的字体大小（图 11.81）。

图 11.81 种子点参数设置对话框

颜色：单击 ▓ 按钮，将弹出如图 11.82 所示的界面框，可选择任意颜色为种子点的颜色。

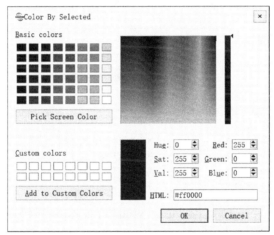

图 11.82 种子点颜色设置对话框

Alpha：种子点的透明度，取值范围为 0~1，0 表示完全透明，1 表示不透明。默认值为 0.5，单击 Alpha: 0.50 按钮，该值将以 0.1 为步长递增或递减，也可以直接输入特定的值。

显示种子点 ID：通过复选框决定是否在窗口中显示种子点 ID。

种子点大小：种子点大小，取值范围为 [0, 100)，单击 种子点大小: 0.50 按钮，该值将以 0.1 为步长递增或递减，也可以直接输入特定的值。

标签大小：显示种子点 ID 的标签大小，取值范围为 [0, 100)，单击 标签大小: 1.00 按钮，该值将以 1 为步长递增或递减，也可以直接输入特定的值。

（16）退出：单击 ⊗ 按钮，会弹出如图 11.83 所示的提示窗口，单击 Yes 按钮将关闭 ALS 种子点编辑工具条；单击 No 按钮返回编辑窗口。

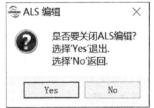

图 11.83 关闭 ALS 种子点编辑提示框

11.2.3 地基点云单木分割

不同于机载激光雷达点云自上而下的分割方法,地面激光雷达点云通常是从冠层下面获取的,因此可以清晰地识别树干,并以此分割出单木(Tao et al., 2015),在这种情况下,可以测量出单木胸径这一属性。在 LiDAR360 软件中可直接基于地基点云进行单木分割或者先获取胸径位置作为种子点,进而基于种子点进行单木分割。

1)点云分割

在 LiDAR360 软件中进行地基点云单木分割的具体步骤如下:

(1)单击地基林业→点云分割,弹出如图 11.84 所示的界面。

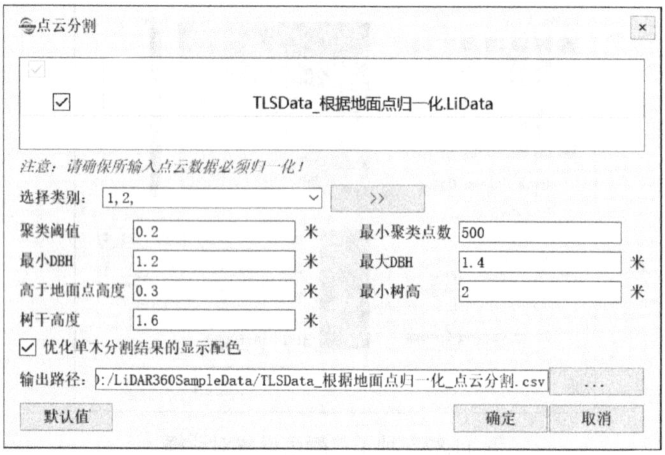

图 11.84 TLS 点云分割参数设置对话框

(2)参数设置如下:

输入数据:输入文件可以是单个点云数据文件,也可以是多数据文件;待处理数据必须在 LiDAR360 软件中打开。文件格式:*.LiData。请确保每一个输入的点云数据都是归一化的数据。

选择类别:参与点云分割的起始类别,默认选择全类别。

聚类阈值(单位为米):用户通过调节该参数可控制单木分割效率和精度。该值控制单木探测与单木冠层点云生长。聚类阈值越大,单木分割效率越高,但过大会影响分割效果。

最小聚类点数:该值主要影响单木冠层点云生长。设置点数越小,分割效果越好,速度越慢,反之亦然。

最大 DBH(单位为米):参与拟合胸径点云的高程最大阈值。

最小 DBH(单位为米):参与拟合胸径点云的高程最小阈值。

高于地面点高度(单位为米):高于该值的点云才参与单木分割。该参数用于减弱地表点云厚度或杂草对单木分割效果的影响。该值设置过大,会影响探测树木杆径的准确度。

最小树高(单位为米):参数可根据当地树木的长势确定,可用来过滤小树。

树干高度(单位为米):算法会截取高于地面点高度到树干高度范围内的点云进行树干探测,作为树木生长的起始点云。建议该参数设置在枝下高位置。

优化单木分割结果的显示配色(默认选中):通过重新排列单木分割后的 ID 信息,能够极大解决相邻树木赋同一颜色问题。

输出路径:运行后,每个点云数据将生成对应的分割结果,分割结果是逗号分隔的 *.csv 表格,其中包含树木 ID、X、Y 坐标位置、树高、胸径、冠幅直径、冠幅面积、冠幅体积属性。

(3)查看点云分割结果。基于点云数据分割单木后,树木 ID 信息将保存在 *.LiData 文件中,可在窗口查看分割结果。将分割过的点云数据加载到 3D 窗口中,确保该窗口处于激活状态,并在颜色条工具栏中单击按树 ID 显示按钮 ▋ID,分割后的单木将被赋予随机颜色。图 11.85 是单木分割效果显示。

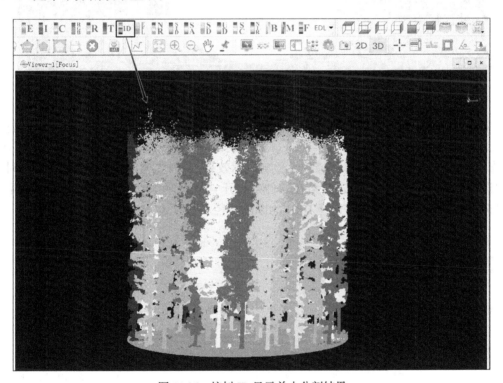

图 11.85　按树 ID 显示单木分割结果

单击工具栏的单点选择按钮 ┼,在点云窗口单击鼠标左键选择单个点可以查询树 ID属性,如图 11.86 所示。

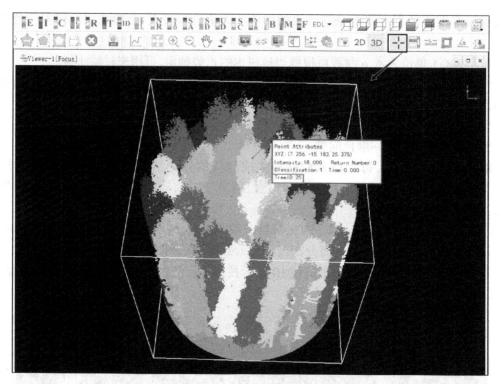

图 11.86　查询每个点的树 ID 属性对话框

　　单木分割生成的 ∗.csv 文件可以与点云叠加显示,将 ∗.csv 文件按表格打开,分别选择 X、Y、Z 对应的列为 ∗.csv 表格中的 TreeLocationX、TreeLocationY、TreeHeight,并勾选显示标签(如果标签文字过多,遮挡其他数据,影响显示效果,可以先移除数据,再次打开的时候,不勾选显示标签),单击应用按钮,可在软件中打开 ∗.csv 文件。为了查看胸径提取效果,也可以选择将 ∗.csv 按圆显示,并选择 DBH 为圆的直径(图 11.87)。

(a)　　　　　　　　　　　　　　　　　　　(b)

图 11.87　单木分割属性表不同显示方式示意图

　　在 ∗.csv 文件名上单击鼠标右键,选择打开属性表,可以查看单木属性信息,在每一行的任意位置双击鼠标左键,可以跳转到对应位置(图 11.88)。

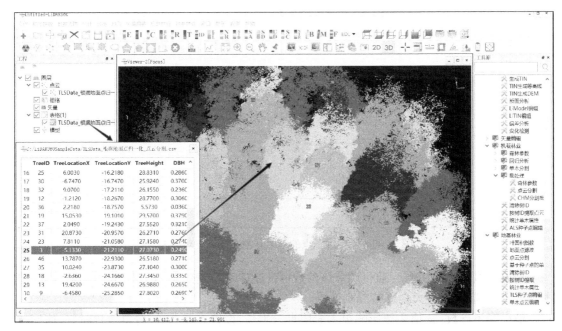

图 11.88　单木属性信息示意图

2）基于种子点的单木分割

该功能支持多个文件批处理,输入数据为归一化的点云数据和对应的种子点文件,地基数据归一化的方法与机载数据归一化的方法相同(参见第 4.2 节点云归一化)。种子点文件可以通过 TLS 种子点编辑工具条的批量提取 DBH 工具获取,种子点文件格式为逗号分隔的 *.csv 文件,包含描述数据信息的表头,其中至少包含五列,且这五列依次为:树 ID、树的 X 坐标、树的 Y 坐标、DBH 位置处的 Z 坐标和 DBH。需要注意的是,不同于机载林业模块基于种子点的单木分割,地基林业模块基于种子点的单木分割会利用到种子点的 DBH 值。算法会根据种子点的三维坐标搜索 DBH 半径范围内的点或最近的点作为初始的种子点簇进行后续分割。因此,如果种子点文件中没有 DBH 值,请将对应字段设置为 0。

在 LiDAR360 软件中基于种子点进行地基点云单木分割的具体步骤如下:

(1)单击地基林业→基于种子点的单木分割,弹出如图 11.89 所示的界面。

(2)参数设置如下:

点云文件:单击 [⬚⬚⬚] 按钮,选择待处理点云数据,所选择的数据必须为归一化的点云。

种子点文件:单击 [⬚⬚⬚] 按钮,选择点云数据对应的种子点文件。

➕:默认可以处理五个数据,单击 ➕ 按钮增加待处理文件数量。

➖:删除选中的点云和对应的种子点文件。

✏:清空文件列表。

选择类别:参与单木分割的起始类别,默认选择全类别。

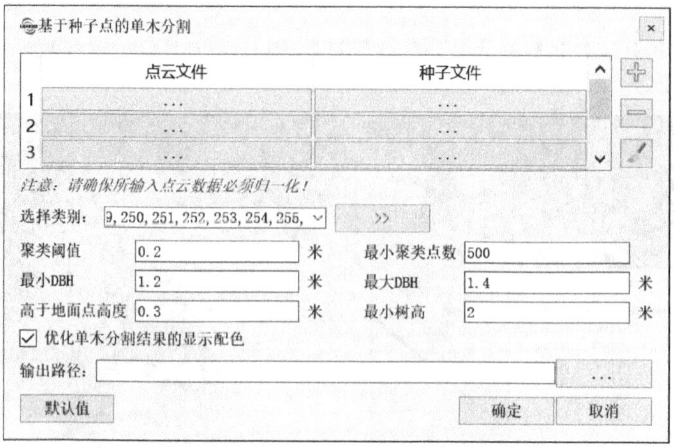

图 11.89 基于种子点的单木分割参数设置对话框

聚类阈值(单位为米):通过调节该参数可控制单木分割效率和精度,聚类阈值越大,单木分割效率越高,但过大会影响分割效果。

最小聚类点数:该值主要影响单木冠层点云生长,设置点数越小,分割效果越好,速度越慢,反之亦然。

最大 DBH(单位为米):参与拟合胸径点云的高程最大阈值。

最小 DBH(单位为米):参与拟合胸径点云的高程最小阈值。

高于地面点高度(单位为米):高于该值的点云才参与单木分割。该参数用于减弱地表点云厚度或杂草对单木分割效果的影响。该值设置过大,会影响探测树木杆径的准确度。

最小树高(单位为米):参数可根据当地树木的长势确定,可用来过滤小树。

优化单木分割结果的显示配色(默认选中):通过重新排列单木分割后的 ID 信息,能够极大解决相邻树木赋同一颜色问题。注:勾选优化配色后,新生成的单木分割 *.csv 文件中的 ID 与输入种子点 ID 不严格对应。

输出路径:运行后,每个点云数据将生成对应的分割结果,分割结果是逗号分隔的 *.csv 表格,其中包含树 ID、X、Y 坐标、树高、胸径、冠幅直径、冠幅面积、冠幅体积属性,查看分割结果的方法请参考机载点云单木分割章节。

3)按树 ID 提取点云

用于从已经分割过的点云中提取部分或所有点云,以供其他软件使用,在 LiDAR360 软件中按树 ID 提取点云的具体步骤如下:

(1)单击地基林业→按树 ID 提取点云,弹出如图 11.90 所示的界面。

(2)参数设置如下:

选择文件:从下拉列表选择要按树 ID 提取点云的数据,每次只能选择一个文件,该文件需要已经在 LiDAR360 软件中打开。

最小值:提取树 ID 的最小值,默认为 0。

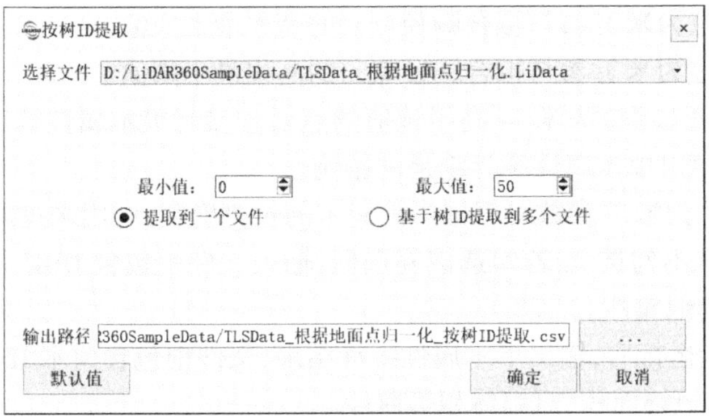

图 11.90　按树 ID 提取点云对话框

最大值：提取树 ID 的最大值,默认为点云中的树木棵数;如果点云未被分割过,则树木 ID 的最小值和最大值均为 0。

提取到一个文件：将所选范围内的点云提取到一个 *.csv 文件中,其中包含 X、Y、Z 坐标和单木 ID 信息。

基于树 ID 提取到多个文件：将每个树 ID 对应的点云提取为单独的 *.csv 文件,其中存储的信息为每棵树的 X、Y、Z 坐标和树 ID 信息。

输出路径：按树 ID 提取的点云存放路径。

4）统计单木属性

主要用于单木点云重新编辑后,针对树高、冠幅等属性进行更新计算。在 LiDAR360 软件中统计单木属性的具体步骤如下：

（1）单击地基林业→统计单木属性,弹出如图 11.91 所示的界面。

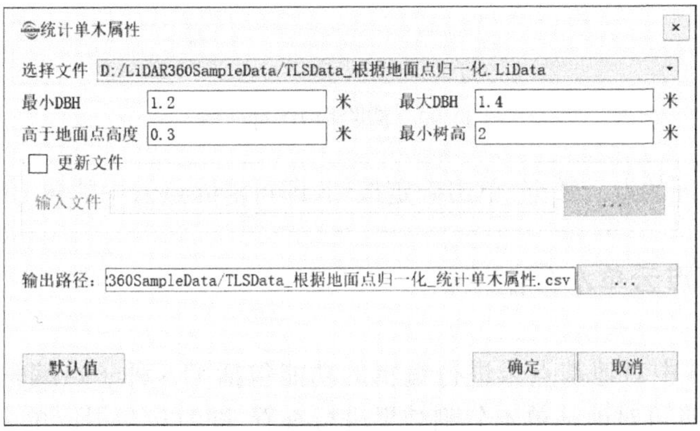

图 11.91　统计单木属性对话框

（2）参数设置如下：

选择文件：从下拉列表选择要统计单木属性的数据,每次只能选择一个文件,该文件需要已经在 LiDAR360 软件中打开。

最大 DBH（单位为米）：参与拟合胸径点云的高程最大阈值。

最小 DBH（单位为米）：参与拟合胸径点云的高程最小阈值。

高于地面点高度（单位为米）：高于该值的点云才参与单木属性统计，该参数用于减弱地表点云厚度或杂草对单木属性统计结果的影响。

最小树高（单位为米）：参数可根据当地树木的长势确定，可用来过滤小树。

更新文件（默认不勾选）：若勾选该复选框，输入文件中包含 DBH 且有效，则不会重新计算 DBH，只更新其他属性。

输出路径：功能运行后，输出单木属性统计结果，文件中包含树木 ID、X、Y 坐标位置、树高、胸径、冠幅直径、冠幅面积、冠幅体积等属性。

5）清除树 ID

点云分割之后，树木 ID 信息将保存在 *.LiData 文件中，如果需要再次对点云进行分割，需要先清除树 ID 信息。在 LiDAR360 软件中清除树 ID 的具体步骤如下：

（1）单击地基林业→清除树 ID，弹出如图 11.92 所示的界面。

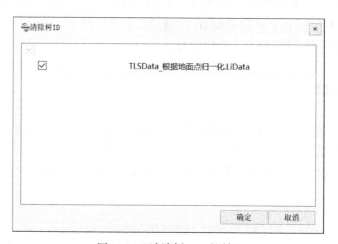

图 11.92　清除树 ID 对话框

（2）选择待处理的点云数据，单击确定按钮，即可清除点云中的树 ID 属性。

11.2.4　地基点云单木分割编辑

LiDAR360 软件中对地基点云进行编辑的功能包括 TLS 种子点编辑和单木点云编辑。TLS 种子点编辑工具可对地基单木分割结果进行查看，同时包含提取单个树木胸径，批量提取树木胸径，对种子点进行增加、删除，基于编辑后的种子点对点云进行分割及量测单木属性信息等功能。单木点云编辑工具可对点云中的单木进行编辑，包含创建树、合并树、删除树等功能。

1）TLS 种子点编辑

在 LiDAR360 软件中进行 TLS 种子点编辑的具体步骤如下：

（1）将要编辑的点云数据加载到窗口中，并以该窗口为激活窗口。单击地基林业→TLS 种子点编辑，当前激活窗口将出现 TLS 种子点编辑工具条，如图 11.93 所示。从左到右依次为开始 / 结束编辑、打开种子点文件、保存种子点文件、加载轨迹文件、关闭轨迹文件、拟合 DBH、批量提取 DBH、拟合 DBH 的方法（包括拟合圆、拟合圆柱和拟合椭圆）、选择（包括圆形、矩形和多边形选择）、减选、取消选择、选择点云、选择种子点、添加种子点、删除种子点、清除所有种子点、剖面图、平移剖面区域、单木属性量测、DBH 检查、单木筛选、基于种子点的单木分割、清除树 ID、种子点设置、退出。

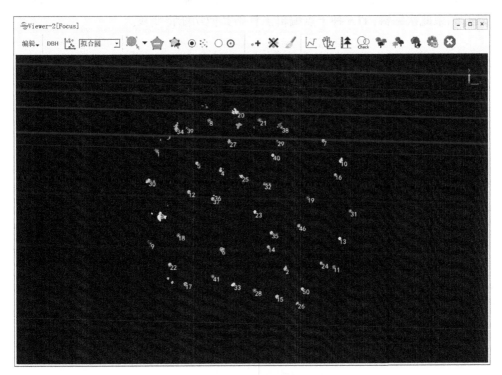

图 11.93　TLS 种子点编辑界面

自 LiDAR360 V3.2 版本起，TLS 种子点编辑功能支持右键快捷菜单，如表 11.2 所示。

表 11.2　TLS 种子点编辑右键菜单

快捷键	描述
Shift + 鼠标左键	剖面平移
↑	向上平移剖面
↓	向下平移剖面

续表

快捷键	描述
←	向左平移剖面 / 剖面平移到单木属性表中上一棵树
→	向右平移剖面 / 剖面平移到单木属性表中下一棵树
Ctrl+Z	回退选择区域

（2）开始 / 结束编辑：单击编辑→开始编辑，弹出如图 11.94 所示的界面，选择要编辑的数据（要编辑的数据为归一化之后的数据，且每次只能编辑一个数据），单击确定按钮，将弹出一个设置窗口（图 11.95），可设置种子点的颜色、大小、是否显示种子点 ID，以及显示的点云高度，默认显示 1.2~1.4 m 的点云。单击确定按钮，TLS 种子点编辑工具条的其他功能将变成可用状态。在编辑的过程中，被选择的数据不能从窗口中移除。编辑完成后，单击结束编辑按钮，结束此次编辑，TLS 种子点编辑工具条其他功能将变灰。

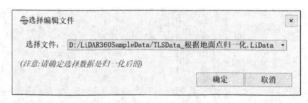

图 11.94 选择编辑文件对话框

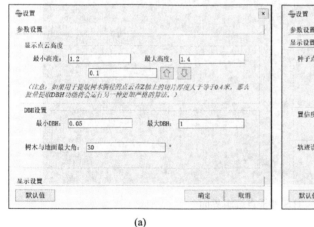
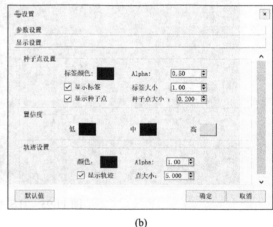

(a)   (b)

图 11.95 TLS 种子点编辑参数设置和显示设置对话框

（3）打开种子点文件：种子点文件为逗号分隔的 CSV 文件（*.csv 扩展名），包含描述数据信息的表头，其中至少包含五列，且这五列依次为：树 ID、树的 X 坐标、树的 Y 坐标、DBH 位置处的 Z 坐标和 DBH。单击开始编辑→打开种子点文件，将会出现如图 11.96 所示的窗口，若忽略 Z 值，种子点显示 Z 值会使用设置→显示点云高度设置的值代替。选择 Use Header 字段可使用种子点文件对应表头字段作为属性字段名。

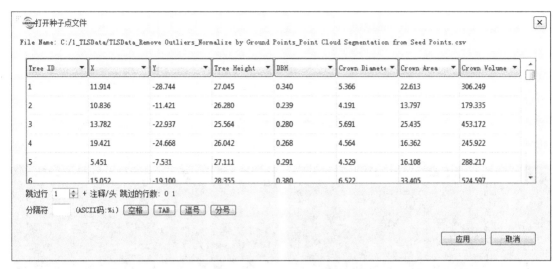

图 11.96　打开种子点文件对话框

（4）保存种子点文件：单击 💾 按钮，将种子点保存为 *.csv 文件。

（5）加载轨迹文件：支持 LiBackpack 背包系列产品输出的轨迹文件格式（*.xyz）。

（6）关闭轨迹文件：关闭已加载的轨迹文件。

（7）拟合 DBH：单击 DBH 按钮，可选择单个树木胸径位置的点云数据进行 DBH 拟合。拟合效果如图 11.97 所示，图中 1 表示 ID 号，0.2805 为拟合得到的胸径值，单位为米。

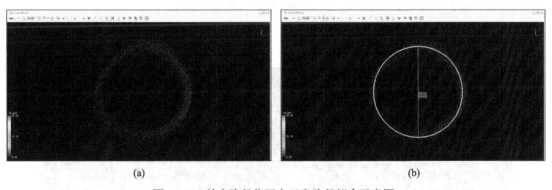

(a)　　　　　　　　　　　　　　　　　(b)

图 11.97　单木胸径位置点云和胸径拟合示意图：
（a）单木胸径位置点云数据效果，（b）拟合结果

（8）批量提取 DBH：单击批量提取 DBH 按钮 📊，可选择多棵树木胸径位置的点云数据，自动对每棵树进行聚类并拟合对应的 DBH，默认选择窗口内显示的全部点云数据进行批量拟合（图 11.98），也可通过勾选图 11.98 界面上的"仅选中"选项，只拟合选择区域的点云。若不希望某一类别参与拟合，单击工具条的按类别显示按钮，可隐藏该类别。其中，最小点数为用户设置的最小点簇个数，当小于该阈值时，不认为是一棵树，不进行胸径拟合。

批量提取 DBH 的效果如图 11.99 所示，图中 1、2、3、4 表示树木 ID 号，0.2791、0.2717、0.2820、0.3936 为拟合得到的胸径值，单位为米。

图 11.98 批量提取 DBH

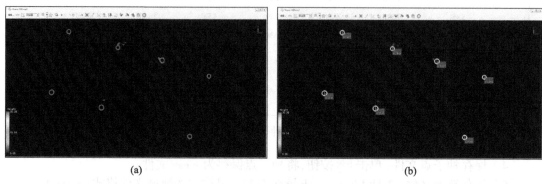

(a)   (b)

图 11.99 （a）树木胸径位置点云数据；（b）DBH 拟合结果

可通过设置显示点云高度在二维窗口选择点云或者结合剖面窗口灵活选择点云以拟合 DBH。拟合 DBH 的方法包括拟合圆、拟合圆柱和拟合椭圆（图 11.100）。一般情况下，采用拟合圆的方法即可，如果树木倾斜生长，可选择拟合圆柱的方法。

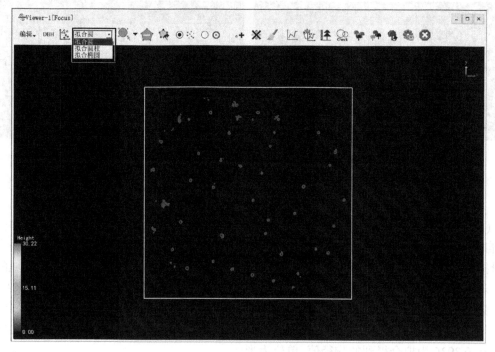

图 11.100 DBH 拟合方式示意框

拟合圆（默认）：使用输入点云数据的平面坐标采用最小二乘法拟合二维圆。

拟合圆柱：使用输入点云数据拟合三维圆柱，圆柱的直径即树木胸径。

拟合椭圆：考虑树木杆径有时表现为椭圆形式，可使用点云数据的平面坐标采用直接最小二乘法拟合二维椭圆。树木胸径 = 2 × sqrt（椭圆长半轴 × 椭圆短半轴）。

（9）选择：单击选择按钮 ，支持多边形选择、矩形选择和圆形选择，选择类型包括点云和种子点。选中的点云数据可进行 DBH 拟合，选中的种子点可以通过单击删除种子点按钮 或单击 Delete 键删除，选择工具可在剖面窗口中使用。

（10）减选：该工具 为选择工具的逆操作，选中数据集 = 选择数据集 – 选择数据集∩减选数据集，减选工具可在剖面窗口中使用。

（11）取消选择：单击按钮 ，可取消选中的数据集。

（12）选择点云：单击按钮 ，可选择点云数据拟合 DBH。

（13）选择种子点：单击按钮 ，可选择种子点。

（14）添加种子点：单击按钮 ，可交互式添加种子点，支持在编辑窗口和剖面窗口添加种子点。

（15）删除种子点：单击按钮 ，可删除选中的种子点。

（16）清除所有种子点：单击按钮 ，可清除窗口中所有的种子点。

（17）剖面图：打开 TLS 种子点编辑工具条之后，点云所在窗口将变成 2D 模式，单击剖面图按钮 ，开启剖面窗口，在点云所在窗口中绘制一个六边形区域，可实时在剖面窗口中查看选择区域的点云和种子点（图 11.101）。

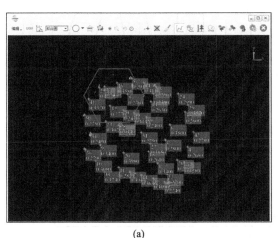 

(a)　　　　　　　　　　　　　　　(b)

图 11.101　利用剖面图查看点云和种子点示意图

（18）平移剖面区域：在主窗口中绘制剖面后，单击按钮 ，可平移剖面位置，实时查看剖面数据。

（19）单木属性量测：单击按钮 ，可以开启剖面窗口对树高、枝下高、直度等单木属性进行量测（图 11.102），并可将编辑后的单木属性信息保存为 *.csv 文件。开启单木属性编

	Tree ID	X	Y	Tree Height	DBH	Crown Diameter	Crown Area	Crown Volume	CBH	Straightness
1	1	11.914	-28.744	27.045	0.34	5.366	22.613	306.249	-	-
2	2	10.836	-11.421	26.28	0.239	4.191	13.797	179.335	-	-
3	3	13.782	-22.937	25.564	0.28	5.691	25.435	453.172	-	-
4	4	19.421	-24.668	26.042	0.268	4.564	16.362	245.922	-	-
5	5	5.451	-7.531	27.111	0.291	4.529	16.108	288.217	-	-
6	6	15.052	-19.1	28.355	0.38	6.522	33.405	524.597	-	-
7	7	2.048	-19.245	26.294	0.32	6.349	31.656	487.612	-	-

图 11.102　单木属性量测对话框

辑窗口后,单木属性表信息不会随着窗口内种子点的改变而自动更新,如果需要更新,应关闭单木属性量测窗口再重新打开。

按钮 🖫:可将所编辑的单木属性信息保存成 *.csv 文件。

工具 ◁:需要在剖面窗口模式下使用,跳转到当前双击所选单木信息条目的前一单木信息,剖面窗口同时显示所跳转的单木点云,也可使用快捷键←向前跳转。

工具 ▷:需要在剖面窗口模式下使用,跳转到当前双击所选单木信息条目的后一单木信息,剖面窗口同时显示所跳转的单木点云,也可使用→快捷键向后跳转。

工具 ‖:可用于计算树木直度。需要在剖面窗口利用选择工具选择参与计算直度的点云,根据 Macdonald 和 Mochan(2000)提出的树木直度计算相关标准(图 11.103 和图 11.104),所选点云高度需要大于 6 m,计算后的直度信息如果没有刷新,可选中单元格右键刷新。

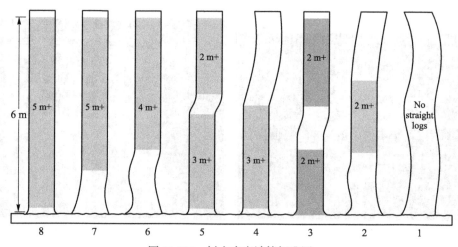

图 11.103　树木直度计算标准图

长度量测按钮 ▭:可在剖面窗口量测树高等属性。

面积量测按钮 ▯:可在剖面窗口量测树冠面积等属性(图 11.105)。树冠直径的获取可以通过先量测树冠面积,再利用面积量测公式 $S=\pi r^2$,求出树冠直径 $2r$。

高度量测按钮 ▮:可在剖面窗口量测树高、枝下高等属性(图 11.106)。

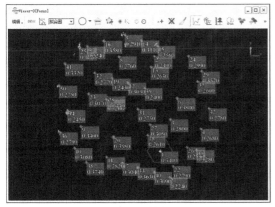

图 11.104 单木属性量测界面

	Tree ID	X	Y	Tree Height	DBH	Crown Diameter	Crown Area	Crown Volume	CBH	Straightness
1	1	11.814	-28.744	27.045	0.34	5.366	22.613	306.249	-	-
2	2	10.836	-11.421	26.28	0.239	4.191	13.797	179.335	-	-
3	3	13.782	-22.937	25.564	0.28	5.691	25.435	453.172	-	-
4	4	19.421	-24.668	26.042	0.268	4.564	16.362	245.922	-	-
5	5	5.451	-7.531	27.111	0.291	4.529	16.108	288.217	-	-
6	6	15.052	-19.1	28.355	0.38	6.522	33.405	524.597	-	-
7	7	2.048	-19.245	26.294	0.32	6.349	31.656	487.612	-	-

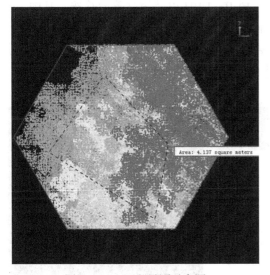

图 11.105 面积量测示意图

图 11.106 树高量测示意图

开始编辑按钮 ✎:可对添加的字段进行编辑。

添加字段按钮 ▨:在属性表中增加扩展字段,支持整数、实数、文本、日期、枚举等类型。

删除字段按钮 ✕:可删除增加的扩展字段。

剖面半径:对剖面窗口内六边形的半径进行调节。

注意:进行单木属性量测之前,需要保证窗口内包含种子点。若表格内相关数据没有刷新,可以先选中该单元格,然后单击鼠标右键,选择更新数值或者利用 F5 快捷键刷新相关数据。

（20）DBH 检查:DBH 检查工具 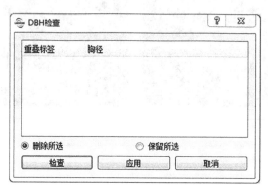 可用于检查 DBH 是否存在交叉或重叠情况。可通过双击或右键查看检查出的 DBH,也可通过右键或选中来删除错误的 DBH,该功能开启后如图 11.107 所示。

图 11.107　DBH 检查对话框

（21）单木筛选:单木筛选工具 🌳 用于对 DBH 拟合结果或单木分割结果进行检查与编辑。根据筛选范围可对 DBH 拟合结果进行显示、隐藏、删除与提取操作,对单木分割后的点云进行高亮显示操作。筛选操作包括按置信度、树 ID、DBH 以及树高范围筛选。其中,按置信度筛选只适用于批量拟合 DBH 后;按树高筛选只适用于单木分割操作后。

单木筛选示意图如图 11.108 所示,点云数据进行单木分割后,按树 ID 筛选点云,分别设置最小值和最大值为 1 和 10,位于该范围内的点云将高亮显示。

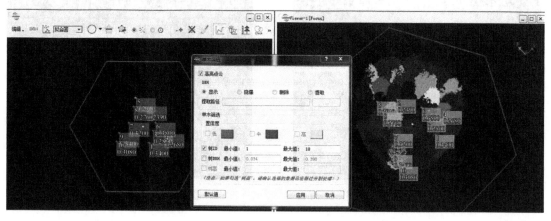

图 11.108　单木筛选示意图

（22）基于种子点单木分割:单击按钮 🌱,可基于种子点对点云进行分割。具体可参见基于种子点单木分割相关内容,分割之后会重新计算的树木高度。

（23）清除树 ID:单击清除树 ID 🌱 按钮,可对已分割过的点云再次分割,具体可参见清除树 ID 相关内容。

（24）种子点设置：单击按钮 ，可设置拟合DBH的参数和种子点的显示参数（图11.109）。

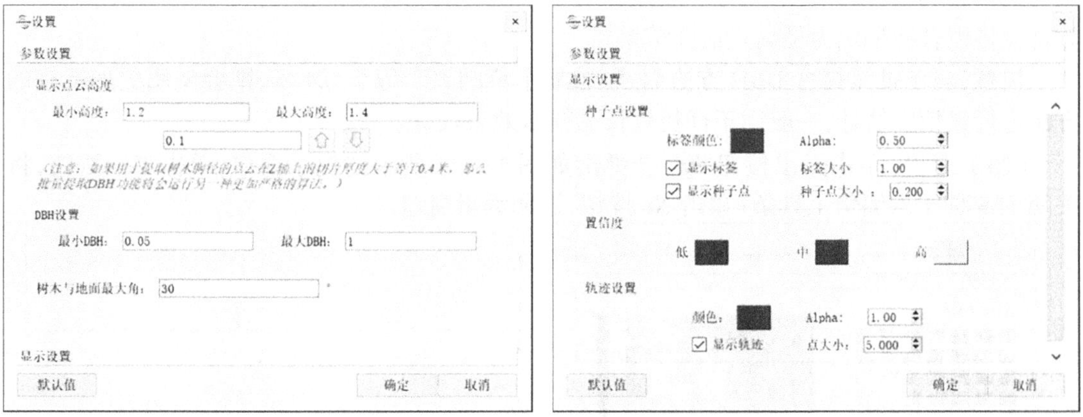

(a)　　　　　　　　　　　　(b)

图 11.109　TLS 种子点编辑参数设置对话框

显示点云高度：设置窗口中显示的点云高度范围，这些点可用于 DBH 拟合。最小高度（单位为米）：窗口中显示的点云最小高度，默认为 1.2 m；最大高度（单位为米）：窗口中显示的点云最大高度，默认为 1.4 m；⬆：按设定的步长值增加显示高度，即最小高度减去该值，最大高度加上该值；⬇：按设定的步长值减少显示高度，即最小高度加上该值，最大高度减去该值。

最小 DBH（单位为米）：最小 DBH 阈值，若小于该值则认为是错误的；最大 DBH（单位为米）：最大 DBH 阈值，若大于该值则认为是错误的；最大树木倾角（单位为度）：最大树木倾角阈值，即树木与地面间夹角，若夹角小于该值认为不是树木，该参数用于圆柱拟合。

种子点设置：设置种子点的颜色、透明度、是否显示种子点 ID、种子点大小、字体大小。颜色：单击 █ 按钮，将弹出如图 11.110 所示的颜色界面，可选择任意颜色为种子点的颜色。

Alpha：种子点的透明度，取值范围为 0~1，0 表示完全透明，1 表示不透明，默认值为 0.5。单击 Alpha: 0.50 按钮，该值将以 0.1 为步长递增或递减，也可以直接输入特定的值。

显示标签：设置是否在窗口中显示种子点 ID。

标签大小：显示种子点 ID 的标签大小，取值范围为 [0, 100)。单击 标签大小: 1.00 按钮，该值将以 1 为步长递增或递减，也可以直接输入特定的值。

显示种子点：设置是否在窗口中显示种子点或拟合的胸径。

大小：种子点大小，取值范围为 [0, 100)。单击 大小: 0.200 按钮，该值将以 0.1 为步长递增或递减，也可以直接输入特定的值。

置信度：批量拟合胸径时，会对拟合的 DBH 结果进行置信度估计，根据设置的颜色显示对应拟合的 DBH。低置信度：认为参与拟合的点云是树干的可靠度不高，需要用户重点检查；中置信度：认为胸径拟合的可靠度不高，或受树木分叉影响，用户可查看检查；高置信度：认为拟合的胸径可靠度很高，用户可最后检查。值得注意的是，用户进行单个 DBH 拟合时，软件会将拟合结果认为是高置信度结果。

注意，对于批量拟合 DBH 方法而言，若显示范围大于等于 0.4 米，则会使用更加严格的方法进行置信度估计，一般用于杆径较长的树木效果较好。

（25）退出：单击退出按钮 ，会弹出如图 11.111 所示的提示窗口，单击 Yes 按钮，将关闭 TLS 种子点编辑工具条；单击 No 按钮，返回编辑窗口。

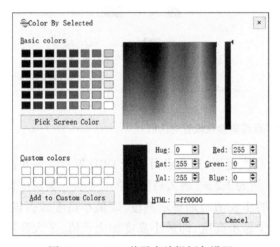

图 11.110　TLS 种子点编辑颜色设置

图 11.111　TLS 种子点编辑
关闭提示框

2）单木点云编辑

在 LiDAR360 软件中进行单木点云编辑的具体步骤如下：

（1）将要编辑的点云数据加载到窗口中，并以该窗口为激活窗口。单击地基林业→单木点云编辑，当前激活窗口将出现单木点云编辑工具条（图 11.112），从左到右依次为开始 / 结束编辑、剖面图、退出。

（2）单击编辑→开始编辑，选择要编辑的数据，单击确定按钮（图 11.113），点云显示模式将变成按树 ID 显示，单木点云编辑工具条的其他功能将变成可用状态。在编辑过程中，被选择的数据不能从窗口中移除。编辑完成后，单击结束编辑，结束此次编辑。

（3）剖面图：单击剖面图按钮 ，开启剖面窗口，在点云所在窗口绘制一个六边形区域，双击鼠标左键结束绘制。该区域即为将要被编辑的单木点云区域（图 11.114）。在剖面窗口上方出现单木点云编辑工具条，从左到右依次为：加载 / 移除编辑区域、保存编辑结果、创建单木、合并单木、删除单木、回退、重做。

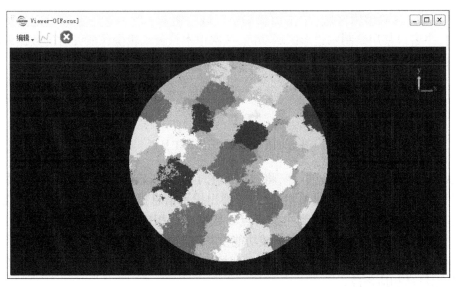

图 11.112 单木点云编辑窗口界面图

图 11.113 选择编辑文件对话框

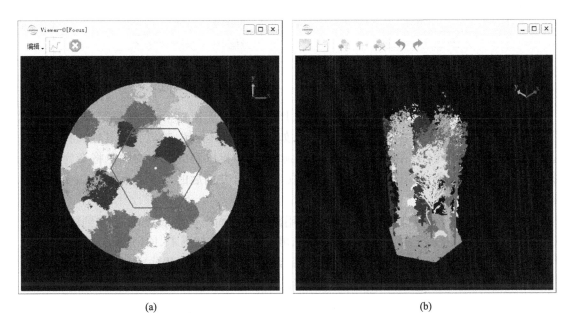

(a)

(b)

图 11.114 单木点云编辑界面

（4）加载 / 移除编辑区域：单击加载编辑区域按钮 ，将六边形区域设定为待编辑区域。此时，主窗口禁用绘制六边形区域功能，该次单木点云编辑操作所针对的数据即为该区域内数据，剖面窗口所有编辑工具为可用状态（图 11.115）。

图 11.115　单木点云编辑工具栏

再次单击移除编辑区域按钮 ，将弹出如图 11.116 所示的界面，如果没有操作过单木点云，将直接退出。如果操作过单木点云，将弹出提示信息提示用户是否保存点云数据，单击 Yes 按钮保存编辑结果，可看到主窗口点云数据已经相应修改；单击 No 按钮退出编辑，不保存。此时，主窗口的绘制六边形区域功能重新恢复为可用状态。

（5）保存：单击保存按钮 ，将修改后的单木点云数据保存到文件中，同时可看到主窗口点云数据已经相应修改。

（6）创建单木：单击创建单木按钮 ，将会出现如图 11.117 所示的界面。从源类别下拉列表选择创建单木点的类别，默认选择所有类别，可采用多边形、矩形、圆形、球形或套索选择工具，使用的点集包括任意点、当前单木点和无树 ID 的点，在剖面窗口选择区域，双击鼠标左键结束选择，可看到被选中的区域颜色发生变化，即为创建单木（图 11.118）。

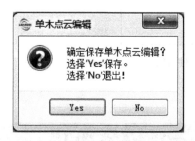

图 11.116　单木点云编辑提示对话框

图 11.117　创建单木设置对话框

（7）合并单木：单击合并单木按钮 ，用鼠标在剖面窗口拾取，如果拾取到树 ID 不为 0 的树，则在鼠标位置标记该树 ID。此时，如果再拾取其他树，拾取到的其他树将被合并为第一次拾取到的单木，在剖面窗口可以看到，这些被拾取到的单木的颜色将变为第一次拾取到的单木的颜色，单击鼠标右键结束拾取。单木合并前后的显示效果如图 11.119 和图 11.120 所示。

（8）删除单木：单击删除单木按钮 ，用鼠标在剖面窗口拾取，如果拾取到树 ID 不为 0 的树，将该树的 ID 标记为 0，将该单木删除，删除后的效果如图 11.121 所示。

（9）回退：单击回退按钮 ，将撤销操作，系统支持最大撤销操作次数为 20 次。

（10）重做：单击重做按钮 ，可重做操作，系统支持最大重做操作次数为 20 次。

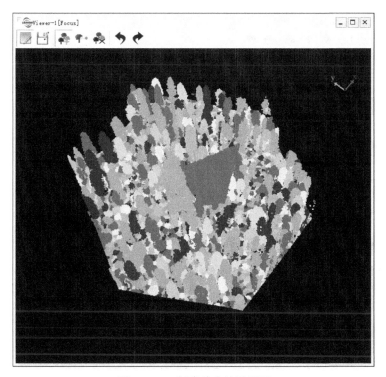

图 11.118 创建单木结果界面

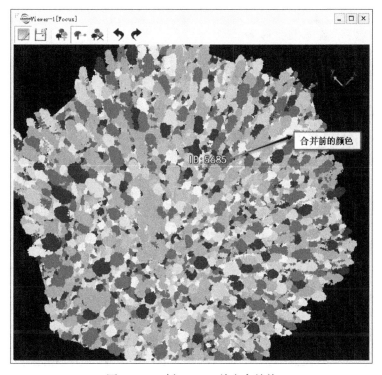

图 11.119 树 ID5685 单木合并前

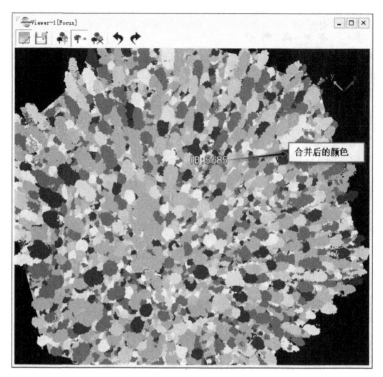

图 11.120   树 ID5685 单木合并后

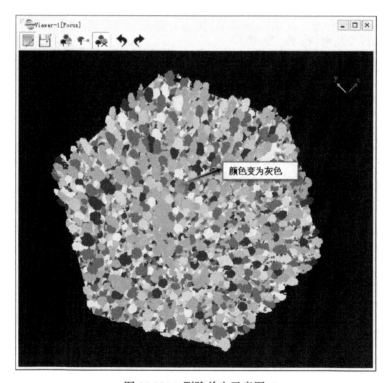

图 11.121   删除单木示意图

（11）退出：单击退出按钮，弹出如图 11.122 所示的提示框，如果没有操作过单木点云，将直接退出。如果操作过单木点云，将弹出提示信息提示用户是否保存点云数据，单击 Yes 按钮保存编辑结果，可看到主窗口点云数据已经相应修改，单击 No 按钮退出编辑，不保存。

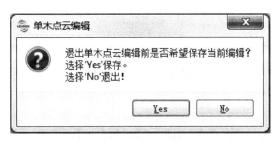

图 11.122　单木点云编辑退出对话框

第 12 章

激光雷达在植被分析中的应用实例

　　森林资源是国家资源的重要组成部分,对森林资源开展定期而详细的清查工作,不仅能够及时掌握森林资源的现状,还可以进一步为制定林业的发展规划和策略提供依据。目前,我国已形成成熟的森林资源调查体系,也就是常说的一类调查和二类调查。以森林资源的二类调查为例,主要针对国有林场、自然保护区、森林公园或县级行政区域等经营单位开展,调查范围涵盖所属区域内的树种、树高、蓄积量和森林生态因子等众多要素。新中国成立以来,全国范围开展的二类调查工作只有三次,部分原因在于二类调查工作量繁重,人工和时间成本都比较高。近年来,随着遥感技术手段应用的深入,各地已逐步将遥感方法纳入调研体系中。在遥感方法中,利用激光雷达进行目标探测属于主动遥感方式,对天气的依赖性小,并具有高精度、高分辨率、高自动化程度和高效率的优势。与传统摄影测量方式相比,激光雷达技术生成三维信息更快、更准确,尤其是可以穿透地表覆盖的森林植被,快速获取地形信息的能力,具有其他技术无可比拟的优势。同时,利用激光雷达技术能够获取地表地物精确三维坐标,生成高精度数字高程模型(DEM)、数字表面模型(DSM)和等高线等地形产品(图12.1),可作为土地利用规划、工程建设管理、地质灾害防治和林业资源调查等方面的应用基础。

　　依据森林植被的三维点云获取平台可分为机载扫描、地面静态扫描(即架站式扫描)和地面动态扫描(包括手持式、车载式和背负式)三种。激光雷达系统通过对整个测区目标地物的三维信息获取,在测量林下地形的同时也保留了地上的森林植被信息,通过进一步的植被信息分析,可以获得植被冠层高度、树高、冠幅、胸径等二类调查和森林生态研究中普遍关注的森林参数。总体来说,利用激光雷达技术对森林资源进行调研的流程和方法大致相同,本章将以基于机载点云数据的森林材积反演以及基于背包点云数据的树木三维结构参数提取和园林管理应用为例,介绍如何利用三维点云数据开展植被相关研究和应用。

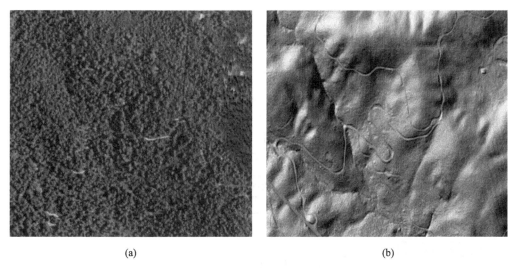

(a)   (b)

图 12.1 激光雷达技术可以穿透茂密的森林获取厘米级精度的高程信息
（a）1 m 分辨率航空影像;（b）基于 LiDAR 获取的 1 m 分辨率 DEM

12.1 地形产品生产应用实例

利用 LiDAR360 生成 DEM/DSM/ 等高线等地形产品主要包括以下步骤:数据质量检查、航带拼接、点云数据去噪、点云滤波（地面点分类）、地面点手工精细分类、DEM/DSM/ 等高线等地形产品生成,整体应用流程图如图 12.2 所示。

12.1.1 数据质量检查

质量控制是贯穿激光雷达地形生产的重要环节,为了对地形生产成果质量进行有效控制,合理评价机载激光雷达数据获取成果的质量,LiDAR360 软件提供了一系列针对外业数据质量检查的相关工具。首先根据 POS 数据进行航带裁切,具体操作步骤可参见第 5.1 节航带裁切相关内容,基于裁切后的航线和对应的点云数据可进行航迹线质量检查、重叠率质量检查、高差质量检查和点云密度质量检查,具体操作步骤可参见第 5.2 节质量检查相关内容。

12.1.2 航带拼接

机载激光雷达测量系统会受到多种误差（系统误差和偶然误差）源的影响,系统误差会给激光脚点的坐标带来系统偏差。安装激光雷达测量系统要求扫描参考坐标系同惯性平台

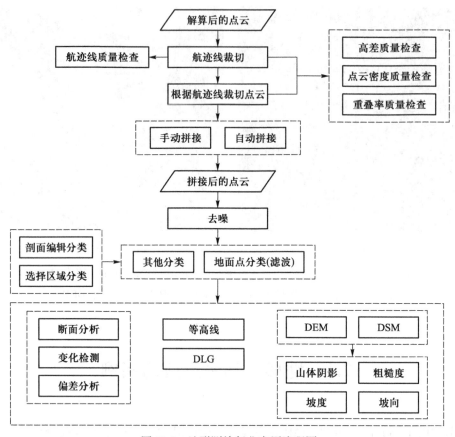

图 12.2 地形测绘行业应用流程图

参考坐标系的坐标轴相互平行,但是系统安装时不能完全保证它们相互平行,即会产生所谓的系统安置误差。LiDAR360 航带拼接模块提供安置误差检校,从而实现对机载激光雷达点云数据的航带拼接处理。该模块包含对机载激光雷达点云数据采集航迹线进行加载、删除、裁切,根据航迹线裁切点云,航迹线与点云匹配,自动计算安置误差并生成质量报告,并有人工航带拼接、去冗余等功能,具体操作步骤可参见第 5.3 节航带拼接相关内容。

12.1.3 噪点去除

若 LiDAR 系统在采集数据的过程中受到低飞的飞行物(如鸟类或飞机)影响,误将这些物体反射回来的信号当做被测目标的反射信号记录下来,或由于测量过程中的多路径误差或者激光测距仪的误差导致产生极低点,点云数据中将出现噪点,这些噪点将影响点云数据的处理效率和精度。

在 LiDAR360 软件中去除噪点的具体步骤如下:

(1)单击数据管理→点云工具→去噪,弹出去噪功能界面,使用默认参数,单击确定按钮,可去除孤立点和离群点的影响。去噪功能的参数设置可参见第 4.1.1 节。

（2）去噪完成后将新生成的 LiData 文件添加到软件中,然后在左侧图层管理窗口将原始点云隐藏以观察去噪后的效果。若去噪之后点云中仍然有明显的低点或者空中点,可采用以下方式进行处理:① 单击数据管理→点云工具→去噪,调整去噪参数后再次进行处理。② 利用工具栏的选择工具直接对数据进行裁剪,具体步骤可参见第 3.4.1 节。③ 利用剖面工具将噪点分类为 7- 低点类别或其他自定义类别,在后续处理中,该类别的点云不参与运算。

12.1.4 地面点分类

激光雷达发射的激光落在地面、自然植被、人工地物、移动物体等不同地物上,呈现离散分布,其获取的对象包括以下几个类别:

- 地形表面:自然裸露的土壤和岩石表面,以及人工修建的道路表面等,是生成数字地形产品的基础数据;
- 植被:包括森林、灌丛、草丛等覆盖地表的植物;
- 人工地物:包括建筑物、电线杆、桥梁等;
- 移动物体:包括行人、车辆和动物等;
- 噪声:包括高空噪声和低空噪声,高空噪声是由于低飞的飞行物（如鸟类或者飞机）造成的,低空噪声是由于多路径效应造成的。

如何从激光雷达点云数据中区分出地面信息,即点云滤波,是生成 DEM 的前提,也是激光雷达点云数据在各行业应用的基础。目前,滤波算法众多,且各有优缺点,LiDAR360 采用的是 Zhao 等（2016）提出的改进的渐进加密三角网滤波算法,在森林覆盖率较高的山地区域,该算法在目前众多算法中稳健性和准确性较高。除自动分类算法外,软件还提供交互式编辑分类工具对分类结果进行检查和修改。下面将分别介绍自动分类和精细分类方法。

1）自动分类

LiDAR360 采用的地面点分类算法是改进的渐进加密三角网滤波算法,算法原理和在软件中的具体使用步骤可参见第 6.1.1 节相关内容。

2）地面点精细分类

在实际应用中,地形复杂多变,采用一套参数进行地面点分类往往难以达到很好的分类效果,尤其对于待分类区域含有山区、平原等混合区域的情况。针对复杂地形无法通过一次分类就获得较好效果的情况,可考虑使用选择区域地面点分类工具对局部分类效果不理想区域重新进行地面点分类,或者利用剖面工具进行交互式编辑分类。

方法一：选择区域地面点分类。

加载待分类点云数据，单击分类→选择区域地面点分类，数据所在窗口上方会出现如图 12.3 所示的选择区域地面点分类工具条。从左到右依次为多边形选择、矩形选择、球形选择、减选、清除选择区域、按属性分类、二次曲面滤波、坡度滤波、TIN 滤波、提取中位地面点、恢复选择区域和退出。

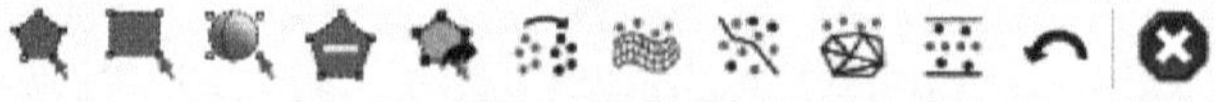

图 12.3 选择区域地面点分类工具条

使用任意一种选择工具或者多种分类工具结合选中待分类区域，选中的区域将高亮显示，对所选区域的点云数据可进行按属性分类、二次曲面滤波、坡度滤波、TIN 滤波或提取中位地面点操作。按属性分类相关参数设置可参见第 6.4 节按属性分类相关内容，二次曲面滤波参数设置可参见第 6.1.3 节二次曲面滤波相关内容，坡度滤波参数设置可参见第 6.1.2 节坡度滤波相关内容，TIN 滤波可参见第 6.1.1 节改进的渐进加密三角网滤波相关内容，提取中位地面点参数设置可参见第 6.1.4 节提取中位地面点相关内容。

对所选区域使用何种地面点分类方法视地形情况而定，一般情况下，TIN 滤波效果最为稳定，因此首荐 TIN 滤波。

方法二：交互式编辑分类。

交互式编辑分类在剖面窗口中进行，LiDAR360 从 V3.1 版本开始提供内存编辑和外存编辑两种方式，同时提供多个窗口可选择分类模式（图 12.4）。剖面编辑工具面板提供了一系列编辑工具，同时支持自定义快捷键操作，配合快捷键和鼠标操作，不但可以方便地切换不同工具进行分类操作，同时可以高效地完成分类检查和修正。交互式编辑分类的具体步骤可参见第 6.11 节交互式编辑分类相关内容。

12.1.5 生成 DEM 和 DSM

DEM 是地形表面高程的三维数字化表达，其他各种地形特征均可由此派生。对滤波后的地面点进行插值，可以得到 DEM。DEM 在地图测绘、城市建模、水文研究、灾害预测和森林管理等方面有广泛应用。DSM 是指包含了地表建筑物、桥梁和树木等高度的地面高程模型。和 DSM 相比，DEM 只包含了地形的高程信息，并未包含其他地表信息，DSM 在 DEM 基础上，进一步涵盖了除地面以外的其他地表信息的高程。

生成 DEM 的具体步骤可参见第 7.1 节插值生成 DEM 相关内容。点云滤波后得到的地面点为生成高精度 DEM 提供了基础数据支撑，同时，选择何种插值方法对得到的地面点进行插值也将影响最终 DEM 的精度，生成 DEM 的插值方法选择可参考 Guo 等（2010）的研究，该研究探讨了地形表面特征、采样点密度和 DEM 分辨率对不同插值方法精度的影响。

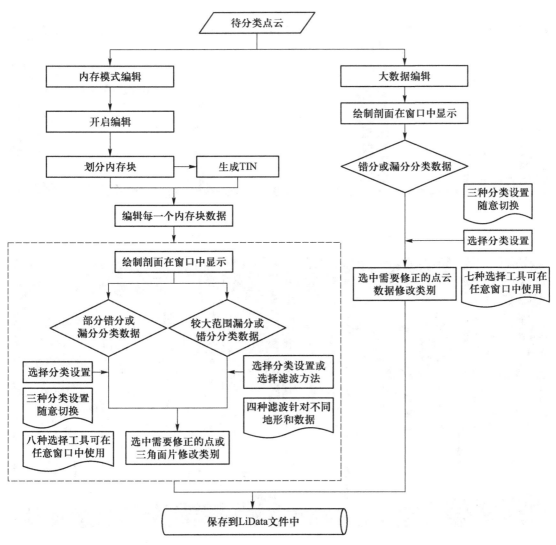

图 12.4　交互式编辑分类流程图

　　如果需要更直观地检查 DEM 的生成质量以及对质量不合格区域进行修改,可以通过地形模块中的山体阴影工具生成山体阴影图(具体操作步骤可参见第 8.1 节创建山体阴影相关内容),该工具通过设置栅格中的每个像元确定照明度增强表面的可视化。同时,可以利用数据管理→格式转换→ TIFF 转换为 LiModel,将 DEM 转换为 LiModel,在三维模式下查看。另外,对于 LiModel 模型可以通过地形→ LiModel 编辑对模型进行编辑(具体操作步骤可参见第 7.6.1 节 LiModel 编辑相关内容),如高程置平、高程平滑、去除钉状点等操作,从而生成质量更佳的 DEM 模型。图 12.5 显示了 DEM、山体阴影效果图和 LiModel 模型。

　　生成 DSM 的具体步骤可参见第 7.2 节插值生成 DSM 相关内容。对于林区,推荐采用IDW 插值生成 DSM;对于城区,推荐采用 spike-free TIN 生成 DSM,图 12.6 为城区点云通过Delaunay 三角网插值和 spike-free TIN 插值生成 DSM 的效果对比。与 DEM 相同,可以利用数据管理→格式转换→ TIFF 转换为 LiModel,将 DSM 转换为 LiModel,在三维模式下查看。

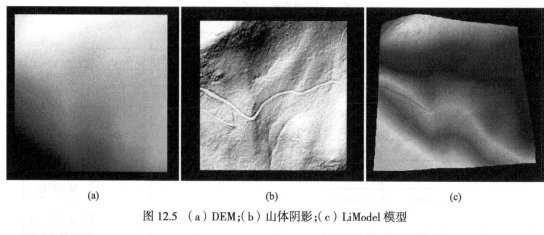

(a)　　　　　　　　　　　(b)　　　　　　　　　　　(c)

图 12.5　（a）DEM;（b）山体阴影;（c）LiModel 模型

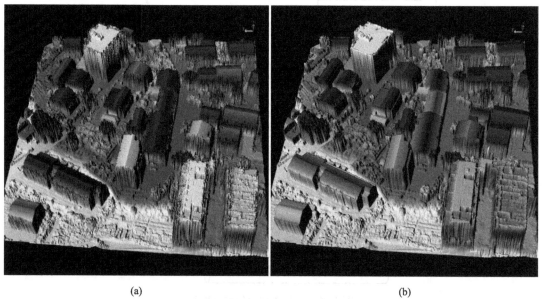

(a)　　　　　　　　　　　　　　　(b)

图 12.6　城区点云 Delaunay 三角网插值（a）和 spike-free TIN 插值（b）生成 DSM 效果

12.1.6　生成正射影像

随着空间数据获取逐渐向多源（多平台、多传感器、多角度）和高分辨率（高空间分辨率、高时间分辨率、高光谱分辨率、高辐射分辨率）的方向发展,很多行业需要的不只是单一的点云或者影像,而是点云 + 影像。如图 12.7 所示,LiDAR 可以直接获取目标的三维坐标,在建筑物和植被的垂直结构信息获取方面具有独特的优势,但是缺乏纹理和光谱信息,而这些信息对于目标识别有重要意义;摄影测量可获取丰富的纹理信息和光谱信息,两者结合能够更好地实现优势互补。例如,在生产 DEM 时,影像数据可用于对生成的 DEM 产品的质量进行辅助评价;在建筑物三维重建方面,更需要充分结合 LiDAR 获取的三维结构特征和影像获取的纹理信息（程亮等, 2013）。

| (a) | (b) |

图 12.7　同一区域影像和点云对比:(a)航空影像;(b)激光雷达点云俯视图及剖面图

本小节介绍通过 LiMapper 软件基于重叠的影像数据恢复出物体精细的三维几何结构,并生成一系列标准测绘成果。软件支持单／多相机、单／多架次的正射影像、单架次多光谱影像的处理,已广泛应用于地质灾害监测、测绘调查、林业分析及环境保护等领域。

利用 LiMapper 软件生成正射影像的具体步骤如下:

(1)单击新建工程按钮,在图 12.8 所示的新建工程向导界面输入工程名称和工程路径,选择对应的工程模板,单击下一步按钮。

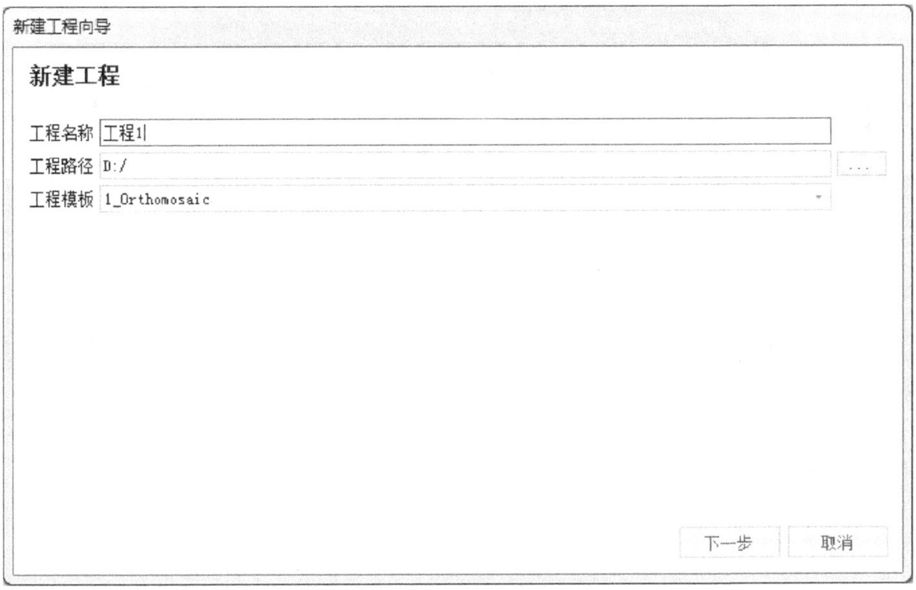

新建工程向导

新建工程

工程名称 工程1

工程路径 D:/　　　　　　　　　　　　　　　　　　　　　　　　　　　···

工程模板 1_Orthomosaic　　　　　　　　　　　　　　　　　　　　▼

下一步　　取消

图 12.8　新建工程向导界面

（2）根据实际情况选择影像数据类型为下视影像、倾斜影像或多光谱影像（图12.9）。

图 12.9　加载影像界面

（3）导入 POS（可选）。若影像无 EXIF 位置信息，可导入 *.txt 或者 *.csv 类型的 POS，在没有地理参考坐标系统的情况下，产生的成果坐标系将为局部坐标系。

（4）在处理流程界面，选择需要运行的步骤，单击配置按钮可对工程模板参数进行调整（图12.10）。需要注意的是，密集点云的类型参数仅在创建模板时可编辑。参数确定后，单击运行按钮即可开始进行影像拼接处理。

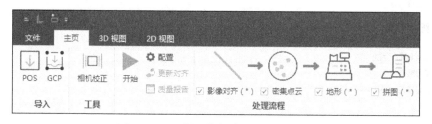

图 12.10　正射影像拼接处理流程界面

（5）可导出的成果包括稀疏点云和密集点云（图12.11）、DEM/DSM、正射影像、相机参数、无畸变影像、拼接线、质量报告等。

（6）将生成的正射影像加载到 LiDAR360 软件中，单击数据管理→点云工具→纹理映射，可利用正射影像对该区域的点云进行赋色，得到真彩色点云（图12.12）。

图 12.11 密集点云按高程显示

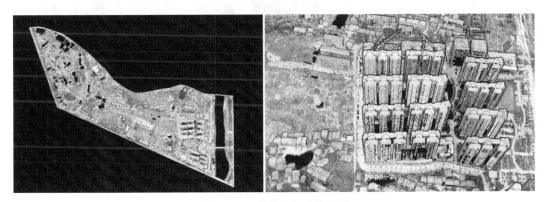

图 12.12 真彩色点云效果图

12.2 机载林业应用实例

材积、蓄积量和生物量在森林碳源汇估算、森林管理与经营、生物多样性研究与保护等方面有着重要作用,但一直是森林资源调查的难点与重点。传统获取材积的方法是将树木砍伐后分段计算体积,该方法破坏性强、效率低;传统的生物量调查以实测数据为基础,需要大量的野外调查工作,周期长且工作量大。激光雷达可以准确获取与生物量等植被生物物理参数高度相关的森林三维结构信息,利用激光雷达估测生物量的方法包括两种:一种是基于材积表或者异速生长方程,另一种是基于回归分析模型。

12.2.1 材积法

材积是木材体积的简称,具体是指立木、原木、原条、板方材等的体积。常说的材积法主要是通过实地调查获取树高和胸径,然后代入材积表或者异速生长方程进行材积和生物量估算。随着激光雷达技术的引入,通过对林区点云数据进行单木分割可以获取树高和胸径等参数,为材积计算提供数据支撑。基于同步获取树高和胸径两个参数考虑,推荐使用双激光头的背包激光雷达扫描系统作为数据获取平台,通过水平和垂直两个方向布设激光器可以较为完整地保留森林的冠层和林下结构。以下实例采用的数据由 LiBackpack D50 获取,数据效果如图 12.13 所示。

图 12.13　背包激光雷达平台数据采集和原始点云数据展示

基于背包采集的点云数据提取树高和胸径的流程如图 12.14 所示。

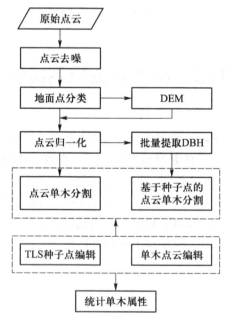

图 12.14　基于地基点云提取树高和胸径流程图

各个步骤的参数设置可参见前文章节相关内容。图 12.15 为胸径和点云叠加显示结果，图 12.16 为单木分割结果和属性表。从单木分割结果可以看出，本案例中共包含 42 棵树木，如果在具体应用中单木分割精度较低，可以利用单木点云编辑功能进行修改和完善，编辑后通过统计单木属性功能重新统计树高、胸径等属性。

利用当地的材积表和异速生长方程，可分别进行材积和生物量的提取。

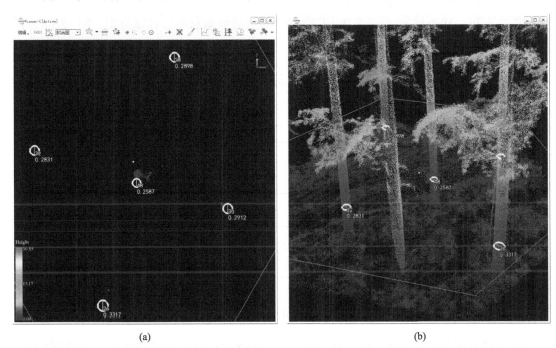

(a)   (b)

图 12.15   提取的胸径（按圆显示）和点云叠加显示效果

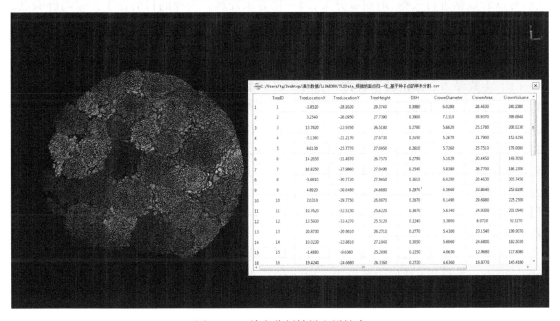

图 12.16   单木分割结果和属性表

12.2.2　回归法

该方法首先根据实测生物量与植被回波的平均高度、高度百分位数、密度变量等变量进行建模,进而反演整个研究区的生物量。本案例采用的点云数据位于湖北省某林区,在研究区范围内布设一些小样地,获取实测树高和胸径,进而根据材积表计算材积。图 12.17 为部分样地调查数据示例。

样地调查表				
样地编号　26	样地坐标	X: xxxx	Y: xxxx	Z: xxxx
序号	树种	胸径	树高	材积
1	板栗	45.7	20	1.40949972
2	板栗	19.5	17	0.231050526
3	板栗	14.5	13	0.099298972
4	板栗	18	15	0.174629048
5	板栗	15	9	0.073717524
6	大叶杨	8	8	0.019749459
7	大叶杨	10	10	0.037993668
8	杜鹃	12.2	7	0.038296523
9	杜鹃	9.2	4	0.012577372
10	枫树	13.5	12	0.079725967

图 12.17　部分样地调查数据示例

对于研究区的点云数据,首先利用第 5.2 节介绍的质量检查功能进行数据质量检查。然后对点云数据进行去噪、地面点分类、归一化等预处理。去噪的目的在于去除离群噪点,提高点云数据质量,去噪的方法可以参见第 12.1.3 节噪点去除。地面点分类是归一化的前提条件,通过滤波算法提取地面点,通过点云高程值减去对应地面点的高程值可以获得地物的相对高程,消除地形起伏影响。

（1）去除噪点。单击数据管理→点云工具→去噪,弹出去噪功能界面,使用默认参数,单击确定按钮,可去除孤立点和离群点的影响。去噪功能的参数设置可参见第 4.1.1 节统计去噪相关内容。去噪完成后将新生成的 LiData 文件添加到软件中,然后在左侧图层管理窗口将原始点云隐藏以观察去噪后的效果。若去噪之后点云中仍然有明显的低点或者空中点,可采用以下方式进行处理:① 单击数据管理→点云工具→去噪,调整去噪参数后再次进行处理。② 利用工具栏的选择工具直接对数据进行裁剪,具体步骤参见第 3.4.1 节选择工具相关内容。③ 利用剖面工具将噪声点分类为 7- 低点类别或其他自定义类别,在后续处理中,该类别的点云不参与运算。

（2）单击分类→地面点分类,使用默认参数设置,单击确定按钮,可得到如图 12.18 所示的地面点分类结果（软件中黄色表示地面点）。地面点分类参数设置参见第 6.1.1 节改进的渐进加密三角网滤波相关内容。

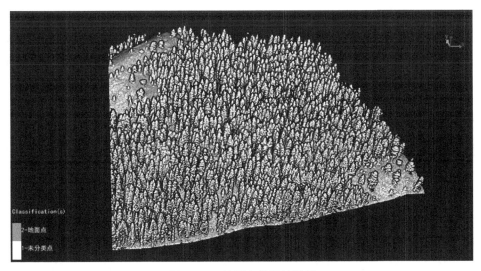

图 12.18　地面点分类结果图

（3）地面点分类完成后,可以先生成 DEM,进而基于 DEM 对点云进行归一化（具体步骤参见第 4.2.1 节相关内容）,或者基于地面点直接对点云进行归一化（具体步骤参见第 4.2.2 节相关内容）。图 12.19 为原始点云和归一化的点云效果。

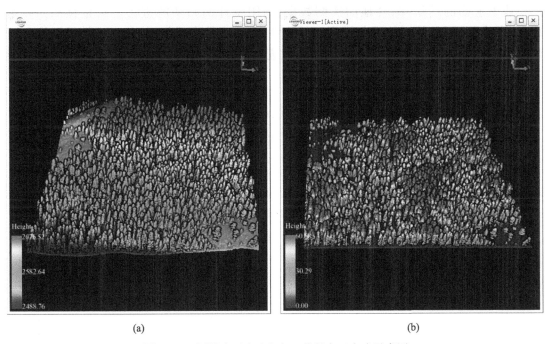

(a)　　　　　　　　　　　　　　　　　　　　(b)

图 12.19　原始点云(a)和归一化的点云(b)示意图

注意：从 LiDAR360 V4.0 版本开始,归一化功能支持保留原始 Z 值,可根据原始 Z 值对点云进行反归一化,对单木分割后的点云进行反归一化可以基于原始点云展示单木分割结果。

以归一化后的点云为基础,计算高度和强度统计变量。通常情况下,高度变量对材积和生物量具有较好的预测效果,可作为回归分析的自变量。从激光雷达点云数据可以计算 46 个与高度相关的统计变量以及 10 个点云密度相关的统计变量。关于各个高度变量的计算方法和生成高度变量的具体步骤参见第 11.1.1 节相关内容。本案例采用的输出分辨率为 26 m,得到的高度变量如图 12.20 所示。

x	y	XSize	YSize	elev_aad_z	elev_canopy_relief_ratio	elev_AIH_1st	elev_AIH_5th	elev_AIH_10th	elev_AIH_20th
487504.725	3436052.105	26	26	1.545	0.614	2.588	3.083	3.678	6.677
487504.725	3436338.105	26	26	2.077	0.423	6.126	5.767	6.267	7.276
487504.725	3436364.105	26	26	4.835	0.363	2.647	3.794	4.33	5.831
487504.725	3436390.105	26	26	4.108	0.588	5.055	4.233	5.208	8.193
487504.725	3436728.105	26	26	0.653	0.366	2.123	2.105	2.564	3.038
487504.725	3436780.105	26	26	2.863	0.441	3.797	3.583	3.95	5.332
487504.725	3436806.105	26	26	2.201	0.339	8.678	8.218	8.838	9.127
487504.725	3436832.105	26	26	1.621	0.462	7.885	6.477	8.192	8.592
487530.725	3436052.105	26	26	0.584	0.125	2.052	2.06	2.095	2.243
487530.725	3436364.105	26	26	1.507	0.508	4.428	3.687	4.654	5.096
487530.725	3436728.105	26	26	1.542	0.466	2.686	2.52	2.809	3.481
487530.725	3436754.105	26	26	0.722	0.579	2.253	2.163	2.581	3.05
487530.725	3436806.105	26	26	2.073	0.466	2.977	2.732	3.471	4.189
487530.725	3436832.105	26	26	1.744	0.438	2.358	2.576	3.417	4.348
487556.725	3435818.105	26	26	2.005	0.523	2.317	2.462	2.745	3.375
487556.725	3435844.105	26	26	0.47	0.467	2.288	2.197	2.394	2.647
487556.725	3435974.105	26	26	1.53	0.519	3.391	2.851	3.425	3.969
487556.725	3436156.105	26	26	0.43	0.526	2.23	2.187	2.253	2.291
487556.725	3436702.105	26	26	0.49	0.121	2.044	2.032	2.103	2.153
487556.725	3436728.105	26	26	1.295	0.456	2.061	2.037	2.302	2.587
487556.725	3436884.105	26	26	1.584	0.466	4.969	4.983	5.565	6.401
487556.725	3436962.105	26	26	2.606	0.409	7.298	7.256	7.52	8.622
487582.725	3435714.105	26	26	1.151	0.387	2.314	2.342	2.579	2.887
487582.725	3435766.105	26	26	2.151	0.483	2.126	3.145	3.813	5.146

图 12.20　高度变量示例

基于上面的结果,结合地面实测数据,利用统计回归功能进行生物量预测。如第 11.1.6 节介绍,可以使用的回归模型包括线性回归、支持向量机、快速人工神经网络和随机森林。本案例使用支持向量机回归功能进行介绍,参数设置如图 12.21 所示,导入样

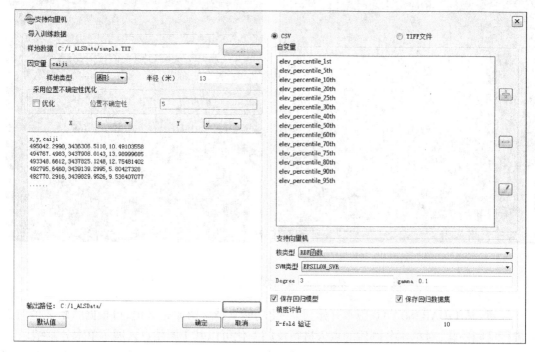

图 12.21　支持向量机回归参数设置

地数据,并选择因变量和样地中心坐标对应的属性列,选择样地类型和对应的半径或边长,导入上一步生成的高度变量作为自变量。运行完成后,将输出预测结果和精度报告,本实例运行后 R 为 0.89, R^2 为 0.8,均方根误差(root mean square error, RMSE)为 0.012。通过上述步骤得到的结果如图 12.22 所示。

图 12.22　回归分析结果

通过上述应用案例可以看出,材积表、异速生长方程法和回归分析法均可用于材积、蓄积量、生物量等森林生态研究以及林业管理部门等较为关注的森林功能参数提取。其中,材积表和异速生长方程法需提前了解研究区的树种分布并获取不同树种对应的材积表和异速生长方程,回归分析需基于一定的野外调查数据,两种方法各有优劣,可根据实际情况灵活选择。在上述的森林功能参数提取中,激光雷达技术提供了一种快速获取的手段和方法。以树高和胸径为例,在大小为 800 m² 的样地内,背包激光雷达数据扫描仅需要短短几分钟,胸径批量提取也只需要十分钟左右,相较于实地的人工测量方法至少减少了 70% 的野外作业工作量。

12.3　城市园林应用实例

城市园林绿地有助于城市生态系统的良性循环,提升居民幸福感,当前已成为城市规划设计中的重要考评环节。利用激光雷达技术,可对城市园林的详细信息进行及时采集,根据采集区域的大小、是否为禁飞区域等具体情况,可选择机载、车载、背包等多平台激光雷达系统,实现城市园林三维信息全方位采集,并将多平台激光点云数据进行融合分析,提取园林绿化相关参数,全面、准确、客观地对城市园林绿化的分布状况进行有效掌控,为"智慧园林"建设提供基础数据,推进城市园林绿化的精细化管理。本应用实例将从城市园林地物分类、树木三维结构参数提取和修剪分析三方面进行介绍。

12.3.1　地物分类

与机载林业数据处理相同,基于地基点云提取林业参数之前,也需要对点云数据进行去噪、地面点分类、归一化等预处理。此外,由于城市场景更加复杂,扫描环境中除了地面点和植被,还包括建筑物、行人、车辆等其他地物类别,需要将其他地物类别分出来,只根据植被点提取林业相关参数。

1）去噪

在 LiDAR360 软件中去除噪点的具体步骤如下:

（1）单击数据管理→点云工具→去噪,弹出去噪功能界面,使用默认参数,单击确定按钮,可去除孤立点和离群点的影响。去噪功能的参数设置参见第 4.1.1 节统计去噪相关内容。

（2）去噪完成后将新生成的 LiData 文件添加到软件中,然后在左侧图层管理窗口将原始点云隐藏以观察去噪后的效果。若去噪之后点云中仍然有明显的低点或者空中点,可采用以下方式进行处理:① 单击数据管理→点云工具→去噪,调整去噪参数后再次进行处理。② 利用工具栏的选择工具直接对数据进行裁剪,具体步骤参见第 3.4.1 节选择工具相关内容。③ 利用剖面工具将噪声点分类为 7– 低点类别或其他自定义类别,在后续处理中,该类别的点云不参与运算。

2）点云分类

LiDAR360 提供了非常全面的分类工具集,包括自动分类和交互式分类。本小节将展示通过自动分类算法分离地面点和植被点,以及使用交互式分类方法对样例数据中的小部分样本进行人工分类,进而利用该样本数据通过机器学习分类的方法对整个样例数据进行分类。

（1）地面点分类。对于地基点云数据地面点分类,可以单击地基林业→地面点滤波,弹出图 12.23 所示的界面。

若采用地基林业模块下的地面点滤波功能得到的分类效果不理想,也可以通过分类模块下的地面点分类功能提取地面点（参见第 6.1 节地面点分类）。

（2）交互式分类。在本例中,将从样例数据中裁剪一部分数据进行人工分类,这部分数据将作为机器学习分类的训练样本。为了得到好的分类结果,所选择的样本数据需要具有代表性。因此,对整个数据进行浏览和分析,认真选取训练样本对机器学习分类至关重要。

图 12.23 地面点滤波

第一步：样本选择。

① 单击将点云显示模式改为按 RGB 显示以便更好地识别地物。本例中，目标类别包括地面点、建筑物、高植被和中植被；其他点将被分为未分类点。另外，第一部分已经完成地面点分类，因此，样本数据中只需要包括另外三个类别。

② 选择一个同时包含建筑物、高植被（树木）和低植被（灌木）的区域，使用多边形选择工具 🏠 选中该区域。双击鼠标左键结束选择，选中区域将高亮显示（图 12.24）。

图 12.24 样本选择示意图

③ 单击 🏠 按钮，保留选择区域范围内的点云。

④ 单击 🖫 按钮，保存点云，单击 Yes 按钮将保存后的点云加载到软件中。

第二步：交互式分类。

交互式分类工具在 LiDAR360 软件的剖面编辑工具中。

① 在图层管理窗口，取消勾选 "CityRGB.LiData"，只显示样本数据，单击 按钮，打开剖面编辑工具条。单击剖面编辑窗口的 按钮，沿着屋顶绘制剖面区域范围（图 12.25）。

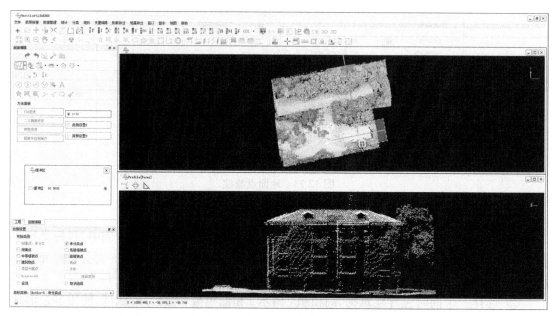

图 12.25　交互式分类剖面编辑界面

② 在剖面编辑窗口的方法面板处，单击类别设置 1，将目标类别设置为建筑物点。使用多边形选择工具 选择建筑物的点，双击鼠标左键完成选择。将点云显示模式切换为按类别显示 C ，选择的建筑物点将显示为红色（建筑物点的默认颜色）。单击 按钮保存分类结果。

③ 通过切换剖面的位置以及对点云进行视图切换完成分类。双击类别设置 2，将目标类别设置为高植被点。使用同样的方法区分高植被点和低植被点，最后点云交互式分类结果如图 12.26 所示。

第三步：机器学习分类。

LiDAR360 软件中采用随机森林对点云数据进行分类。通过在同一批次的数据中，人工编辑少量数据的类别，训练模型后批量处理大量数据。使用交互式点云分类结果作为训练样本数据，或者直接使用样例数据文件夹中的 TrainingSample.LiData 作为样本数据。

① 单击分类→机器学习分类。

② 选择 CityRGB.LiData 作为待分类的输入数据，选择除了地面点之外的其他类别作为输入类别。

③ 单击 按钮加载训练样本，选择除了地面点之外的其他类别作为训练类别。保存模型为 *.vcm 文件，该模型文件可以作为按机器学习模型分类的输入数据。

④ 单击 OK 按钮运行分类功能，最终得到机器学习分类结果如图 12.27 所示。

图 12.26　点云交互式分类结果图

图 12.27　机器学习分类结果

第四步：后处理。

运行机器学习分类之后，大部分点已经被分到正确的类别。但也存在一些错分的点，大部分的点都被分成未分类点。因此，需要通过后处理改善分类结果。图 12.28 和图 12.29 分别为编辑前后效果图。大部分未分类点是草或者裸地，这两个类别可以通过离地面的高度进行区分。

① 单击显示→类别优先设置。地面和建筑物等默认类别已经在类别列表中，预留类别（Reserved）可用于自定义类别。双击 Reserved16，设置类名称为裸地，单击确定按钮。

图 12.28　部分建筑物屋顶的点未被正确分类示意图

图 12.29　人工分类后示意图

　　② 单击分类→高于地面分类。选择 CityRGB.LiData 作为输入数据,选择未分类点为初始类别,选择 16– 裸地作为目标类别。设置最小高度和最大高度分别为 0 m 和 0.2 m。单击确定按钮运行该功能,裸地将从未分类点云中分离出来(图 12.30)。

　　③ 单击分类→高于地面分类。选择 CityRGB.LiData 作为输入数据,选择未分类点作为初始类别,选择 “3– 低植被点” 作为目标类别,设置最小高度和最大高度分别为 0.2 m 和 1.5 m。单击确定按钮运行该功能,3– 低植被点将从未分类点云中分离出来,如图 12.31 所示。

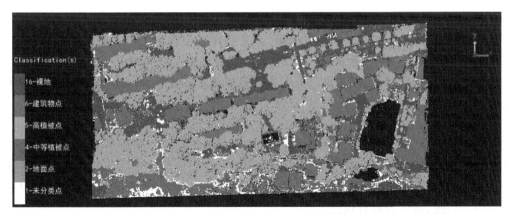

图 12.30　裸地分类示意图

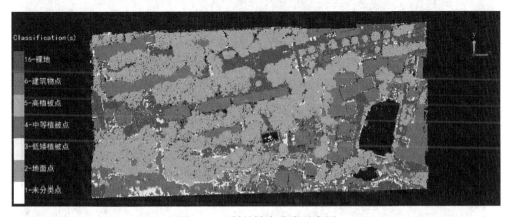

图 12.31　低植被点分类示意图

3）点云归一化

点云分类完成后，可以先生成 DEM，进而基于 DEM 对点云进行归一化（具体步骤参见第 4.2.1 节根据 DEM 归一化相关内容），或者基于地面点直接对点云进行归一化（具体步骤参见第 4.2.2 节根据地面点归一化相关内容）。

注意：从 LiDAR360 V4.0 版本开始，归一化功能支持保留原始 Z 值，可根据原始 Z 值对点云进行反归一化，对单木分割后的点云进行反归一化可以基于原始点云展示单木分割结果。

12.3.2　树木三维结构参数提取

实时、准确地对树木结构参数进行动态监测，是了解树木健康状况、制定管理措施的关键环节。激光雷达数据在估算树木结构参数，如树高、胸径、树冠大小方面有很大的优势，为树木生长动态监测提供了很好的数据源。LiDAR360 地基林业模块可基于激光雷达点云提取树高、胸径、冠幅直径、冠幅面积和冠幅体积。注意，提取参数需使用归一化的点云数据作为输入数据。

（1）单击地基林业→TLS 种子点编辑，点云所在窗口将出现 TLS 种子点编辑工具条。在 TLS 种子点编辑工具条单击编辑→开始编辑，选择编辑文件为归一化的点云数据。单击确定之后，将弹出设置窗口，设置窗口分为参数设置和显示设置，可采用默认设置，窗口中显示的点云将用于 DBH 拟合。

（2）单击批量拟合 DBII 按钮 ，默认使用窗口内显示的全部点云批量拟合 DBH，也可以先用选择工具（圆形选择、矩形选择、多边形选择）选择局部点云，然后在界面上勾选仅选中，基于选择的点云拟合 DBH。批量拟合 DBH 运行完成后将根据不同的置信度按不同颜色显示拟合结果，如图 12.32 所示（软件中，不同颜色代表不同置信度，红色为低置信度，紫色为中置信度，黄色为高置信度）。

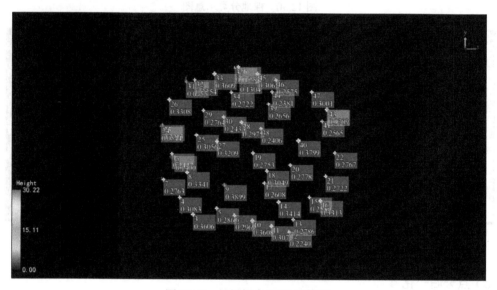

图 12.32　批量拟合 DBH 的结果

（3）单击 按钮绘制剖面区域，重点检查置信度为低和中的 DBH。单击 按钮选择种子点，通过选择工具（圆形选择、矩形选择或多边形选择）选择种子点（可以在主窗口或者剖面窗口选择种子点），被选中的种子点将会高亮显示。单击 按钮或者单击 Delete 键删除选中的种子点。

（4）对于拟合失败的 DBH，首先单击 选择点云按钮，然后通过选择工具（圆形选择、矩形选择或者多边形选择）选中待拟合的点云，被选中的点云将会高亮显示。单击 按钮拟合单个 DBH，拟合结果认为是高置信度，显示为黄色，拟合结果如图 12.33 所示。

（5）确认拟合结果之后，单击编辑→保存种子点文件，将拟合结果保存为 *.csv 文件，其中包含以下五列：树 ID、X、Y 坐标、拟合 DBH 的高度和 DBH。该文件可以作为基于种子点的单木分割的输入数据。

（6）以批量拟合 DBH 的结果作为种子点进行单木分割，具体步骤可参见第 11.2.3 节地基点云单木分割相关内容。点云分割完成后，树木 ID 信息将保存在 *.LiData 文件中，分割完成后,点云显示模式将变成按树 ID 显示(图 12.34),若没有,可单击菜单栏的 ID 切换为按树 ID 显示。同时会生成一个 *.csv 格式的表格文件,其中包含树 ID、树的位置、树高、DBH、树冠直径、树冠面积和树冠体积属性(图 12.35)。

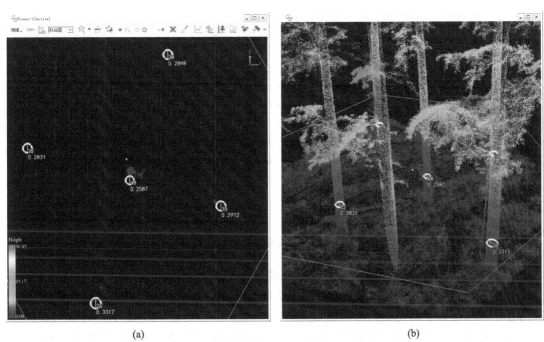

(a)   (b)

图 12.33 拟合单个 DBH 结果示意图

图 12.34 单木分割效果图

TreeID	TreeLocationX	TreeLocationY	TreeHeight	DBH	CrownDiameter	CrownArea	CrownVolume	PreviousID
1	3.2640	-26.1000	26.5300	0.3980	7.2340	41.0990	371.2350	5
2	2.0350	-29.7740	25.6070	0.2820	6.0460	28.7070	208.6400	10
3	5.9920	-16.2180	26.2510	0.3030	5.2440	21.6000	151.6890	17
4	18.8300	-16.0190	26.4610	0.2600	5.5150	23.8840	138.6580	6
5	19.4210	-24.6680	26.0420	0.2680	4.7010	17.3590	136.4160	4
6	1.6260	-8.6310	30.1100	0.3580	5.7780	26.2210	210.2000	13
7	-1.6940	-30.7630	25.2970	0.3730	6.0300	28.5570	205.1000	16
8	3.1270	-15.4220	26.3280	0.2430	4.4210	15.3530	93.2090	3
9	19.5860	-14.1780	27.5450	0.3570	4.3890	15.1280	135.5110	1
10	10.8360	-11.4210	26.2800	0.2390	4.2550	14.2170	79.8430	7
11	-5.5470	-12.7670	28.4320	0.3290	4.4090	15.2680	106.1100	11
12	18.5890	-28.5170	24.0530	0.3280	3.0060	7.0970	70.1230	19
13	-1.2140	-18.2690	27.2940	0.3070	6.1430	29.6370	176.2730	25
14	10.2400	-13.3600	26.4180	0.2630	5.4330	23.1820	170.7890	32
15	5.4510	-7.5310	27.1110	0.2910	4.5890	16.5420	98.7280	9

图 12.35 单木分割属性表

（7）对于枝干交叉引起的错分或者低矮灌木被分割等情况，可以通过单木点云编辑功能提取大数据点云中的单木进行编辑，具体步骤参见第 11.2.4 节地基点云单木分割编辑相关内容。单木点云编辑完成后，可单击地基林业→统计单木属性，重新统计单木属性。

（8）若除了软件自动提取的单木属性之外，如果需要测量或记录每棵树的枝下高、树木直度、树种等信息，可以使用单木属性量测功能。

12.3.3 树木修剪分析

城市行道树有助于补充氧气、净化空气、美化城市、减少噪声，是城市绿地的重要组成部分。然而，过于茂密的行道树枝叶会遮挡路灯，给行人和车辆通行带来诸多不便。因此，城市园林管理部门需要定期对道路两旁的树木进行保护性修剪，排除交通安全隐患。下面以某重大活动中的行道抽枝修剪方案为例，讲解三维激光雷达在城市园林规划中的应用。为了给出科学、精确的修剪方案，首先利用车载或背包激光雷达扫描系统进行三维数据获取（图 12.36）；然后在 LiDAR360 软件中准确提取每株行道树的位置、胸径、冠幅、树高及其三维分布信息；最后依据通行车辆的三维空间结构对道路状况进行切割模拟，进而给出精确到厘米级的三维空间修剪方案。通过标注每一株需要修剪树木的位置、修剪部位、修剪体积等重要信息，实现对修建后的形状的有效模拟（图 12.37）。

依据上述方案，市园林部门布设好隔离条带，然后根据三维视图到指定位置将枝条全部锯断，对行道树的下垂枝、过密枝进行修剪，调整树木造型，确保活动中来往车辆、行人及周边设施安全。相对于人工量测方案，采用激光雷达技术能够更加直观、科学、快速地形成修剪方案，极大地提高方案的精度和效率。

图 12.36 利用背包平台或车载平台采集点云数据

图 12.37 行道树修剪模拟方案（白色为需要修剪的部分）

第13章

激光雷达在综合减灾业务中的应用实例

　　激光雷达技术不仅在地形勘察、林业调研、军事等领域有着深入应用,近些年也逐步地拓展到综合减灾业务中,但总体上相较于其他的行业应用尚处于逐步成熟阶段。从目前已有的研究成果和应用案例来看,激光雷达技术在综合风险评估、灾害监测预警、应急救援规划以及灾害的评估和重建等方面有着巨大的潜力(林月冠等,2014)。以2010年的海地地震为例(图13.1),研究人员利用机载激光雷达收集了受灾地区的三维点云,通过与影像的融合分析,快速完成了道路、桥梁、人员安置区的提取和规划工作,为震中紧急救援和灾后重建提供了准确及时的数据支持(Sujata,2010)。当前,已知的激光雷达灾害管理应用涵盖了洪水区风险分析和制图、滑坡监测和形变分析、泥石流和塌方定量测算与评估、震后建筑物及基础设施损毁评估、电力巡检、森林火灾监测与评估等领域。下面将通过几个典型的应用案例介绍激光雷达技术在综合减灾中的具体应用。

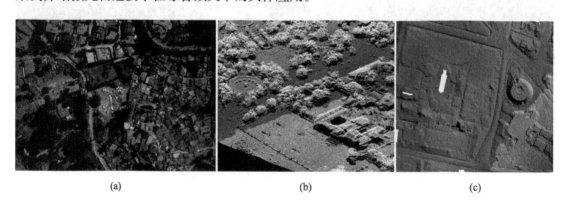

(a)　　　　　　　　　　　(b)　　　　　　　　　　　(c)

图 13.1　海地地震中的遥感技术应用:(a)震前遥感影像;(b)震后激光雷达
点云数据;(c)点云滤波后的地形

资料来源:https://www.wired.com/2010/01/haiti-3d-flyover/

13.1 电力巡检应用实例

输电线路巡检是电网运维管理部门需要进行的一项重要工作,为了确保电力线路的运营安全,通常需要定期对线路进行巡检,以便及时发现和排除安全隐患。随着高电压、大功率、长距离输电线路越来越多,线路走廊穿越的地理环境越来越复杂,如经过大面积的水库、湖泊和崇山峻岭,运行维护日趋困难。依靠人工为主的巡检模式因巡视效果差、工作效率低等原因难以满足发展需要。随着激光雷达技术的发展,无人机、直升机激光雷达系统作业逐渐成为电力巡检的新手段。利用无人机、直升机搭载激光雷达扫描设备进行输电线路巡检,具有效率高、不受地域影响等优势,基于获取的输电线路高精度三维点云,结合输电线路相关运行规程对线路通道内树障、交跨等缺陷进行分析,为输电线路安全运行和检修服务提供数据支撑。对于电网的新建、改扩建工程实施和投产,可通过后处理软件智能分析得到输电线路本体的基础数据及其与地物的空间关系等关键信息,从而为架空输电线路工程基建验收提供强有力的技术支撑。

LiPowerline 基于 LiDAR360 核心平台,针对电力行业应用,通过海量点云数据的处理分析,快速精准提取电力通道内的危险目标信息,为综合模拟工况下的电力安全运行提供分析预测,整体处理流程如图 13.2 所示。

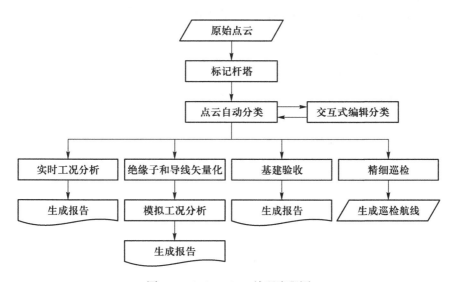

图 13.2 LiPowerline 处理流程图

13.1.1 实时工况分析

根据《架空输电线路运行规程》(DL/T 741–2019)规定,架空输电线路通道内地面、树木、建筑物与导线的距离应该满足规定的安全距离。例如,线路电压为 500 kV 时,导线与地面的最小距离在居民区为 14 m,非居民区为 11 m,交通困难地区为 8.5 m;导线与建筑物之间的最小垂直距离为 9 m;导线在最大弧垂、最大风偏时与树木之间的安全距离为 7 m。本应用案例将演示如何通过 LiPowerline 软件判断输电线路通道地面、树木、建筑物与导线的距离是否满足规范要求,并提取出不满足安全距离的危险点。

（1）启动 LiPowerline 软件,单击文件→数据→添加数据或者单击 ✚ 按钮选择要加载的数据,设置检测线路电压等级和检测参数（图 13.3）。

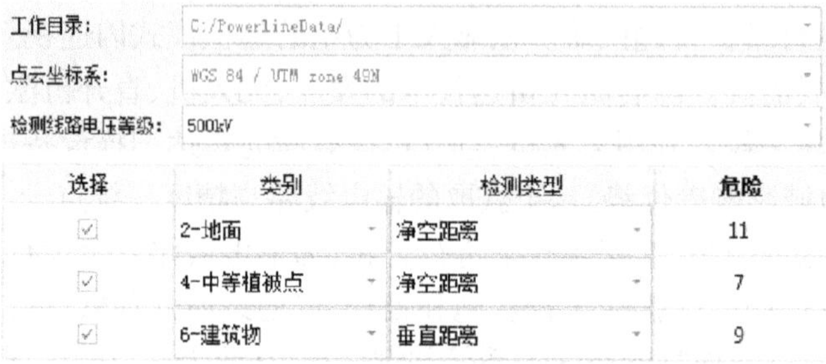

选择	类别	检测类型	危险
☑	2-地面	净空距离	11
☑	4-中等植被点	净空距离	7
☑	6-建筑物	垂直距离	9

图 13.3 设置检测线路电压等级和检测参数

（2）通过人工标记或者导入已有的文件标记杆塔位置。

（3）单击 按钮,弹出图 13.4 所示的裁切和分类界面,界面上包括切档、分类和去噪三个功能,通过勾选/取消勾选可以决定是否运行该功能。基本参数设置包括切档参数、分类参数和去噪参数,输出目录默认为用户设置的工作目录。

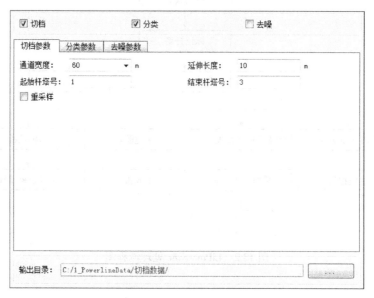

图 13.4 裁切和分类界面

（4）将处理后的数据添加到软件中,对于分类结果不正确的地方,通过 2D 剖面或 3D 剖面工具进行人工编辑,最终分类效果如图 13.5 所示。

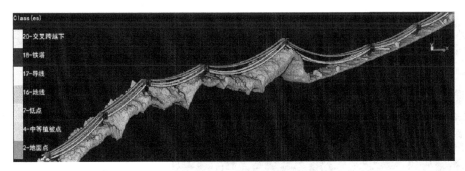

图 13.5 最终分类效果

（5）单击实时工况分析→危险点检测,在图 13.6 所示的危险点检测界面,设置输入数据和检测参数。

图 13.6 危险点检测参数设置

（6）处理完成后,检测到的净空危险点将以红色显示,危险点所在的杆塔区间、坐标、类别、与电力线的距离等信息将显示在净空危险点列表中。双击每个危险点所在的行,可跳转到该危险点在三维场景中所在的位置,并显示该危险点与电力线之间的距离。图 13.7 所示的植被点与导线的净空距离为 6.819 m,不满足设置的安全距离。

（7）依次单击渲染图像按钮和生成报告按钮,可生成安全距离分析报告,供巡检人员实地排查线路安全隐患。

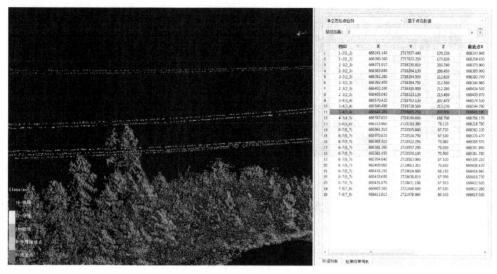

图 13.7　净空危险点检测结果

13.1.2　模拟工况分析

输电线路运行环境复杂,每年因覆冰、大风、高温等气候因素造成的线路隐患比例逐年上升,结合激光雷达点云数据对典型气象条件下的电力线进行动态模拟,可及时发现线路隐患,为线路的安全运行提供决策支持。LiPowerline 模拟工况分析模块可以进行大风、高温和覆冰模拟,并根据设置的安全距离阈值生成模拟工况下的危险点检测报告。进行模拟工况分析之前,需要先对点云进行切档和分类(具体步骤参见第 13.1.1 节实时工况分析相关内容),基于分类后的数据进行矢量化和模拟工况分析。

(1)单击挂绝缘子按钮,弹出挂绝缘子对话框,输入杆塔编号,在场景中定位到对应杆塔位置,在场景中单击鼠标左键选取挂点,即绝缘子和电力线连接点,完成当前绝缘子的矢量化。

(2)单击基于绝缘子批量拟合电力线按钮，进行批量矢量化,绝缘子和导线矢量化结果如图 13.8 所示。

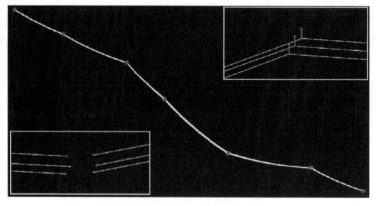

图 13.8　绝缘子和导线矢量化结果

（3）单击工况预警分析→综合工况模拟,在图 13.9 所示的综合工况模拟界面,设置导线类型、工况参数和模拟参数。

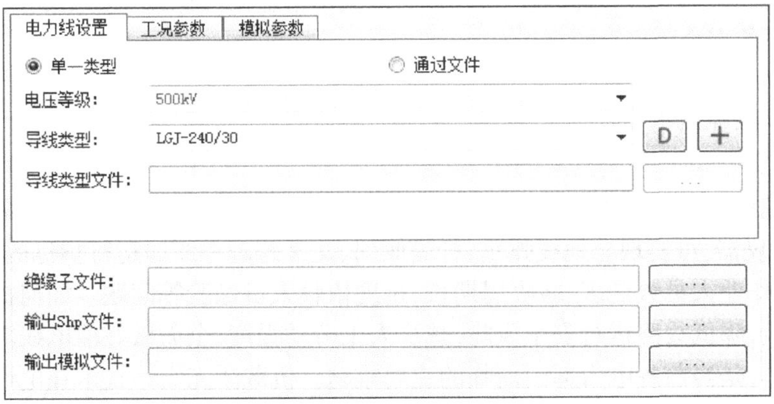

| 电力线设置 | 工况参数 | 模拟参数 |

⦿ 单一类型   ◯ 通过文件

电压等级: 500kV

导线类型: LGJ-240/30 | D | + |

导线类型文件:

绝缘子文件:

输出Shp文件:

输出模拟文件:

图 13.9　综合工况模拟参数设置

（4）处理完成后,将生成一个模拟工况下的电力线矢量文件,将模拟结果和实时拟合的电力线矢量文件分别加载到软件中,如图 13.10 所示（软件中黄色的为实时工况下的电力线矢量化结果,蓝色为风偏模拟的结果）。

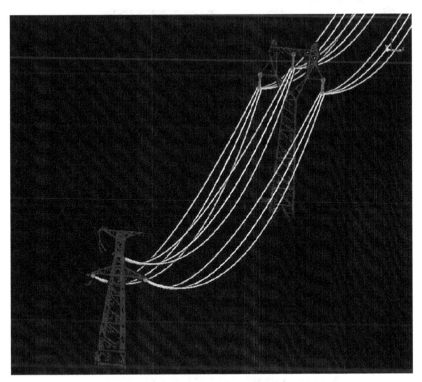

图 13.10　风偏模拟结果

（5）单击检测分析→危险点检测,基于模拟工况的结果进行危险点检测,处理完成后,检测到的模拟工况下的危险点将以红色显示,危险点所在的杆塔区间、坐标、类别、与电力线的距离等信息将显示在净空危险点列表中。依次单击渲染图像按钮和生成报告按钮,可生成模拟工况下的安全距离检测报告。

13.1.3　基建验收

传统基建验收使用全站仪、经纬仪、GPS、载波相位动态实时差分（real-time kinematic, RTK）等测绘仪器,可实现导地线弧垂、杆塔倾斜、交叉跨越等线路运行指标的测量,但存在劳动强度大、作业人员数量多、验收周期长、过度依赖人员经验等问题。如何提高基建验收的效率与质量,降低线路运行安全风险,减少人工劳动强度,全面做好输电线路工程基建验收及管控工作,是当前各电力部门面临的主要难题。机载激光雷达技术在电网工程应用中不断深入,为基建验收工作提供了一种可靠的技术手段。

LiPowerline 软件基建验收模块提供杆塔倾斜、横担高差、引流线弧垂、耐张塔转角等量测工具,并生成专业的报告,为线路验收提供科学的数据支撑。图 13.11a 为杆塔倾斜测量结果,图 13.11b 为横担高差测量结果;图 13.12 为导线弧垂测量结果。

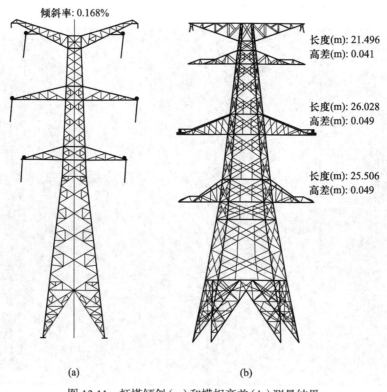

图 13.11　杆塔倾斜（a）和横担高差（b）测量结果

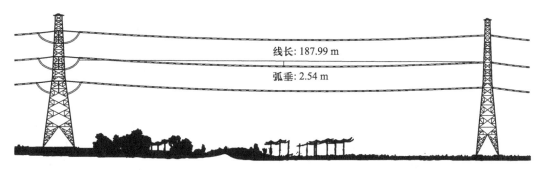

线长: 187.99 m

弧垂: 2.54 m

图 13.12 导线弧垂测量结果

13.1.4 精细巡检

输电线路杆塔精细化巡检是电网运维工作的重中之重,传统精细化巡检采用人员现场巡视的方式。多旋翼无人机能接近巡检目标进行拍摄,作业效率高,人员劳动强度相对较低,近年来在精细化巡检工作中的应用越来越广泛。而操控多旋翼无人机进行输电线路精细化巡检,对运维班组人员提出了很高的要求,由于人员水平参差不齐,作业效率和巡检影像的效果都难以保证。因此,亟需一种航线自动生成、无人机自动飞行、自动定点精准拍摄的智能巡检技术,提高架空线路精细化巡检作业效率和智能化水平,降低人员参与度。

LiPowerline 精细巡检模块可基于输电线路高精度点云数据规划精细化巡检的航点,自动生成航线。图 13.13a 为精细巡检航线,图 13.13b 为巡检成果照片。

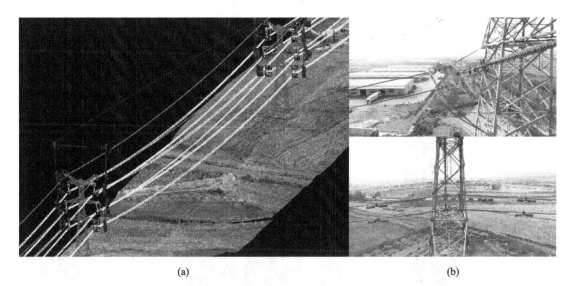

(a)　　　　　　　　　　　　　　　　(b)

图 13.13 精细巡检航线(a)和巡检成果照片(b)

13.2　地质灾害分析应用实例

　　地质灾害是以地质动力活动或地质环境异常变化为主要成因的自然灾害,会造成人民生命和财产的巨大损失。近年来,摄影测量和激光雷达技术发展迅猛,使得地质灾害精细测绘成为可能。相较于摄影测量技术,激光雷达具有更高的数据精度和数据分辨率,其适应性也更强,不受云雾和光照的影响。同时,不同的搭载平台还能满足地质灾害领域的多角度和多尺度研究。在滑坡、崩塌、泥石流、地裂缝和地面沉降等常见地质灾害研究中,激光雷达正成为一种常备的研究手段(Glenn et al., 2006; Jaboyedoff et al., 2012; 许强等, 2019)。本应用实例将介绍基于点云进行滑坡前后变化检测分析以及结构面分析。

1)滑坡前后变化检测分析

　　我国幅员辽阔,地形多变,地质灾害频发,滑坡灾害是主要地质灾害之一。在滑坡灾害研究中,滑坡识别是其他研究工作的基础,准确的滑坡制图对滑坡易发性、滑坡机理、滑坡监测和预警等研究具有十分重要的意义。基于变化检测的滑坡识别通过对同一区域的两时相或多时相影像中的像元或对象的差异进行判定,从而分析出需要检测的滑坡分布信息。在LiDAR360 中基于两时相点云数据进行滑坡识别的具体步骤如下:

　　(1)将两期点云加载到软件中。图 13.14 左侧窗口中为某区域 2017 年 1 月获取的点云数据,右侧窗口中为该区域 2017 年 2 月获取的点云数据。

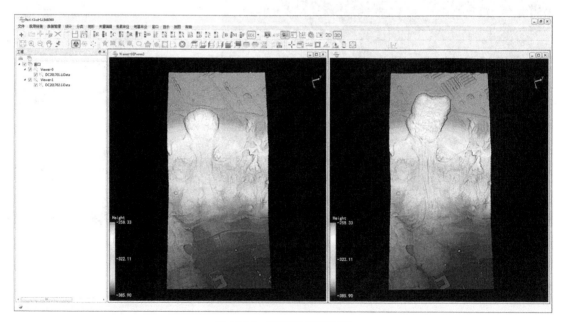

图 13.14　研究区点云数据

（2）单击地形→偏差分析，在图 13.15 所示的界面分别选择参考点云和待比较点云，单击确定按钮。

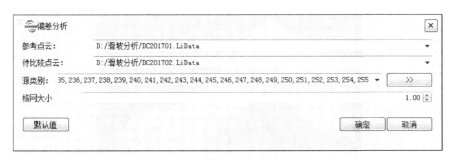

图 13.15　偏差分析参数设置

（3）运行完成后，在待比较点云上单击鼠标右键，在弹出的菜单中选择显示→按附加属性显示，可以从该界面看到待比较点云相对于参考点云的变化量（图 13.16）。

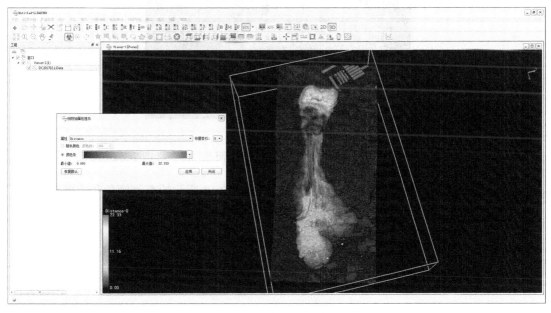

图 13.16　偏差分析结果

2）结构面分析

地质中的岩体结构单元由岩体结构面和结构体共同组成。结构面是岩体形成和地质作用的漫长历史过程中，在岩体内形成和不断发育的地质界面。结构面的分布规律、发育规模、物理、力学性质等指标不仅与岩体强度、受力状态有关，而且与其形成的地质历史和环境等多种因素有关。为了便于掌握结构面的分布规律、研究其物理力学性质，通过获取到的点云数据对其进行研究与分析是必要的。在 LiDAR360 软件中进行结构面分析的具体步骤如下：

（1）将待分析的点云数据加载到软件中,单击分类→地面点分类,从点云中提取出地面点,图 13.17a 为原始点云,图 13.17b 为提取的地面点。

(a)

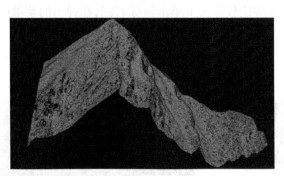

(b)

图 13.17　原始点云(a)和地面点(b)

（2）单击地质分析→查询倾角和走向,将弹出图 13.18 所示的查询倾角和走向窗口。

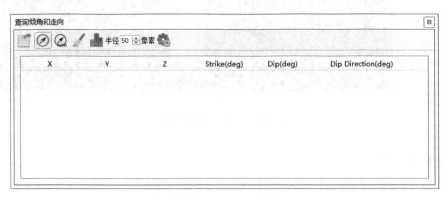

图 13.18　查询倾角和走向窗口

（3）在查询倾角和走向窗口单击 ⊘ 按钮,数据窗口将出现圆形选择框,选择区域的大小可通过工具栏中的半径输入框进行调节。利用选择框选择点云数据后,将出现对应的倾角和走向的信息,在窗口中以对应的三维模型进行显示,下方表格信息将同时添加一条对应查询信息(图 13.19)。

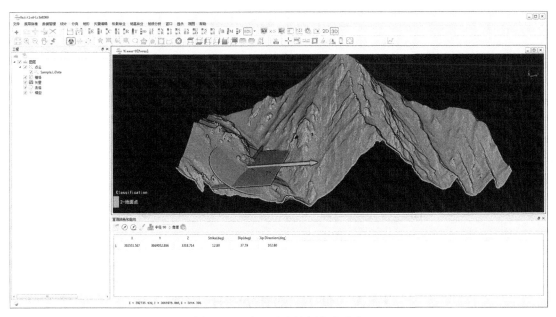

图 13.19　交互式查询倾角和走向

（4）单击 ⊘ 按钮,弹出图 13.20 所示的自动查询倾角和走向界面,对窗口点云文件自动计算倾角与走向信息,并添加到下方表格中。

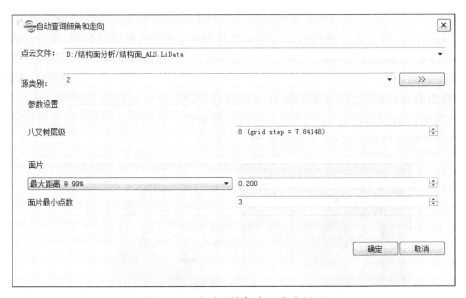

图 13.20　自动查询倾角和走向界面

（5）单击 ⬛ 按钮,可对走向和倾角进行统计和过滤。在统计标签页,设置走向和倾角间隔进行统计,同时可生成玫瑰图和对应的统计报告。在过滤标签页,可选择不同的过滤类型及渲染类型,并通过设置最小最大角度阈值进行过滤（图 13.21）。

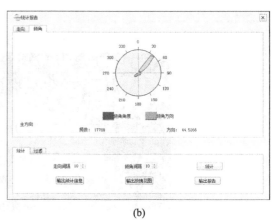

(a)　　　　　　　　　　　　　　(b)

图 13.21　统计报告界面

13.3　矿山测量应用实例

在基建工程和公路建设中,填挖土方的体积会极大影响工程的成本和进度。如何精确获取填挖土方体积,是工程项目管理中迫切需要解决的问题。精确测量矿石堆体积是矿山测量的常见工作,传统方法是采用全站仪或 GPS-RTK 测量堆积物表面的离散点坐标,再计算矿石堆的体积。由于这些堆积物表面形状比较复杂,测量的离散点有限,部分高程无法观测,实践过程中只能通过等高线模拟得到矿堆体积;采用摄影测量求取矿堆体积时,难以确定一些堆积物的同名点对,精度较差,测量结果误差较大。如何精确获取填挖土方体积、矿堆体积,迫切需要高精度、高效率的测量设备和后处理软件。根据测区范围的不同,可选择采用背包激光雷达扫描设备(图 13.22)或机载激光雷达扫描设备,快速获取堆体的三维激光点云数据并精确计算其体积,下面将分别进行介绍。

图 13.22　背包激光雷达扫描设备用于矿山测量

1）背包激光雷达扫描仪用于矿山测量

背包激光雷达扫描系统结合激光雷达和同步定位与地图构建（simultaneous localization and mapping, SLAM）技术，无需 GPS 即可获取高精度点云数据，既可以背负步行获取数据，也可搭载于自行车、电动车、汽车等移动平台进行数据获取。利用 LiBackpack 进行体积测量流程如图 13.23 所示。

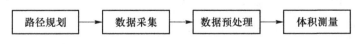

图 13.23 背包激光雷达体积测量流程

（1）路径规划。根据堆体的大小、高度、周围环境等因素，设计合适的扫描路线。路线要求：可形成一个闭环；尽量交叉行驶。

（2）数据采集。按照预先规划好的路线进行数据采集，扫描时，用户可在手机或者平板电脑上查看实时扫描的点云以及运动轨迹。作业区域面积较大时，为提高扫描效率，可借助自行车、平衡车、电动车等交通工具进行数据采集。图 13.24 为利用背包平台扫描堆体的外业图。

图 13.24 LiBackpack D50 外业采集数据

（3）数据预处理。通常研究区空间表面粗糙度大、干湿不均，导致在三维激光扫描过程中不可避免地会获得大量的噪声点云。噪点（包括漂移点、孤立点、冗余点、混杂点等）的存在不仅增加了数据量，而且严重影响点云质量和后续矿堆体积量测，会降低数据处理效率，因而有必要进行点云去噪，可采用以下方式进行处理：

① 单击数据管理→点云工具→去噪，相关参数设置参见第 4.1.1 节统计去噪相关内容。

② 利用工具栏的选择工具直接对数据进行裁剪，将研究区范围内点云裁切出来并保存成新的文件，具体步骤参见本书第 3.4.1 节选择工具相关内容。

③ 利用剖面工具将噪声点分类为"7– 低点类别"或其他自定义类别,通过按类别提取(数据管理→提取→按类别提取)功能将非噪点类别提取出来,保存成新的文件。

预处理完成后,点云效果如图 13.25 所示。

图 13.25　点云数据效果

（4）体积测量。使用 LiDAR360 软件的体积量测工具直接进行矿堆体积量测,交互式选择测量参考平面,计算相对于参考平面的填方、挖方和填挖方量,从而计算得出矿堆的体积信息。在计算过程中,如果单元格设置过大,则格网不能很好地反映地形变化;如果格网设置过小,则容易受到表面噪点的影响。根据已有经验,建议将格网大小设置为 0.03~0.05。体积测量结果如图 13.26 所示。

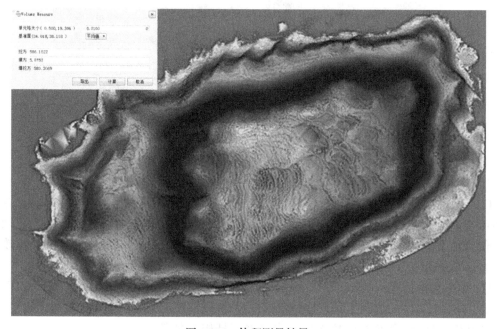

图 13.26　体积测量结果

（5）精度验证。利用 Riegl VZ400 激光雷达扫描仪架站扫描，拼接后进行体积量测，得到的体积为 576.3 m³，背包扫描计算得到的体积为 580.3 m³，相差 4 m³。结果表明，背包激光雷达扫描结果与地基架站扫描精度相当，而背包采集效率更高，无需架站、移站和后续拼接等工作。三维扫描与传统方式相比，可提高至少 5 倍效率，减少人工工作强度，详细对比如表 13.1 所示。

表 13.1　传统方式与三维扫描对比

差异项	传统方式	三维扫描
采集方式	接触式	远距离非接触
外业采集	1 小时	2 分钟
内业处理	1 小时	10 分钟
人员投入	1~2 人	1 人
人员负担	步行 8 km	背负
精度	< 2 cm	< 3 cm

2）机载激光雷达扫描仪用于矿山测量

LiAir 无人机激光雷达扫描系统具有超强的任务载荷、续航和安全性能，可以实时、动态、大量采集空间点位信息。与被动遥感相比，LiAir 能够克服光、云、阴影、树木遮挡等因素影响，获取高精度的地理空间信息。利用 LiAir 无人机激光雷达扫描系统进行体积量测流程如图 13.27 所示。

图 13.27　机载激光雷达体积测量流程

（1）航线规划。根据测区大小、周围环境、成果精度要求等因素进行航线规划。LiAir 无人机激光雷达扫描系统在航高 50 m 的情况下，单条航带的幅宽为 130 m，考虑到测区呈长 700 m，宽 270 m 条带状分布，航线规划为两条（图 13.28），重叠度 40%。

（2）数据采集。根据详细规划的航线路径，挂载激光雷达设备进行扫描作业。激光雷达数据采集流程包括无线连接激光雷达系统，开启激光雷达 IMU 单元，完成 IMU 对准，在地面开启激光雷达数据采集，然后起飞在空中绕八字，当 IMU 精度达到指定标准之后开始执行航线，进行测区内的数据采集。图 13.29 为外业作业图。

（3）数据解算。通过 LiGeoreference 软件进行 POS 解算和点云解算，得到的点云成果如图 13.30 所示。

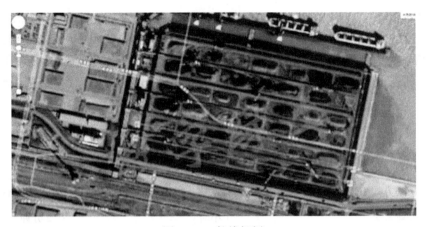

图 13.28　航线规划

图 13.29　外业数据采集

图 13.30　点云数据成果

（4）体积测量。采用 LiDAR360 软件多次计算取平均值的方式进行体积计算，图 13.31 为其中一个煤堆的测量成果。体积量测完成后，可导出 *.pdf 或 *.txt 格式的报告，便于数据记录与管理。

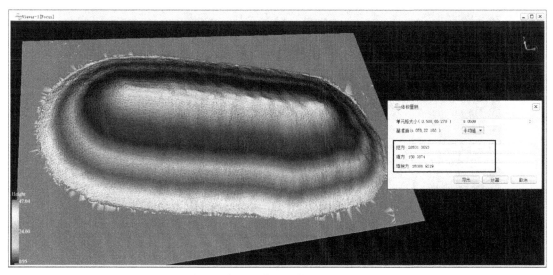

图 13.31 体积测量结果

13.4 林火防范和监测应用实例

森林生态系统是最重要的生态系统之一,保护森林资源对于实现可持续发展的战略目标具有重要意义。森林火灾是威胁森林生态系统安全的因素之一,造成巨大的经济和生态效益损失。如何监控火灾的发生并准确评估林火造成的危害和损失,从而确定合理的森林恢复策略是目前森林管理的关键。本应用实例将从激光雷达在森林疏伐区检测、森林可燃物载量估算和林火烈度评估三个方面进行介绍。

1)森林疏伐区检测

森林抚育间伐是指在未成熟的森林中,定期重复伐去部分林木,为保留的林木创造良好的环境条件,促进其生长发育。森林可燃物是林火发生的物质基础,森林可燃物管理是解决林火安全问题,提供森林健康水平的根本途径。疏伐是森林抚育间伐和可燃物管理的通用作业方式,已有研究表明,合理的疏伐对于改变森林生态系统的植物多样性、树木生长稳定性、林分碳储量和林地土壤特性具有重要作用。

虽然研究表明疏伐对森林生态系统有益,但是由于疏伐过程中可获取木材谋利,部分人员可能会人为地扩大疏伐范围和强度,对森林生态系统造成不可挽回的影响。在区域范围检测实际疏伐范围和强度,对林业管理有重要意义。目前,基于激光雷达的森林疏伐区检测有两种方法:① 利用多时相机载激光雷达数据,目视解译疏伐区处理前后的激光雷达点云,点云明显变少的区域即为疏伐区域(图 13.32)。② 基于多时相机载激光雷达点云,提取疏伐处理前后植被高度模型和冠盖度的变化,结合像元变化阈值法和面向对象分割法自动提取变化区域。

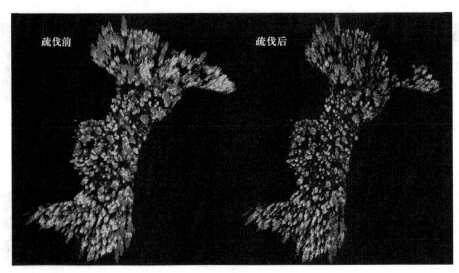

图 13.32　疏伐处理前后的点云数据
获取时间：2007 年和 2012 年；获取地点：美国加利福尼亚州内华达山脉

2）森林可燃物载量估算

森林可燃物、气象条件和火源是森林火灾发生的三大要素。森林可燃物指森林中可燃烧的所有有机物，包括乔木、灌木、草木、枯枝落叶、地衣和腐殖质、苔藓、泥炭等。其载量的大小决定了林火可能造成的危害程度，因而了解可燃物承载量及其分布情况对于森林防火和可燃物去除等森林管理措施有重要意义。

传统的森林可燃物载量估算通过地面调查，调查方法分为直接法和间接法。直接法包括样方法或者样线法，样方法通过在研究区随机选择有代表性的区域，根据不同样方大小收集地表可燃物，然后分类烘干称重得到各类型可燃物载量；样线法通过在研究区打若干平行样线，统计不同径级枝条与样线交叉点数，根据公式计算不同类型可燃物载量。间接法通过拍照的方式，比对照片中地表可燃物与不同级别可燃物的标准照片，大体估算可燃物载量。

传统方法可在单点水平获取精准的可燃物载量，但是单点数据无法满足森林管理对大范围可燃物载量数据的需求。激光雷达为大范围可燃物载量的估算提供了新的技术手段。基于激光雷达数据估算可燃物载量的方法如下：利用激光雷达点云数据提取高度百分位数、不同高度的点密度、回波次数、最大高度（计算方法参见第 11.1.1 节），与地面实测数据建立回归模型。Jakubowksi 等（2013）利用该方法估算美国加利福尼亚州内华达山区的地表可燃物载量，估算精度 R^2 达到 0.4，该研究表明，激光雷达数据与影像数据融合可提高估算精度，最终估算精度 R^2 可达到 0.48。

总体来说，激光雷达在地表可燃物载量估算方面较光学遥感优势并不算突出，因为地表可燃物一般分布在地表且多数分布在林冠下，激光雷达对这些信息获取有限。相对而言，激光雷达在估算冠层可燃物载量方面更具优势，Andersen 等（2005）在美国华盛顿州利用激光雷达估算冠层可燃物载量，R^2 达到 0.86。

3）林火烈度评估

林火烈度指过火后可燃物和地表土壤有机质的消耗程度，反映林火对森林生态系统的影响。评价林火烈度对于揭示林火干扰对森林生态系统的影响以及火后植被的生态恢复具有重要指导意义。

林火烈度评价方法主要分为实地调查评估和遥感评估。实地调查评估方法经历了从单一因素到多因素综合评价的过程。Key 和 Benson（2006）建立的综合火烧指数最具代表性，该指数在北美和欧洲得到了广泛应用，并被美国林业部作为林业烈度评价的标准。遥感评估方法经历了从监督分类、回归模型到计算具有明确物理意义的光谱指数的过程。反映林火烈度的遥感指数以 Key 和 Benson（1999）提出的归一化火烧比率最具代表性。

近几年来，激光雷达在林火烈度评估方面的应用开始显现优势（Hu et al., 2019），基于激光雷达评估林火烈度的方法分为两类：

- 基于火后激光雷达点云提取的森林参数与实测数据建立回归模型评估林火烈度。Montealegre 等（2014）利用火后点云数据提取首次回波、高于 1 m 的回波次数、高度百分位数、高度分布的偏度等参数，与实测数据建立多元相关关系，评估研究区的林火烈度。
- 基于林火发生前后的激光雷达点云数据提取植被参数变化，实现林火烈度的评估。

图 13.33 为基于林火发生前后的点云数据评估林火烈度的流程图。首先利用林火发生前的点云数据生成 DSM 和 DEM，并通过 DSM 和 DEM 生成 CHM；对 CHM 进行分水岭分割，获取研究区火前每棵树的位置和树冠范围。根据树冠范围提取林火发生前后的点云信息，基于点云数据计算该树的冠盖度、树高和回波强度，通过分析上述参数的变化得到林火烈度。图 13.34 为基于激光雷达点云数据的单木尺度的林火烈度评估结果。

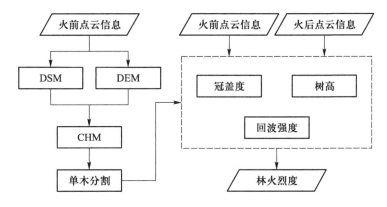

图 13.33 基于林火发生前后的点云数据评估林火烈度流程图

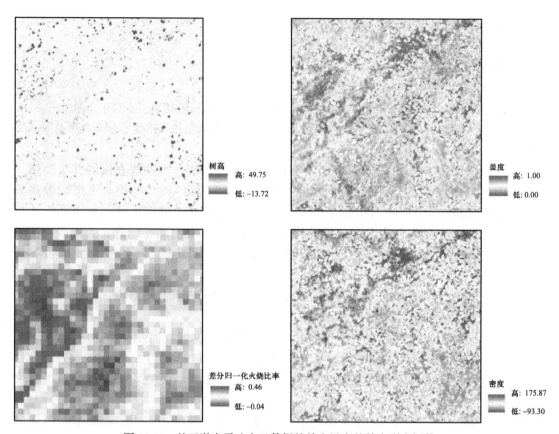

图 13.34 基于激光雷达点云数据的单木尺度的林火烈度评估

火灾时间：2012 年；火灾地点：美国加利福尼亚州内华达山脉

参 考 文 献

程亮,龚健雅,李满春,刘永学,宋小刚. 2009. 集成多视航空影像与 LiDAR 数据重建 3 维建筑物模型. 测绘学报, 38(6): 494–501.

郭庆华,苏艳军,胡天宇,刘瑾. 2018. 激光雷达森林生态应用——理论、方法及实例. 北京: 高等教出版社.

郭庆华,刘瑾,陶胜利,薛宝林,李乐,徐光彩,李文楷,吴芳芳,李玉美,陈琳海,庞树鑫. 2014. 激光雷达在森林生态系统监测模拟中的应用现状与展望. 科学通报, 59(6): 459–478.

李增元,庞勇,刘清旺. 2015. 激光雷达森林参数反演技术与方法. 北京: 科学出版社.

梁欣廉,张继贤,李海涛,闫平. 2005. 激光雷达数据特点. 遥感信息, (3): 71–76.

林月冠,范一大,王薇,黄河. 2014. 激光雷达技术在综合减灾业务中的应用分析. 地理信息世界, 17(3): 43–47.

庞勇,李增元,陈尔学,孙国清. 2005. 激光雷达技术及其在林业上的应用. 林业科学, 41(3): 129–136.

许强,董秀军,李为乐. 2019. 基于天-空-地一体化的重大地质灾害隐患早期识别与监测预警. 武汉大学学报(信息科学版), 44(7): 957–966.

张小红. 2007. 机载激光雷达测量技术理论与方法. 武汉: 武汉大学出版社.

Andersen H E, McGaughey R J, Reutebuch S E. 2005. Estimating forest canopy fuel parameters using lidar data. *Remote Sensing of Environment*, 94(4): 441–449.

Arp H, Griesbach J C. 1982. Mapping in tropical forests: A new approach using the laser APR. *Photogrammetric Engineering and Remote Sensing*, 48: 91–100.

Asner G P, Mascaro J. 2014. Mapping tropical forest carbon: Calibrating plot estimates to a simple LiDAR metric. *Remote Sensing of Environment*, 140: 614–624.

Bolton D K, Coops N C, Wulder M A. 2015. Characterizing residual structure and forest recovery following high-severity fire in the western boreal of Canada using Landsat time-series and airborne lidar data. *Remote Sensing of Environment*, 163: 48–60.

Boudreau J, Nelson R F, Margolis H A, Beaudoin A, Guindon L, Kimes D S. 2008. Regional aboveground forest biomass using airborne and spaceborne LiDAR in Québec. *Remote Sensing of Environment*, 112(10): 3876–3890.

Chen J M and Black T A. 1991. Measuring leaf area index of plant canopies with branch architecture. *Agricultural and Forest Meteorology*, 57(1–3): 1–12.

Chen Q, Baldocchi D, Gong P, Kelly M. 2006. Isolating individual trees in a savanna woodland using small footprint Lidar data. *Photogrammetric Engineering and Remote Sensing*, 72(8): 923–932.

Doneus M, Briese C, Studnicka N. 2010. Analysis of full-waveform ALS data by simultaniously acquired TLS data: Towards an advanced dtm generation in wood areas. ISPRS Commission VII Symposium, Vienna.

Dubayah R O, Drake J B. 2000. LiDAR remote sensing for forestry. *Journal of Forestry*, 98 (6):44–46.

Fang J Y, Chen A P, Peng C H, Zhao S Q, Ci L. 2001. Changes in forest biomass carbon storage in China between 1949 and 1998. *Science*, 292 (5525): 2320–2322.

Farid A, Goodrich D C, Bryant R, Sorooshian, S. 2008. Using airborne lidar to predict Leaf Area Index in cottonwood trees and refine riparian water–use estimates. *Journal of Arid Environments*, 72 (1): 1–15.

Geerling G, Labrador–Garcia M, Clevers J, Ragas A, Smits A. 2007. Classification of floodplain vegetation by data fusion of spectral (CASI) and LiDAR data. *International Journal of Remote Sensing*, 28: 4263–4284.

Glenn N F, Streutker D R, Chadwick D J, Thackray G D, Dorsch S J. 2006. Analysis of LiDAR–derived topographic information for characterizing and differentiating landslide morphology and activity. *Geomorphology*, 73 (1–2): 131–148.

Glira P, Pfeifer N, Briese C, Ressl C. 2015. A correspondence framework for ALS strip adjustments based on variants of the ICP algorithm. *Photogrammetrie Fernerkundung Geoinformation*, 275–289.

Guan H C, Su Y J, Hu T Y, Wang R, Ma Q, Yang Q L, Sun X L, Li Y M, Jin S C, Zhang J, Liu M, Wu F Y, Guo Q H. 2019. A novel framework to automatically fuse multiplatform LiDAR data in forest environments based on tree locations. *IEEE Transactions on Geoscience and Remote Sensing*, 58 (3): 2165–2177.

Guo Q H, Li W K, Yu H, Alvarez O. 2010. Effects of topographic variability and LiDAR sampling density on several dem interpolation methods. *Photogrametric Engineering and Remote Sensing*, 76: 701–712.

Hickman G D, Hogg J E. 1969. Application of an airborne pulsed laser for near shore bathymetric measurements. *Remote Sensing of Environment*, 1: 47–58.

Hoge F E, Swift R N, Frederick E B. 1980. Water depth measurement using an airborne pulsed neon laser system. *Applied Optics*, 19 (6): 871–883.

Hu T Y, Ma Q, Su Y J, Battles J J, Collins B M, Stephens S L, Kelly M, Guo Q H. 2019. A simple and integrated approach for fire severity assessment using Bi–Temporal airborne LiDAR data. *International Journal of Applied Earth Observation and Geoinformation*, 78: 25–38.

Hu T Y, Su Y J, Xue B L, Liu J, Zhao X Q, Fang J Y, Guo Q H. 2016. Mapping global forest aboveground biomass with spaceborne LiDAR, optical imagery, and forest inventory data. *Remote Sensing*, 8 (7): 1–27.

Jaboyedoff, M, Oppikofer, T, Abellán, A, Derron, M H, Loye A, Metzger R, Pedrazzini A. 2012. Use of LiDAR in landslide investigations: A review. *Natural Hazards*, 61 (1): 5–28.

Jakubowksi M K, Guo Q H, Collins B, Stephens S, Kelly M. 2013. Predicting surface fuel models and fuel metrics using LiDAR and air imagery in a dense, mountainous forest. *Photogrametric Engineering and Remote Sensing*, 79 (1): 37–49.

Jennings S B, Brown N D, Sheil D. 1999. Assessing forest canopies and understorey illumination: Canopy closure, canopy cover and other measures. *Forestry*, 72 (1): 59–73.

Jin S C, Su Y J, Gao S, Hu T Y, Liu J, Guo Q H. 2018. The transferability of random forest in canopy height estimation from multi–source remote sensing data. *Remote Sensing*, 10 (8): 1183.

Jung S E, Kwak D A, Park T, Lee W K, Yoo S. 2011. Estimating crown variables of individual trees using airborne and terrestrial laser scanners. *Remote Sensing*, 3 (11): 2346–2363.

Key C H, Benson N C. 1999. The Normalized Burn Ratio (NBR): A Landsat TM radiometric measure of burn severity. United States Geological Survey, Northern Rocky Mountain Science Center, Bozeman, MT.

Key C H, Benson N. 2006. FIREMON: Fire effects monitoring and inventory system. Gen.Tech.Rep.RMRS–GTR–164–CD, US Department of Agriculture, Forest Service, Rocky Mountain Research Station.

Khosravipour A, Skidmore A, Isenburg M. 2016. Generating spike–free digital surface models using LiDAR raw point clouds: A new approach for forestry applications. *International Journal of Applied Earth Observation and Geoinformation*, 52: 104-114.

Korhonen L, Korpela I, Heiskanen J, Maltamo, M. 2011. Airborne discrete-return LiDAR data in the estimation of vertical canopy cover, angular canopy closure and leaf area index. *Remote Sensing of Environment*, 115(4): 1065-1080.

Krabill W B, Collins J G, Link L E, Swift R N, Butler M L. 1984. Airborne laser topographic mapping results. *Photogrammetric Engineering and Remote Sensing*, 50: 685-694.

Li W, Guo Q, Jakubowski M K, Kelly M. 2012. A new method for segmenting individual trees from the lidar point cloud. *Photogrammetric Engineering and Remote Sensing*, 78: 75-84.

Li Y M, Guo Q H, Tao S L, Zheng G, Zhao K G, Xue B L, Su Y J. 2016. Derivation, validation, and sensitivity analysis of terrestrial laser scanning-based leaf area index. *Canadian Journal of Remote Sensing*, 42(6): 719-729.

Lu X C, Guo Q H, Li W K, Flanagan J. 2014. A bottom-up approach to segment individual deciduous trees using leaf-off lidar point cloud data. *ISPRS Journal of Photogrammetry and Remote Sensing*, 94(4): 1-12.

Luo S Z, Chen J M, Wang C, Gonsamo A, Xi X H, Lin Y, Qian M J, Peng D L, Nie S, Qin H M. 2017. Comparative performances of airborne LiDAR height and intensity data for leaf area index estimation. *IEEE Journal of Selected Topics in Applied Earth Observations and Remote Sensing*, 11(1): 300-310.

Macdonald E, Mochan S. 2000. Protocol for stem straightness assessment in *Sitka spruce*. *Journal of Bacteriology*, 176(17): 5578-5582.

Ma Q, Su Y, Tao S, Guo Q. 2017. Quantifying individual tree growth and tree competition using bi-temporal airborne laser scanning data: A case study in the Sierra Nevada mountains, California. *International Journal of Digital Earth*, 11(5): 1-19.

Naesset E, Gobakken T, Holmgren J, Hyypp H, Hyyppä J. 2004. Laser scanning of forest resources: The nordic experience. *Scandinavian Journal of Forest Research*, 18(19): 482-499.

Parker G G. 1995. Structure and microclimate of forest canopies. *Forest Canopies*, 73-106.

Philipp G, Norbert P, Christan B, Stonge B, Camillo R. 2015. A correspondence framework for ALS strip adjustments based on variants of the ICP algorithm. PFG Photogrammetrie, Fernerkundung, Geoinformation Jahrgang 2015 Heft 4.

Popescu S C, Wynne R H. 2004. Seeing the trees in the forest: Using LiDAR and multispectral data fusion with local filtering and variable window size for estimating tree height. *Photogrammetric Engineering and Remote Sensing*, 70(5): 589-604.

Richardson J J, Moskal L M and Kim S H. 2009. Modeling approaches to estimate effective leaf area index from aerial discrete-return LIDAR. *Agricultural and Forest Meteorology*, 149: 1152-1160.

Solberg S, Brunner A, Hanssen K H, Lange H, Næsset E, Rautiainen M, Stenberg P. 2009. Mapping LAI in a Norway spruce forest using airborne laser scanning. *Remote Sensing of Environment*, 113(11): 2317-2327.

Su Y J, Guo Q H, Fry D L, Collins B M, Kelly M, Flanagan J P, Battles J J. 2016a. A vegetation mapping strategy for conifer forests by combining airborne LiDAR data and aerial imagery. *Canadian Journal of Remote Sensing*, 42(1): 1-15.

Su Y J, Guo Q H, Xue B L, Hu T Y, Alvarez O, Tao S L, Fang J Y. 2016b. Spatial distribution of forest aboveground biomass in China: Estimation through combination of spaceborne LiDAR, optical imagery, and forest inventory data. *Remote Sensing of Environment*, 173: 187-199.

Sujata G. 2010. New 3-D aerial images of Haiti Will Aid recovery and research. *Parasitology*, 85(3): 437.

Swatantran A, Dubayah R, Roberts D, Hofton M, Blair J B. 2011. Mapping biomass and stress in the Sierra Nevada using LiDAR and hyperspectral data fusion. *Remote Sensing of Environment*, 115: 2917-2930.

Tao S L, Wu F F, Guo Q H, Wang Y C, Li W K, Xue B L, Hu X Y, Li P, Tian D, Li C, Yao H, Li Y M, Xu G C, Fang J Y. 2015. Segmentation tree crowns from terrestrial and mobile LiDAR data by exploring ecological theories. *ISPRS Journal of Photogrammetry and Remote Sensing*, 110: 66-76.

Wulder M A, White J C, Nelson R F, Næsset E, Ørka H O, Coops N C, Hilker T, Bater C W, Gobakken T, 2012. Lidar sampling for large-area forest characterization: A review. *Remote Sensing of Environment*, 121: 196-209.

Yang Q L, Su Y J, Jin S C, Kelly M, Hu T Y, Ma Q, Li Y M, Song S L, Zhang J, Xu G C, Wei J X. 2019. The influence of vegetation characteristics on individual tree segmentation methods with airborne LiDAR data. *Remote Sensing*, 11(23): 2880.

Zhang W, Qi J, Wan P, Wang H, Xie D, Wang X, Yan G. 2016. An easy-to-use airborne LiDAR data filtering method based on cloth simulation. *Remote Sensing*, 8(6): 501.

Zhao K G, Popescu S. 2009. LiDAR-based mapping of leaf area index and its use for validating GLOBCARBON satellite LAI product in a temperate forest of the southern USA. *Remote Sensing of Environment*, 113(8): 1628-1645.

Zhao K G, Popescu S, Nelson R. 2009. LiDAR remote sensing of forest biomass: A scale-invariant estimation approach using airborne lasers. *Remote Sensing of Environment*, 113(1): 182-196.

Zhao X Q, Guo Q H, Su Y J, Xue B L. 2016. Improved progressive TIN densification filtering algorithm for airborne LiDAR data in forested areas. *ISPRS Journal of Photogrammetry and Remote Sensing*, 117: 79-91.

索　引

附　录

附录A　缩　略　词

缩略词	英文全称	中文全称
AIH	accumulate interquartile height	累积高度百分位数四分位数间距
ALS	airborne laser scanner	机载激光雷达扫描仪
ASCII	American Standard Code for Information Interchange	美国信息交换标准编码
ASPRS	American Society for Photogrammetry and Remote Sensing	美国摄影测量与遥感学会
BIM	building information modelling	建筑信息模型
CHM	canopy height model	冠层高度模型
DBH	diameter at breast height	胸径
DEM	digital elevation model	数字高程模型
DOM	digital ortho map	数字正射影像
DSM	digital surface model	数字表面模型
EXIF	exchangeable image file format	可交换图像文件格式
GCP	ground control point	地面控制点
GPS	Global Positioning System	全球定位系统
ICP	iterative closest point	迭代最近点算法
IDW	inverse distance weighted	反距离加权法
IMU	inertial measurement unit	惯性测量单元
IPTD	improved progressive TIN densification	改进的渐进加密三角网滤波算法
ISPRS	International Society for Photogrammetry and Remote Sensing	国际摄影测量与遥感学会
LAI	leaf area index	叶面积指数
LiDAR	light detection and ranging	激光雷达

MTP	manual tie point	手工连接点
POS	position and orientation system	定位定姿系统
RBF	radical basis function	径向基函数
RMS	root mean square	均方根
RMSE	root mean square error	均方根误差
RTK	real-time kinematic	载波相位动态实时差分
SLAM	simultaneous localization and mapping	同步定位与地图构建
TIN	triangulated irregular network	不规则三角网
TLS	terrestrial laser scanner	地基激光雷达扫描仪
UAV	unmanned aerial vehicle	无人机
UTC	universal time coordinated	协调世界时
UTM	universal transverse Mercator	通用横轴墨卡托投影

附录 B　文件格式说明

1）LiData 文件格式

LiData 是 LiDAR360 内部自定义点云数据文件格式,它由公共文件头、变长区和点云数据记录区组成。通过 LiData 文件格式,LiDAR360 实现了对海量点云数据的高性能可视化。同时,LiData 文件可与其他常见的通用点云数据格式文件(包括 LAS、LAZ、E57、PLY、ASCII 等)相互转换。在 LiDAR360 软件中打开常用点云数据格式文件(包括 LAS、LAZ、E57、PLY、ASCII 等)时,将生成一个以相同名字命名的 LiData 数据文件,后续对点云的操作均基于该 LiData 文件进行。

LiData 文件自身区分版本号,目前最高版本号为 V2.0。从 LiDAR360 V4.0 版本开始,支持 LiData V2.0(及以下)版本,4.0 之前的 V3.x 版本支持 LiData V1.9(及以下)版本,这两个版本的 LiData 差异见附表 B.1。

附表 B.1　LiData V1.9 与 LiData V2.0 对比

差异项	LiData V1.9	LiData V2.0
类别	支持 0~31（共 32 个类别）	支持 0~255（共 256 个类别）
类别标志	不支持	支持
扫描通道	不支持	支持
近红外	不支持	支持
扫描角	用角度表示,支持范围（−90°~+90°）	用刻度表示,支持范围（−30 000~+30 000）对应角度范围（−180°~+180°）
附加属性	不支持	支持

LiAtt 是 LiData Additional Attribute（附加属性）的文件格式,它由文件头和附加属性数据记录区组成。LiData 自 V2.0 开始支持附加属性。附加属性的文件名与对应的 LiData 文件名相同。不匹配的 LiData 与 LiAtt 文件人为修改为同名情况下,打开 LiData 文件之后可能出现能识别 LiAtt 中附加属性的情况,但附加属性数值并不正确。修改 LiAtt 的操作可能会破坏该 LiAtt 文件结构,导致下次打开 LiData 时不再识别该附加属性。删除 LiAtt 文件并不影响 LiData 文件的正常使用,加载 LiData 之后删除对应的 LiAtt 文件可能会导致某些操作失败,引起未知错误。

2）LiModel 文件格式

LiModel 文件是根据 DEM 或 DSM 生成规则三角网模型,保存规则格网点,根据四叉树对规则三角网模型进行分块组织与存储,也可以对其叠加 DOM 纹理信息。可以支持海量 DEM 或 DSM 转换 LiModel（附图 B.1）,也支持对其进行各种编辑,包括置平、平滑、删除噪声点等修改,编辑后可以导出为 *.tif 用于生成等高线。

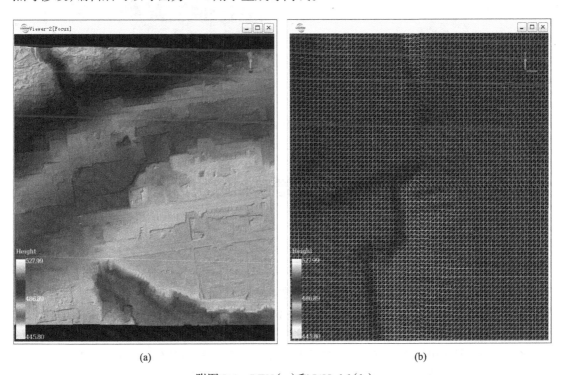

(a)　　　　　　　　　　　　(b)

附图 B.1　DEM（a）和 LiModel（b）

3）LiTin 文件

LiTin 文件是根据点云生成非规则 2.5D 三角网模型,按照高程加以着色,利用光照阴影特效提高显示效果。可以对其进行置平、删除、增加顶点、增加断裂线等各种编辑,提高根据其生成等高线的质量。采用全内存方式组织数据,占用内存大,文件过大渲染效率低,建议生成 LiTin 文件时分块生成(附图 B.2)。

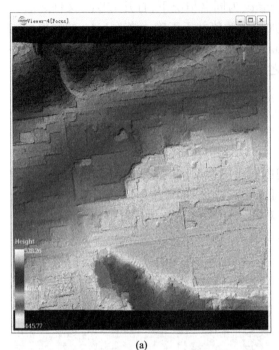 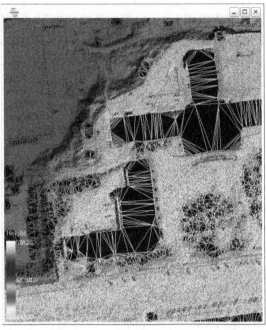

(a)   (b)

附图 B.2   DEM(a)和 LiTin(b)

附录 C   常见错误和解决办法

1)LiDAR360 打开数据崩溃

解决方法:检查软件安装环境是否满足推荐的硬件配置(参见第 1.2 节),如果满足,检查:① 显卡是否正常运行(右键单击我的电脑,选择设备管理器,在显示适配器中找到对应的显卡,查看显卡属性状态,如果显示"这个设备运转正常"则表示显卡设备正常运行);② 将独立显卡驱动更新至最新,然后使用高性能图形模式运行软件(参见第 1.2 节)。如果仍然出现错误,请发邮件至 info@lidar360.com 联系技术人员,远程查看原因。

2)LiDAR360 软件异常退出

解决方法:检查:① 是否打开了屏幕取词软件(如有道词典);② 是否有足够的硬盘空间或者内存空间。

3）LiDAR360 试用 License 过期（附图 C.1）

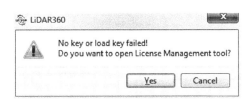

附图 C.1　LiDAR360 提示没有 License

LiDAR360 无法试用可能有以下几个方面的原因：

- 系统时间改变：LiDAR360 在试用过程中，可能会遇到一些原因致使系统时间改变，导致试用过期。
- 试用过期：LiDAR360 每个版本试用期为 30 天，如果同一个版本之前安装超过 30 天，导致试用过期。
- 其他原因：请发邮件至 info@lidar360.com 联系申请延长试用 License。

4）LiDAR360 能否在服务器上使用？

目前，LiDAR360 仅支持 Windows Server 系统，使用说明如下：使用管理员账户安装和激活 LiDAR360 软件，且注意将软件安装在其他非管理员账户具备权限的文件夹中。

5）LiDAR360 加载数据之后窗口内的颜色条显示不正确

解决办法：在桌面上单击鼠标右键，选择 NVIDIA Control Panel（NVIDIA 控制面板），选择管理 3D 设置→程序设置→添加，将 LiDAR360 软件添加到高性能图形模式列表中。可参见第 2.2 节调整高性能显示模式相关内容。

6）如何修改语言设置？

单击菜单栏的显示→语言，可切换英语、中文、法语、日语和韩语。

7）LiDAR360 软件处理的点云数据单位是什么？

LiDAR360 处理的点云数据单位为米。如果用户的点云单位为英尺或者其他，可通过数据管理→格式转换→ Las 转换为 LiData 或者转换为 Las 功能进行单位转换（附图 C.2）。

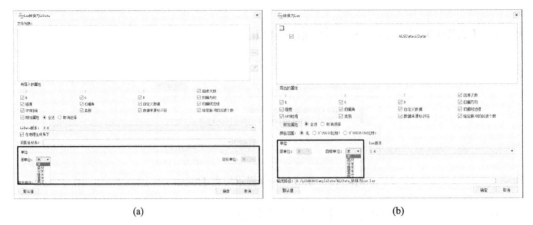

(a)

(b)

附图 C.2　LAS / LiData 相互转换

8）LiDAR360 中 POS 数据的时间基准是什么？

LiDAR360 中 POS 数据的时间和点云数据中的时间基准保持一致即可（如同为 GPS 时间或同为 UTC 时间），通常情况下，点云数据中的时间是以周秒或天秒等为基准，如果时间基准不同，需进行相应的转换。

9）为什么有些数据的部分区域拼接效果很好，而有部分区域却无法拼接，甚至会有变形？

目前，航带拼接模块主要是通过消除激光雷达和惯性测量单元之间的安置误差来实现航带之间的匹配，前提条件是航飞处理后的 POS 数据精度满足相应规范要求。如果 POS 精度不满足要求，会导致点云数据局部有变形，单纯依赖安置误差校准无法满足航带拼接结果。

10）LiDAR360 软件采用的是什么滤波算法？

LiDAR360 采用的是改进的渐进加密三角网滤波算法，可参考 Zhao 等（2016）的研究了解算法原理。

11）实际采集的激光雷达点密度远大于生产 DEM 对应的点密度要求，能否对数据进行抽稀处理？

若实际采集的激光雷达点密度远高于生产需求，可使用重采样功能实现数据抽稀，LiDAR360 提供了三种重采样方式：最小点间距、采样率和八叉树（参见第 4.6 节重采样相关内容）。

12）对于已生成的 DEM 数据，如何在 LiDAR360 软件中更直观地检查 DEM 的生成质量及对质量不合格区域进行修改？

有以下三种方式：
- 通过地形模块中的山体阴影工具生成山体阴影图，该工具通过设置栅格中的每个像元确定照明度增强表面的可视化。
- 利用数据管理→格式转换→TIFF 转换为 LiModel 功能，将单波段的 Tiff 影像转换为 LiModel 模型，该模型可在三维模式下查看，更加直观。
- 通过地形→ LiModel 编辑对 LiModel 模型进行置平、高程平滑、去除钉状点等编辑，从而生成质量更佳的 DEM 模型。

13）如何选择 DSM 的插值方式？

对于林区，推荐采用 IDW 插值生成 DSM；对于城区，推荐采用 spike-free TIN 生成DSM。

14）LiDAR360 如何批量生成 CHM？

单击机载林业→批处理→ CHM 分割批处理（附图 C.3）。

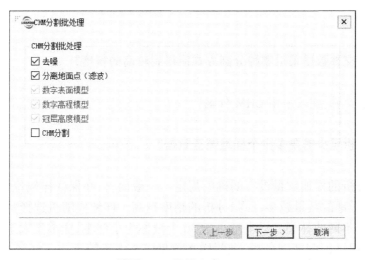

附图 C.3　批量生成 CHM

15）CHM 分割精度受哪些参数影响，应该如何设置这些参数？

CHM 分割的精度受 CHM 分辨率和高斯平滑因子的影响。CHM 为 DSM 和 DEM 的差值,其分辨率由 DSM 和 DEM 的分辨率决定,一般而言,该值不宜超过冠幅的三分之一,通常情况下,设置为 0.5~0.6 m 能得到较高的分割精度。Sigma 为高斯平滑因子(默认为"1"),该值越大,平滑程度越高,反之越低。平滑程度影响分割出的树木株数,如果出现欠分割,建议将该值调小(如 0.5);如果出现过分割,建议将该值调大(如 1.5)。

16)如何让 2 m 以下的点云数据参与分割?

点云分割界面(附图 C.4)上的参数"离地面高度"表示的是低于该值的点被认为不是树的一部分,在分割过程中将被忽略,该值默认为 2 m,若需要让 2 m 以下的点云参与分割,可将该值适当调小。

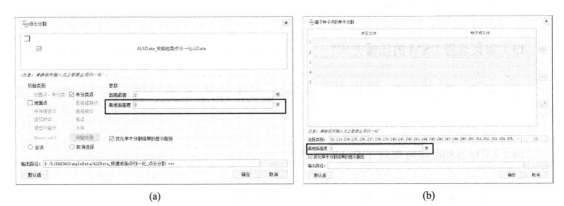

(a)   (b)

附图 C.4 点云分割界面

17)针阔混交林数据采用哪种分割方式能得到较高的精度?

对于针阔混交林,建议采用 CHM 分割。

18)回归分析至少需要多少个样地调查数据?

用于回归分析的样地数量没有明确的规定。一般而言,在保证样地位置和样地测量准确性的前提下,样地的数量越多,回归分析的精度越高。样地应随机选择且具有代表性,能够覆盖研究区内不同的林型。样本量小于 30 个被称为小样本,样本量大于等于 30 个被称为大样本,为了保证回归精度分析,推荐样本数量应该大于等于 30 个(还要考虑研究区大小及复杂情况等),样本个数应当大于回归自变量个数。

后　记

随着激光雷达技术的发展以及无人机、车载和背包为代表的近地面移动激光雷达平台的相继涌现,其在高精度三维数据获取方面的优势逐步突显,也更为广泛地应用于国土测绘、精准林业调查、地质灾害勘查、智能电力巡检以及无人驾驶等诸多领域。空天地一体化的激光雷达数据采集平台在为行业应用和科学研究积累了海量三维点云的同时,也使得数据供给能力与数据处理能力之间的矛盾进一步凸显。目前,激光雷达数据处理仍处于算法研发阶段,较大程度上依赖于对已有开源算法库的二次开发。这要求数据处理人员具有一定的编程基础,增加了数据处理的难度,也抬高了激光雷达行业应用的门槛。从激光雷达应用市场来看,目前已有一些具有图形界面的开源或商业数据处理软件,但这些软件通常只提供最基本的数据处理需求(如数据可视化、数据管理等),缺乏对海量点云数据的处理能力和贴近行业需求的个性化功能模块。在这种行业深度应用需求不断增长的大背景下,笔者团队自主研发的激光雷达点云数据处理和分析软件 LiDAR360 应运而生。该软件采用自定义点云数据结构(*.LiData),可同时处理超过 400 GB 点云数据,拥有数十种自主研发的点云数据处理算法。软件功能涵盖了从数据加载显示、预处理、滤波、分类到行业产品生产,可以满足国土测绘、林业调查、地质灾害勘查、矿产资源调查、电力巡检、高精度地图生产等众多行业应用领域的生产和科研需求。

技术的进步与应用的发展之间的推动作用是相互的。近年来,激光雷达应用领域的拓展推动着激光雷达传感器逐步走向低成本和轻量化,传统的机械式旋转扫描方式也转向更简单易行的相控阵列扫描方式(固态激光雷达),数据获取方式逐渐由单时相、单一数据获取向多时相、多源数据同步获取过渡。这一发展既为激光雷达数据处理带来了新的挑战,也为激光雷达的行业应用带来了新的契机。从多时相数据应用来看,长时间序列激光雷达数据可以反映物体的三维信息变化,常用于物体三维空间信息的变化检测。但是由于数据获取时间和获取平台的不同及数据获取传感器间的参数差异,这些多时相的激光雷达数据之间存在着难以配准等问题。如何对多时相激光雷达数据进行标准化处理并进行变化检测,仍是亟须解决的技术难点。从多源数据融合来看,目前激光雷达数据与其他来源遥感数据的融合大多停留在数据层面上。激光雷达能够快速、高效、精确地获取物体的三维空间信息,而其他多源遥感数据可以提供表征地物的光谱信息,两者具有很好的优势互补特性。然而,现有数据处理方法通常将激光雷达数据与其他多源遥感数据分开处理后在数据层面上进行融合,无法充分发挥多源遥感数据的优势。此外,激光雷达与其他多源遥感技术的发展为激光雷达数据带来了更加丰富的应用场景,如建筑信息模型的构建、自动驾驶高精度地图的绘制等。而面向这些新兴领域的数据处理算法仍处于探索阶段,尚缺乏具有针对性的数据处理软件。

随着激光雷达技术和 5G 技术的普及，激光雷达数据的处理方式将逐渐向实时化、云端化的方向转变。目前，面向个人用户的激光雷达硬件产品正在逐渐成熟，例如，苹果公司于 2020 年发布的平板电脑（iPad Pro）中集成了激光雷达传感器，可以实现短距离物体的三维信息高效快速获取。此外，一些新兴的激光雷达应用领域，如自动驾驶等，也需要在轻便设备上（如手机、平板电脑等）对采集的海量激光雷达点云数据实现高效实时的分析和数据挖掘。但是，现有激光雷达数据处理仍采用的是桌面端软件后处理的方式，数据生产周期较长，对数据处理的硬件配置有较高的要求。近年来，深度学习在三维领域开始兴起，在激光雷达点云分类、分割和目标物检测等方面表现出很好的鲁棒性。笔者认为，利用计算机集群的数据处理优势，以深度学习技术为数据处理基础，结合并行计算、分布式计算、集群计算等技术，搭建在线云端激光雷达数据处理平台，是激光雷达数据处理软件的下一步发展方向。而针对云端数据的实时处理的另一个技术难题——数据传输与数据动态显示，在近些年的技术发展中也逐步找到了潜在的解决方案。5G 和物联网技术在近些年来突飞猛进，增加了数据传输的速率，极大程度地解决了数据传输的技术瓶颈；而欧几里得无限细节技术（Euclideon's unlimited detail technology）采用三维体素化的数据存储和可视化思路在激光雷达点云动态显示上展示出了较好的应用前景。

目前，三维数据（除了激光雷达数据外，还有通过传统摄影测量获取的影像三维点云数据等）已经深入地理信息的多个行业。笔者回国以来，见证了我国激光雷达行业应用从萌芽到逐步成熟的发展阶段，如国土地形测量、森林生态调查、矿山体积测量等；另外，激光雷达也逐步在一些新兴的泛地理信息行业（非传统的地理信息行业）如电力巡检、人工智能、建筑信息模型（building information modelling, BIM）、高精度制图等起着举足轻重的作用。而激光雷达的数据处理分析也呈现以下三个方面的发展趋势：

（1）三维点云数据和行业应用进一步深度耦合，从过去简单的点云数据获取、去噪、滤波、分类，到现在需要进一步提取行业应用相关的参数。例如，在电力巡检应用中，需要通过激光雷达数据提取沿电力线地表形态、地表附着物（建筑、树木等）、线路杆塔三维位置和模型、输电线路树障等信息。

（2）三维点云处理软件逐步从点云的数据获取和处理、可视化、数据管理转变为基于三维点云的建模以及基于三维模型的空间模拟和分析决策系统。例如，在电力巡检应用中，检测电力线下地物的实时安全距离，分析电力线下树木生长状况，及时预测出树木对电力线安全的干扰并排除危险以及基于电力线和实时天气信息，进行实时工况模拟。

（3）激光雷达技术与人工智能更紧密结合。随着激光雷达硬件设备价格不断下降，激光雷达已经逐步成为无人系统的"眼睛"，如无人驾驶、无人巡检等。三维空间数据将为万物互联提供数字孪生数据支持。

总而言之，激光雷达技术仍处于快速发展阶段，会极大推动传统地理信息从二维到三维的转变，加快地理信息智能化的发展，为地理信息行业带来革命性的创新。希望本书能提供给读者一些有用的激光雷达数据处理知识，笔者团队也会朝着多行业应用软件、三维模型建模和分析以及大数据人工智能与云计算技术结合的方向继续努力。